중학수학

절대강자 3·1

최상위

검토에 도움을 주신 선생님

강시현	CL학숙	강유리	두란노 수학 과학	강유리	두란노 수학 (금호캠퍼스)	공선인	오투영수
권현숙	오엠지수학	김건태	매쓰로드 수학학원	김경백	에듀TOP수학학원	김동철	김동철 수학학원
김미령	수과람 영재학원	김민화	멘토수학학원	김보형	오엠지수학	김승민	분당파인만학원 중등부
김신행	꿈의 발걸음 영수학원	김영옥	탑클래스학원	김윤애	창의에듀학원	김윤정	한수위 CMS학원
김재현	타임영수학원	김제영	소마사고력학원	김주미	캠브리지수학	김주희	함께하는 영수학원
김진아	1등급 수학학원	김진아	수학의 자신감	김태환	다올수학전문학원	나미경	비엠아이수학학원
나성국	산본 페르마	민경록	민샘수학학원	박경아	뿌리깊은 수학학원	박양순	팩토수학학원
박윤미	오엠지수학	박형건	오엠지수학	송광호	루트원 수학학원	송민우	이은혜영수전문학원
유인호	수이학원	윤문성	평촌 수학의 봄날 입시학원	윤인한	위드클래스	윤혜진	마스터플랜학원
이규태	이규태수학	이대근	이대근수학전문학원	이미선	이룸학원	이세영	유앤아이 왕수학 학원
이수진	이수진수학전문학원	이윤호	중앙입시학원	이현희	폴리아에듀	이혜진	엔솔수학
임우빈	리얼수학	장영주	안선생수학학원	정영선	시퀀트 영수전문학원	정재숙	김앤정학원
정진희	비엠아이수학학원	정태용	THE 공감 쎈수학러닝센터 영수학원	조윤주	와이제이수학학원	조필재	샤인학원
천송이	하버드학원	최나영	올바른 수학학원	최병기	상동 왕수학 교실	최수정	이루다수학학원
한수진	비엠아이수학학원	한택수	평거 프리츠 특목관	홍준희	유일수학(상무캠퍼스)	우선혜	

중학수학

절대강자

특목에 강하다! 경시에 강하다!

최상위

3·1

절.대.강.자
최.상.위

Structure 구성과 특징

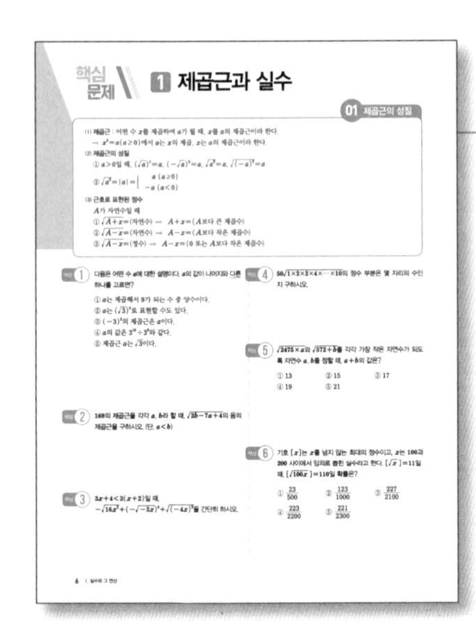

핵심문제

중단원의 핵심 내용을 요약한 뒤 각 단원에 직접 연관된 정통적인 문제와 원리를 묻는 문제들로 구성되었습니다.

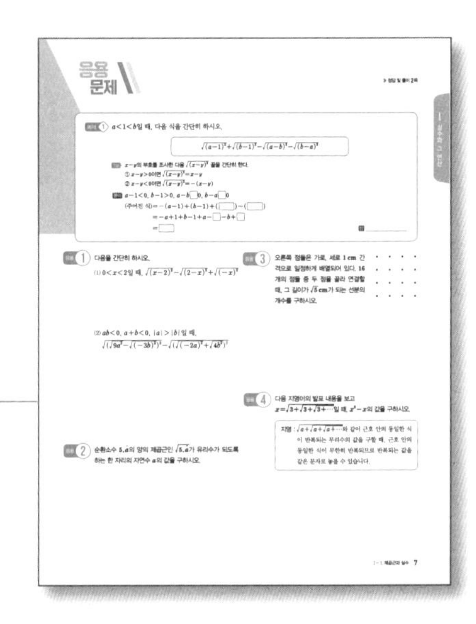

응용문제

핵심문제와 연계되는 단원의 대표 유형 문제를 뽑아 풀이에 맞게 풀어 본 후, 확인 문제로 대표적인 유형을 확실하게 정복할 수 있도록 하였습니다.

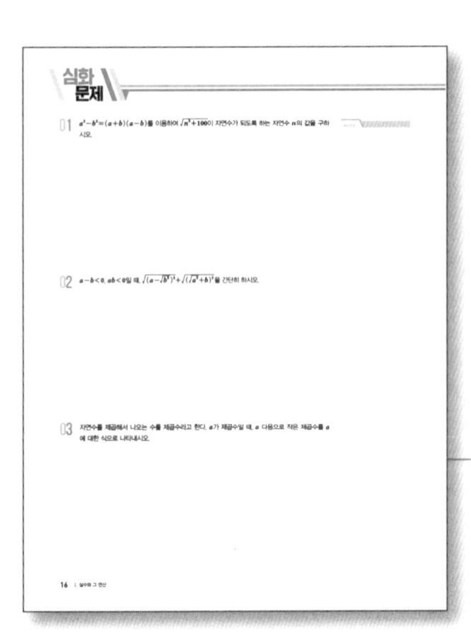

심화문제

단원의 교과 내용과 교과서 밖에서 다루어지는 심화 또는 상위 문제들을 폭넓게 다루어 교내의 각종 평가 및 경시대회에 대비하도록 하였습니다.

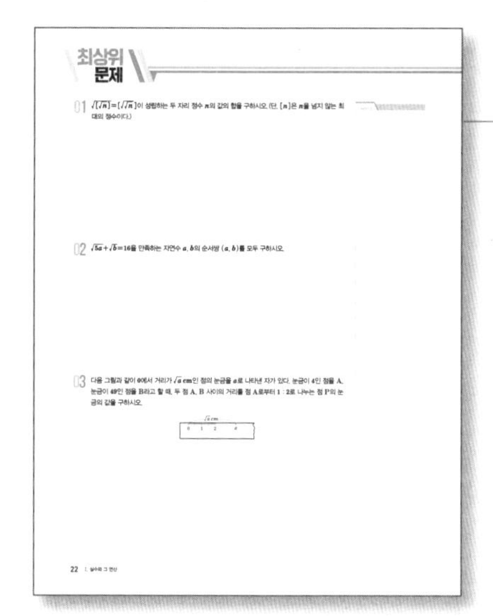

최상위문제

국내 최고 수준의 고난이도 문제들 특히 문제해결력 수준을 평가할 수 있는 양질의 문제만을 엄선하여 전국 경시대회, 세계수학올림피아드 등 수준 높은 대회에 나가서도 두려움 없이 문제를 풀 수 있게 하였습니다.

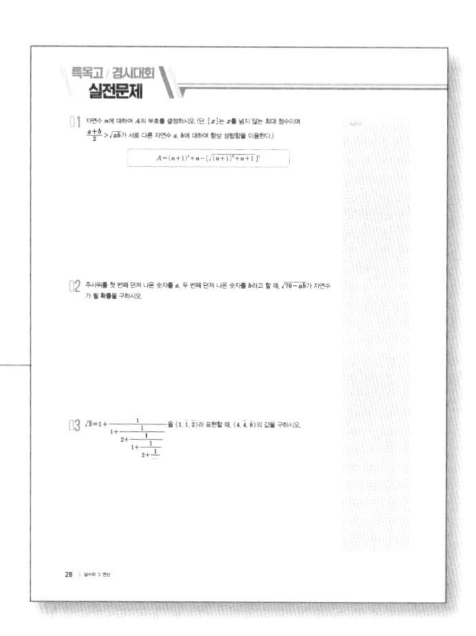

특목고/경시대회 실전문제

특목고 입시 및 경시대회에 대한 기출문제를 비교 분석한 후 꼭 필요한 문제들을 정리하여 풀어봄으로써 실전과 같은 연습을 통해 학생들의 창의적 사고력을 향상시켜 실제 문제에 대비할 수 있게 하였습니다.

1. 이 책은 중등 교육과정에 맞게 교재를 구성하였으며 단계별 학습이 가능하도록 하였습니다.

2. 문제 해결 과정을 통해 원리와 개념을 이해하고 교과서 수준의 문제뿐만 아니라 사고력과 창의력을 필요로 하는 새로운 경향의 문제들까지 폭넓게 다루었습니다.

3. 특목고, 영재고, 최상위 레벨 학생들을 위한 교재이므로 해당 학기 및 학년별 선행 과정을 거친 후 학습을 하는 것이 바람직합니다.

절.대.강.자
최.상.위

Contents 차례

I 실수와 그 연산

1. 제곱근과 실수

핵심 문제

1 제곱근과 실수

01 제곱근의 성질

(1) 제곱근 : 어떤 수 x를 제곱하여 a가 될 때, x를 a의 제곱근이라 한다.
➡ $x^2=a(a\geq0)$에서 a는 x의 제곱, x는 a의 제곱근이라 한다.

(2) 제곱근의 성질
① $a>0$일 때, $(\sqrt{a})^2=a$, $(-\sqrt{a})^2=a$, $\sqrt{a^2}=a$, $\sqrt{(-a)^2}=a$
② $\sqrt{a^2}=|a|=\begin{cases} a & (a\geq0) \\ -a & (a<0) \end{cases}$

(3) 근호로 표현된 정수
A가 자연수일 때
① $\sqrt{A+x}=$(자연수) ➡ $A+x=$(A보다 큰 제곱수)
② $\sqrt{A-x}=$(자연수) ➡ $A-x=$(A보다 작은 제곱수)
③ $\sqrt{A-x}=$(정수) ➡ $A-x=$(0 또는 A보다 작은 제곱수)

핵심 1 다음은 어떤 수 a에 대한 설명이다. a의 값이 나머지와 다른 하나를 고르면?

① a는 제곱해서 9가 되는 수 중 양수이다.
② a는 $(\sqrt{3})^2$로 표현할 수도 있다.
③ $(-3)^2$의 제곱근은 a이다.
④ a의 값은 $3^{10}\div3^9$와 같다.
⑤ 제곱근 a는 $\sqrt{3}$이다.

핵심 2 169의 제곱근을 각각 a, b라 할 때, $\sqrt{2b-7a+4}$의 음의 제곱근을 구하시오. (단, $a<b$)

핵심 3 $3x+4<2(x+2)$일 때,
$-\sqrt{16x^2}+(-\sqrt{-3x})^2+\sqrt{(-4x)^2}$을 간단히 하시오.

핵심 4 $50\sqrt{1\times2\times3\times4\times\cdots\times10}$의 정수 부분은 몇 자리의 수인지 구하시오.

핵심 5 $\sqrt{2475\times a}$와 $\sqrt{572+b}$를 각각 가장 작은 자연수가 되도록 자연수 a, b를 정할 때, $a+b$의 값은?

① 13　② 15　③ 17　④ 19　⑤ 21

핵심 6 기호 $[x]$는 x를 넘지 않는 최대의 정수이고, x는 100과 200 사이에서 임의로 뽑힌 실수라고 한다. $[\sqrt{x}]=11$일 때, $[\sqrt{100x}]=110$일 확률은?

① $\frac{23}{500}$　② $\frac{123}{1000}$　③ $\frac{227}{2100}$　④ $\frac{223}{2200}$　⑤ $\frac{221}{2300}$

> 정답 및 풀이 2쪽

예제 1 $a<1<b$일 때, 다음 식을 간단히 하시오.

$$\sqrt{(a-1)^2}+\sqrt{(b-1)^2}-\sqrt{(a-b)^2}-\sqrt{(b-a)^2}$$

Tip $x-y$의 부호를 조사한 다음 $\sqrt{(x-y)^2}$ 꼴을 간단히 한다.
① $x-y>0$이면 $\sqrt{(x-y)^2}=x-y$
② $x-y<0$이면 $\sqrt{(x-y)^2}=-(x-y)$

풀이 $a-1<0$, $b-1>0$, $a-b$ ☐ 0, $b-a$ ☐ 0
(주어진 식)$=-(a-1)+(b-1)+($☐$)-($☐$)$
$=-a+1+b-1+a-$☐$-b+$☐
$=$☐

답 ________

응용 1 다음을 간단히 하시오.

(1) $0<x<2$일 때, $\sqrt{(x-2)^2}-\sqrt{(2-x)^2}+\sqrt{(-x)^2}$

(2) $ab<0$, $a+b<0$, $|a|>|b|$일 때,
$\sqrt{(\sqrt{9a^2}-\sqrt{(-3b)^2})^2}-\sqrt{(\sqrt{(-2a)^2}+\sqrt{4b^2})^2}$

응용 2 순환소수 $5.\dot{a}$의 양의 제곱근인 $\sqrt{5.\dot{a}}$가 유리수가 되도록 하는 한 자리의 자연수 a의 값을 구하시오.

응용 3 오른쪽 점들은 가로, 세로 1 cm 간격으로 일정하게 배열되어 있다. 16개의 점들 중 두 점을 골라 연결할 때, 그 길이가 $\sqrt{5}$ cm가 되는 선분의 개수를 구하시오.

응용 4 다음 지영이의 발표 내용을 보고
$x=\sqrt{3+\sqrt{3+\sqrt{3+\cdots}}}$일 때, x^2-x의 값을 구하시오.

지영 : $\sqrt{a+\sqrt{a+\sqrt{a+\cdots}}}$와 같이 근호 안의 동일한 식이 반복되는 무리수의 값을 구할 때, 근호 안의 동일한 식이 무한히 반복되므로 반복되는 값을 같은 문자로 놓을 수 있습니다.

핵심 문제

02 무리수의 이해

(1) **무리수** : 유리수가 아닌 실수이고 무리수를 소수로 나타내면 순환하지 않는 무한소수이다.

(2) **수의 체계**

실수
- 유리수
  - 정수
    - 양의 정수(자연수)
    - 0
    - 음의 정수
  - 정수가 아닌 유리수
- 무리수

소수
- 유한소수 ➡ 유리수
- 무한소수
  - 순환소수 ➡ 유리수
  - 순환하지 않는 소수 ➡ 무리수

(3) **무리수의 정수 부분과 소수 부분**

① **정수 부분** : 소수점 이하가 없는 정수 값, (무리수)=(정수 부분)+(소수 부분)
$n\le\sqrt{a}<n+1$일 때, $\sqrt{a}$의 정수 부분은 n이다. (단, n은 정수)

② **소수 부분** : 0보다 크거나 같고, 1보다 작은 값, 제곱근의 소수 부분은 원래 수에서 정수 부분을 뺀 것이다.
(소수 부분)=(무리수)−(정수 부분)

예 $2\le\sqrt{5}<3$이므로 $\sqrt{5}$의 정수 부분은 2이다.
$\sqrt{5}=2.236\cdots=\underset{(정수\ 부분)}{2}+\underset{(소수\ 부분)}{0.236\cdots}$ ➡ ($\sqrt{5}$의 소수 부분)$=\sqrt{5}-2$

핵심 1 다음은 $\sqrt{3}$이 무리수임을 이용하여 $a+b\sqrt{3}$(단, a, b는 유리수, $b\neq0$)이 무리수임을 설명하는 과정이다. □ 안에 들어갈 말은 어떤 수들의 모임이다. 이 수들에 대한 설명으로 옳지 않은 것은?

> $a+b\sqrt{3}=k$(단, k는 유리수)라 가정하면
> $b\sqrt{3}=k-a$에서 $\sqrt{3}=\dfrac{k-a}{b}$
> (유리수)−(유리수)=(유리수)
> (유리수)÷(유리수)=(유리수)
> 이므로 (우변)$=\dfrac{k-a}{b}$는 유리수이다.
> (좌변)$=\sqrt{3}$이 무리수이므로 가정에 모순이 된다.
> 따라서 $a+b\sqrt{3}$은 유리수가 아닌 □ 즉, 무리수이다.

① 소수점 아래의 어떤 자리에서부터 일정한 숫자의 배열이 한없이 되풀이 되는 무한소수는 유리수이다.
② 근호를 사용하여 나타낸 수는 모두 무리수이다.
③ 유리수이면서 무리수인 수는 없다.
④ 무한소수는 모두 무리수이다.
⑤ 정수 또는 유한소수로 나타낼 수 없는 분수는 무리수가 아니다.

핵심 2 자연수 n에 대하여 $\sqrt{n}$의 정수 부분을 $f(n)$이라 할 때, 다음 물음에 답하시오.

(1) $f(33)$의 값을 구하시오.

(2) $f(n)=9$인 자연수 n의 개수를 구하시오.

핵심 3 다음 중 A가 속하는 구간에 있는 수는? (단, $\sqrt{3}=1.732$, $\sqrt{5}=2.236$으로 계산한다.)

> 주현 : 동권아, A는 유리수가 아닌 실수인데, 수직선 위에 어떻게 나타낼 수 있을까?
> 동권 : 일단은 A는 $\sqrt{\left(\dfrac{19}{4}\right)^2}$보다는 크고, $7-\sqrt{3}$보다는 작으니까 다음 수직선 위에 나타낼 수 있을 것 같아.
>
> 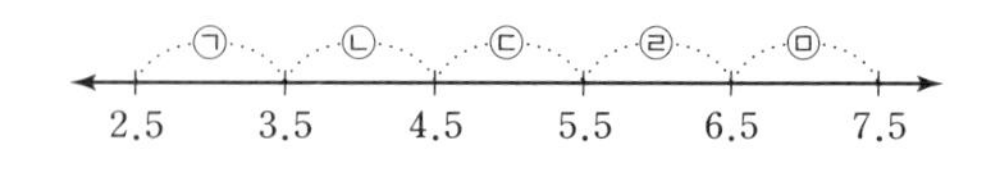
>

① $\sqrt{5}+0.5$ ② $\sqrt{3}+\sqrt{5}$ ③ 5.4
④ $4+\sqrt{3}$ ⑤ $9-\sqrt{5}$

> 정답 및 풀이 3쪽

예제 2 두 수 8과 11 사이에 있는 무리수 중에서 $\sqrt{n}$의 꼴로 나타낼 수 있는 가장 작은 수의 정수 부분을 p, 가장 큰 수의 소수 부분을 q라고 하자. $\frac{q}{p}=a\sqrt{30}+b$를 만족시키는 두 유리수 a, b에 대하여 $a+b$의 값을 구하시오.

(단, n은 자연수)

Tip $\sqrt{n}$에 관한 부등식을 풀어서 자연수 n의 값이 가장 작을 때의 $\sqrt{n}$의 정수 부분(p)과 자연수 n의 값이 가장 클 때 $\sqrt{n}$의 소수 부분(q)을 찾을 수 있다.

풀이 $8<\sqrt{n}<11$에서 각 변을 제곱하면 $64<n<$ ☐이므로 $\sqrt{n}$의 꼴로 나타낼 수 있는 가장 작은 수는 $\sqrt{65}$이고, 가장 큰 수는 ☐이다.

따라서 p는 $\sqrt{65}$의 정수 부분이고, q는 ☐의 소수 부분이므로

$p=8$, $q=\sqrt{120}-10=$ ☐$\sqrt{30}-$☐

$\frac{q}{p}=\frac{☐\sqrt{30}-☐}{8}=$ ☐$\sqrt{30}-\frac{5}{4}$이므로 $a=$ ☐, $b=-\frac{5}{4}$

$\therefore a+b=$ ☐ $+\left(-\frac{5}{4}\right)=$ ☐

답 ______

응용 1 다음 중 $A\sim C$에 속하는 수에 대한 설명으로 옳지 않은 학생 수를 구하시오.

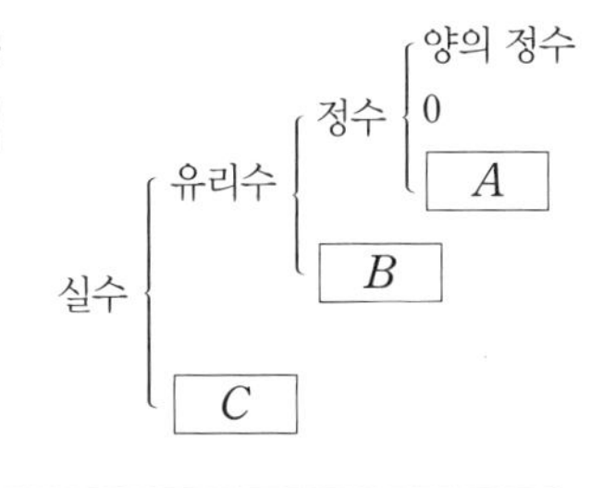

가람 : A는 자연수에 $-$ 부호를 붙인 수이고, A에 속한 수 중 가장 큰 수는 -1이다.

나현 : $\sqrt{0.0121}$는 B와 C에 동시에 속한다.

동수 : 수직선은 C에 속하는 수들에 대응하는 점들로 빈틈없이 채울 수 있다.

루비 : 서로 다른 두 유리수 사이에는 C에 속하는 수들이 무수히 많다.

명진 : C에 속하는 수들의 합은 A와 B에 속하지 않는다.

보람 : $-\sqrt{2}$와 -1 사이에는 A에 속한 수들이 무수히 많다.

응용 2 다음 조건 을 모두 만족시키는 유리수 x의 값들의 합이 3일 때, 자연수 n의 값을 구하시오.

조건

(가) nx는 자연수이다.

(나) $\sqrt{nx}$의 정수 부분은 1이다.

응용 3 오른쪽 제곱근표를 이용하여 $\frac{2y-2x}{x-3y}=4$일 때 $\sqrt{\frac{2x+3y}{2x-3y}}$의 값을 a라 하자. 수직선 위에 a에 대응하는 수와 가장 가까운 정수를 차례대로 구하시오.

수	0	…	5
4.6	2.145	…	2.156
4.7	2.168	…	2.179

응용 4 자연수의 양의 제곱근 $1, \sqrt{2}, \sqrt{3}, 2, \sqrt{5}, \cdots$에 대응하는 점을 수직선 위에 나타내면 다음과 같다. 이 점들에 대한 설명으로 옳지 않은 것을 모두 고르시오.

0 1 $\sqrt{2}$ $\sqrt{3}$ 2 $\sqrt{5}$ $\sqrt{6}$ $\sqrt{7}$ $\sqrt{8}$ 3 …

ㄱ. $\sqrt{2}+\sqrt{3}=\frac{n}{m}$이 되게 하는 정수 m, n에 대응되는 수가 수직선 위에 존재한다.

ㄴ. 5와 6 사이에는 자연수의 양의 제곱근에 대응하는 점이 10개 존재한다.

ㄷ. 짝수 n에 대하여 $2n$과 $3n$ 사이에 자연수의 양의 제곱근에 대응하는 점은 짝수 개이다.

03 제곱근의 곱셈과 나눗셈

(1) 제곱근의 곱셈과 나눗셈

$a>0$, $b>0$이고, m, n이 유리수일 때

① $m\sqrt{a}\times n\sqrt{b}=mn\sqrt{ab}$, $m\sqrt{a}\div n\sqrt{b}=\dfrac{m}{n}\sqrt{\dfrac{a}{b}}$

② $\sqrt{a^2b}=\sqrt{a^2}\times\sqrt{b}=a\sqrt{b}$, $\sqrt{\dfrac{a}{b^2}}=\dfrac{\sqrt{a}}{\sqrt{b^2}}=\dfrac{\sqrt{a}}{b}$

(2) 분모의 유리화

① $a>0$일 때, $\dfrac{b}{\sqrt{a}}=\dfrac{b\times\sqrt{a}}{\sqrt{a}\times\sqrt{a}}=\dfrac{b\sqrt{a}}{a}$

② $c>0$일 때, $\dfrac{b}{a\sqrt{c}}=\dfrac{b\times\sqrt{c}}{a\sqrt{c}\times\sqrt{c}}=\dfrac{b\sqrt{c}}{ac}$

핵심 1 오른쪽은 제곱근표의 일부이다. 이 표를 이용하여 그 값을 구할 수 없는 것은?

수	0	1
6.1	2.470	2.472
⋮	⋮	⋮
60	7.746	7.752

① $\sqrt{6000}$ ② $\sqrt{61000}$ ③ $\sqrt{60100}$ ④ $\sqrt{0.601}$ ⑤ $\sqrt{0.000611}$

핵심 2 다음 물음에 답하시오.

(1) $\dfrac{a\sqrt{b}}{10}=\sqrt{0.63}$에서 a, b가 1이 아닌 자연수일 때, $a+b$의 값을 구하시오.

(2) $\sqrt{13}=k$일 때, $\sqrt{3.25}$를 k를 사용한 식으로 나타내시오.

핵심 3 $ab=10$이고 $a\sqrt{\dfrac{2b}{9a}}+b\sqrt{\dfrac{8a}{9b}}$를 간단히 하시오. (단, $a>0$, $b>0$)

핵심 4 $\dfrac{b}{a}=\dfrac{c}{b}=\dfrac{d}{c}$이고, $b=3\sqrt{2}$, $c=2\sqrt{3}$일 때, a, d의 값을 각각 구하시오. (단, $a\neq0$)

핵심 5 $\dfrac{\sqrt{112}}{\sqrt{x}}$가 1보다 큰 유리수가 되도록 하는 정수 x들의 합을 구하려고 한다. 물음에 답하시오.

(1) □ 안에 알맞은 수를 써넣으시오.

> $\dfrac{\sqrt{112}}{\sqrt{x}}>1$이므로 $0<\sqrt{x}<\sqrt{112}$
>
> 즉, $0<x<112$ $\cdots$ ㉠
>
> $\dfrac{\sqrt{112}}{\sqrt{x}}=\square\times\sqrt{\dfrac{7}{x}}$인 유리수이므로
>
> $x=7\times k^2$(단, k는 자연수)꼴이라 하면
>
> $0<k^2<\square$이다. $\cdots$ ㉡

(2) (1)에서 ㉠, ㉡을 모두 만족시키는 정수 x들의 합을 구하시오.

응용 문제

› 정답 및 풀이 3쪽

예제 3 x가 실수이고, $f(x)$는 x의 정수 부분, $g(x)$는 x의 소수 부분을 나타낼 때, $\dfrac{7}{2f(\sqrt{3}+1)+g(\sqrt{2}+3)}$의 값을 구하시오.

Tip 근호 부분을 문자로 생각하고 $(a+b)(a-b)=a^2-b^2$임을 이용하여 분모를 유리화 할 수 있다.

$a>0$, $b>0$일 때, $\dfrac{c}{\sqrt{a}+\sqrt{b}}=\dfrac{c(\sqrt{a}-\sqrt{b})}{(\sqrt{a}+\sqrt{b})(\sqrt{a}-\sqrt{b})}=\dfrac{c\sqrt{a}-c\sqrt{b}}{a-b}$ (단, $a-b\neq 0$)

풀이 $1<\sqrt{3}<\square$에서 $2<\sqrt{3}+1<\square$ $\quad \therefore f(\sqrt{3}+1)=\square$

$\square<\sqrt{2}<2$에서 $\square<\sqrt{2}+3<5$ $\quad \therefore g(\sqrt{2}+3)=(\sqrt{2}+3)-\square=\sqrt{2}-\square$

$\therefore$ (주어진 식)$=\dfrac{7}{2\times\square+\sqrt{2}-\square}=\dfrac{7(\square-\sqrt{2})}{(3+\sqrt{2})(\square-\sqrt{2})}=\dfrac{7(3-\sqrt{2})}{\square}=\square$

답 ____________

응용 1 $x=\sqrt{3}$이고 $y=x-\dfrac{1}{x+\dfrac{1}{x+\dfrac{1}{x}}}$일 때, y의 값은 x의 값의 몇 배인지 구하시오.

응용 2 $4\sqrt{2}$의 소수 부분을 a, $4\sqrt{2}$의 역수의 소수 부분을 b라고 할 때, $(a+1)x+2(by+1)=0$을 만족시키는 유리수 x, y에 대하여 $2x-y$의 값을 구하시오.

응용 3 오른쪽 그림에서 $\overline{BC}=6\sqrt{2}$이고, $\overline{BC}\,/\!/\,\overline{DE}$이다. $\overline{AD}:\overline{DB}=(2\sqrt{5}-1):(1+\sqrt{5})$일 때, $\overline{DE}$의 길이를 구하시오.

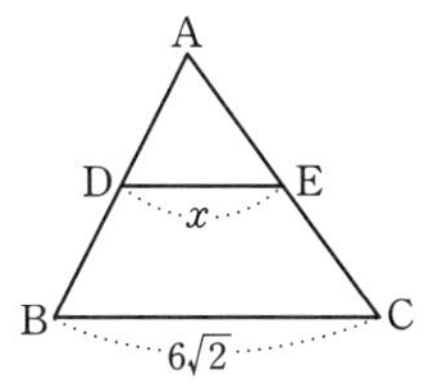

응용 4 다음 그림의 자는 기준점 0에서부터 $\sqrt{a}$의 거리에 있는 점에 a를 대응시킨 것이다. $\overline{OA}=\overline{AB}$일 때, x의 값이 16이면 a의 값은 얼마인지 구하시오.

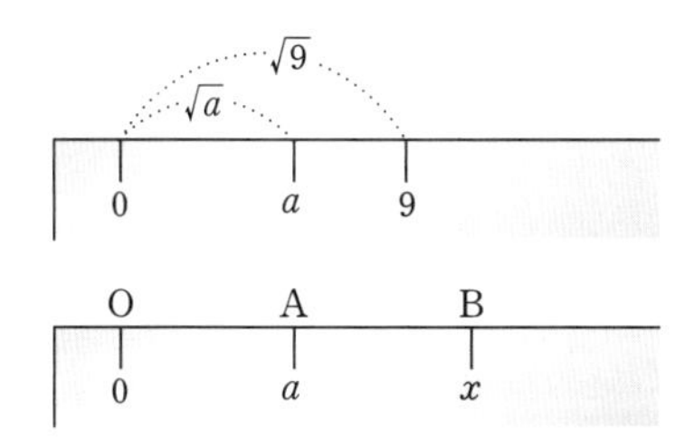

핵심 문제

04 제곱근의 덧셈과 뺄셈

(1) 제곱근의 덧셈과 뺄셈

근호 안의 수가 같은 것을 동류항으로 보고, 다항식의 덧셈, 뺄셈과 같은 방법으로 계산한다.

$a>0$이고, m, n이 유리수일 때

① $m\sqrt{a}+n\sqrt{a}=(m+n)\sqrt{a}$

② $m\sqrt{a}-n\sqrt{a}=(m-n)\sqrt{a}$

(2) 무리수가 서로 같을 조건

a, b, c, d가 유리수이고 $\sqrt{m}$이 무리수일 때

① $a+b\sqrt{m}=0$이면 $a=0$, $b=0$

② $a+b\sqrt{m}=c+d\sqrt{m}$이면 $a=c$, $b=d$

핵심 1 다음 그림과 같이 한 눈금의 길이가 1인 모눈종이 위에 수직선과 두 직각이등변삼각형 ABC, DEF를 그리고 $\overline{CA}=\overline{CP}$, $\overline{DF}=\overline{DQ}$가 되도록 수직선 위에 두 점 P, Q를 정하자. 두 점 P, Q 사이의 거리를 구하시오.

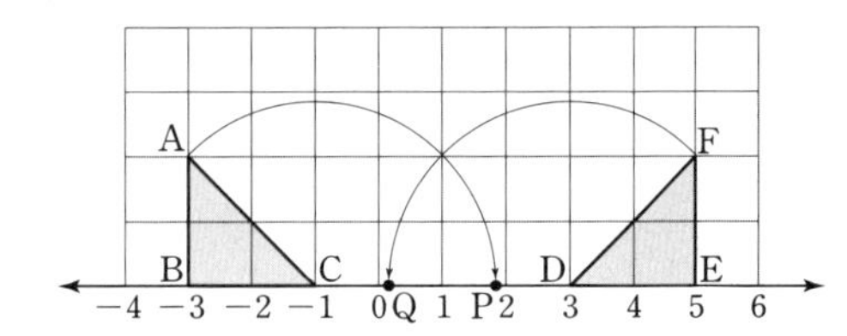

핵심 2 가로, 세로, 높이가 각각 $(\sqrt{6}+\sqrt{3})$ cm, $2\sqrt{2}$ cm, $\sqrt{27}$ cm인 직육면체의 겉넓이를 구하시오.

핵심 3 $\sqrt{3}\left(\frac{3}{\sqrt{2}}-\frac{2}{\sqrt{3}}\right)-\sqrt{2}\left(\frac{k}{\sqrt{3}}-\frac{3}{\sqrt{2}}\right)$의 값이 유리수가 되도록 하는 유리수 k의 값을 구하시오.

핵심 4 기호 $<x>$는 실수 x보다 작지 않은 최소의 정수를 나타내고, 기호 $[x]$는 실수 x를 넘지 않는 최대의 정수를 나타낼 때, 다음 물음에 답하시오.

(1) 한 변의 길이가 1인 정사각형의 대각선의 길이를 a라 할 때, $([a+2]+3<a+3>)^2$의 값을 구하시오.

(2) $b=\sqrt{2}+1$일 때, $\frac{2-<b>}{<b>}+\frac{<b-1>}{2+[b+1]}$의 값을 구하시오.

핵심 5 실수 a, b에 대하여 연산 ◎를 $a◎b=\sqrt{2}ab-3(a+b)$로 정의할 때, $(\sqrt{2}◎3\sqrt{3})◎\sqrt{3}$의 값을 구하시오.

정답 및 풀이 4쪽

예제 4 $\sqrt{3}$의 소수 부분을 a라 할 때, $\dfrac{ax+y}{1-a}=a$를 만족하는 유리수 x, y를 구하시오.

Tip (소수 부분)=(무리수)−(정수 부분)

풀이 $\square<\sqrt{3}<2$이므로 $a=\sqrt{3}-\square$

$\dfrac{ax+y}{1-a}=a$에서 $ax+y=a(1-a)$ ⋯ ㉠

$a=\sqrt{3}-\square$을 ㉠에 대입하여 정리하면 $(y-\square)+x\sqrt{3}=-5+\square\sqrt{3}$

$\therefore y-\square=-5$, $x=\square$이므로 $y=\square$

답 ____________

응용 1 두 방정식 $2\sqrt{2}x-2\sqrt{5}=\sqrt{2}x-\sqrt{2}$와 $\sqrt{6}(x+3)-k=\sqrt{10}(x+1)+2\sqrt{6}$의 해가 일치할 때, 상수 k의 값을 구하시오.

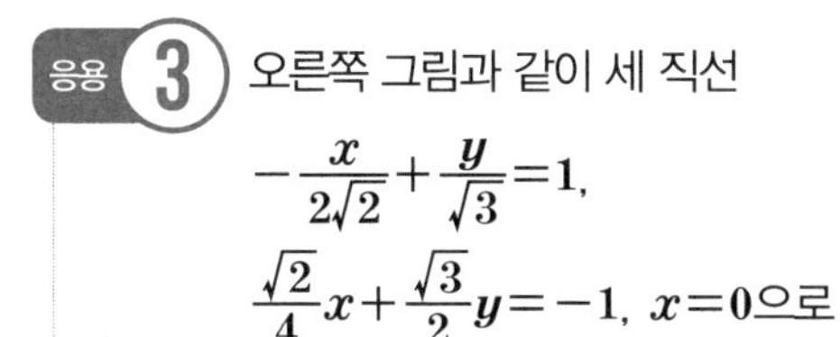

응용 3 오른쪽 그림과 같이 세 직선 $-\dfrac{x}{2\sqrt{2}}+\dfrac{y}{\sqrt{3}}=1$, $\dfrac{\sqrt{2}}{4}x+\dfrac{\sqrt{3}}{2}y=-1$, $x=0$으로 둘러싸인 삼각형의 넓이를 구하시오.

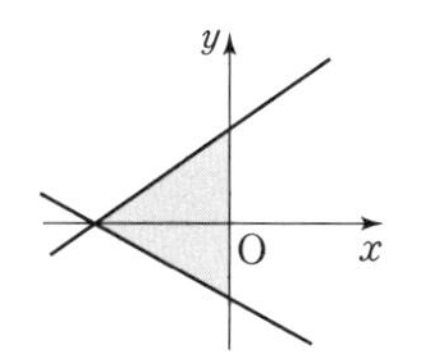

응용 2 두 일차방정식 $\sqrt{7}x+\sqrt{2}y=1$, $\sqrt{2}x-\sqrt{7}y=1$을 모두 만족시키는 해가 $x=a$, $y=b$일 때, $\dfrac{a+b}{a-b}$의 값을 구하시오.

응용 4 $[a]$는 a를 넘지 않는 최대 정수를 나타낸다. 예를 들면 $[1.07]=1$, $[3]=3$, $[\sqrt{5}]=2$이다.
$a=\sqrt{10}-1$일 때, $\dfrac{[a]}{a+1}-\dfrac{a+1}{[a]}=k\sqrt{10}$에서 유리수 k의 값을 구하시오.

05 실수의 대소 관계

(1) $a>0$, $b>0$일 때,

➡ $a<b \Longleftrightarrow \sqrt{a}<\sqrt{b}$

➡ $a<b \Longleftrightarrow -\sqrt{a}>-\sqrt{b}$

(2) 근호가 있는 수와 근호가 없는 수의 대소 비교는

① 각 수를 제곱하여 비교하거나

② 근호가 없는 수를 근호가 있는 수로 바꾸어 비교한다.

핵심 1 $0<a<1$일 때, 다음을 작은 것부터 차례대로 나열하시오.

$$\frac{1}{\sqrt{a}},\ \frac{1}{a},\ \frac{1}{a^2},\ \sqrt{a},\ a,\ a^2$$

핵심 2 $a=\sqrt{2}-1$, $b=2$일 때, 다음 중 가장 큰 수는?

① $\sqrt{(-a)^2}$　② $\sqrt{(-b)^2}$
③ $a+1$　④ $b-\sqrt{2}$
⑤ $\sqrt{(a+b)^2}$

핵심 3 다음 수들을 작은 것부터 차례로 나열하시오.

$$3-\sqrt{3},\ \sqrt{3}+1,\ 2\sqrt{2}-\sqrt{3},\ \sqrt{3}+\sqrt{2}$$

핵심 4 자연수 x는 서로 다른 소수 y, z의 곱과 같다. x, y, z의 곱이 100과 400 사이의 수일 때, 가능한 x의 값들의 합은?

① 25　② 27　③ 29
④ 31　⑤ 33

핵심 5 두 부등식 $\sqrt{2}(x+1)\le\sqrt{3}(x+1)$, $\sqrt{3}x-2\sqrt{6}\le\sqrt{6}-\sqrt{3}x$을 모두 만족시키는 x의 값의 범위가 $a\le x\le b$라고 한다. 이때 실수 a, b에 대하여 $4b^2-a^2$의 값은?

① 16　② 17　③ 18
④ 19　⑤ 20

정답 및 풀이 5쪽

예제 5 $\sqrt{3}+\sqrt{8}<x<\sqrt{300}+\sqrt{800}$을 만족시키는 x는 5의 배수이다. x의 최댓값과 최솟값의 합을 구하시오.

Tip 두 실수 a, b의 대소 비교에서 $a-b$의 부호로 판단할 수 없을 때에는 a^2-b^2의 부호를 이용하여 판단한다.
$a>0$, $b>0$일 때, $a^2>b^2$이면 $a>b$이기 때문이다.

풀이 (i) $(\sqrt{3}+\sqrt{8})^2-4^2=11+\square\sqrt{6}-16=\square\sqrt{6}-5>0$이므로 $\sqrt{3}+\sqrt{8}>4$이다.
$\sqrt{3}+\sqrt{8}<\sqrt{4}+\sqrt{9}=5$
$\therefore 4<\sqrt{3}+\sqrt{8}<5$
➡ 주어진 부등식을 만족시키는 5의 배수 중 x의 최솟값은 $\square$이다.
(ii) $4<\sqrt{3}+\sqrt{8}<5$의 양변에 10을 곱하면 $40<\sqrt{300}+\sqrt{800}<50$
따라서 x의 최댓값을 구하기 위해서는 $\sqrt{300}+\sqrt{800}$과 45의 대소 관계를 알아야 한다.
$\sqrt{300}+\sqrt{800}-45=10(\sqrt{3}+\sqrt{8})-45=5(2\sqrt{3}+2\sqrt{8}-9)=5(\sqrt{12}+\sqrt{32}-9)$
이때 $(\sqrt{12}+\sqrt{32})^2-9^2=44+2\sqrt{12\times32}-81=\sqrt{2^2\times384}-\sqrt{37^2}\ \square\ 0$
$\therefore 45<\sqrt{300}+\sqrt{800}<50$
➡ 주어진 부등식을 만족시키는 5의 배수 중 x의 최댓값은 $\square$이다.
따라서 (i), (ii)에 의해 x의 최솟값과 최댓값의 합은 $\square+\square=\square$이다.

답 ______________

응용 1 부등식 $3.2<\sqrt{\frac{x}{2}}<4.5$를 만족시키는 자연수 x의 개수를 a, 가장 큰 자연수를 b라 할 때, $\sqrt{\frac{ab}{n}}$가 자연수가 되게 하는 두 번째로 작은 자연수 n의 값을 구하시오.

응용 2 $\sqrt{(3x-2)^2}+\sqrt{(3x+2)^2}=4$가 성립하도록 하는 실수 x의 값의 범위는? $\left(\text{단, } x\neq\frac{2}{3}\right)$

① $x<0$
② $0<x<\frac{2}{3}$
③ $x<-\frac{2}{3}$
④ $-\frac{2}{3}\le x<\frac{2}{3}$
⑤ $x>\frac{2}{3}$

응용 3 $x<y$이고 서로소인 x, y에 대해 x, y의 차가 10일 때, $\sqrt{\frac{y}{x}}$의 값을 올림하여 소수 첫째 자리까지 나타내었더니 1.5가 되었다. 이때 두 자연수 x, y의 값을 각각 구하시오.

응용 4 다음 부등식의 해를 구하시오.

$$\sqrt{4\sqrt{2}x-2}\le\sqrt{5\sqrt{2}x+2}\le\sqrt{3\sqrt{2}x+10}$$

심화 문제

NOTE

01 $a^2-b^2=(a+b)(a-b)$를 이용하여 $\sqrt{n^2+100}$이 자연수가 되도록 하는 자연수 n의 값을 구하시오.

02 $a-b<0$, $ab<0$일 때, $\sqrt{(a-\sqrt{b^2})^2}+\sqrt{(\sqrt{a^2}+b)^2}$을 간단히 하시오.

03 자연수를 제곱해서 나오는 수를 제곱수라고 한다. a가 제곱수일 때, a 다음으로 작은 제곱수를 a에 대한 식으로 나타내시오.

NOTE

04 $\sqrt{(a-1)^2}+\sqrt{(a+1)^2}=2$가 성립하는 실수 a의 범위를 구하시오.

05 $\sqrt{x+\sqrt{x+\sqrt{x+\cdots}}}=4$일 때, x의 값을 구하시오.

06 x가 실수일 때, $<x>$는 x의 정수 부분을 나타내고 $[x]$는 x의 소수 부분을 나타낸다고 하자.

$a=\sqrt{3}+1$, $b=2\sqrt{2}+1$일 때, $\dfrac{[a]-<b>+4}{<a>+[b]}$의 값을 구하시오.

NOTE

07 한 변의 길이가 $3\,\mathrm{cm}$인 정사각형 안에 10개의 점을 찍을 때, 임의의 두 점 사이의 거리에 관한 다음 설명에서 옳은 것을 고르시오.

> ㉠ 두 점 사이의 거리가 $\sqrt{2}\,\mathrm{cm}$인 것이 반드시 있다.
> ㉡ 두 점 사이의 거리가 $\sqrt{2}\,\mathrm{cm}$ 이상인 것이 반드시 있다.
> ㉢ 두 점 사이의 거리가 $3\sqrt{2}\,\mathrm{cm}$인 것이 반드시 있다.
> ㉣ 두 점 사이의 거리가 $\sqrt{2}\,\mathrm{cm}$ 이하인 것이 반드시 있다.

08 부등식 $2.1<\sqrt{x}<3.5$를 만족하는 x의 값 중 가장 작은 자연수를 a, 가장 큰 자연수를 b라 할 때, $\sqrt{\dfrac{bn}{a}}$이 자연수가 되도록 하는 두 자리 자연수 n의 값들의 합을 구하시오.

09 x, y가 자연수일 때, $\sqrt{\dfrac{y}{x}}$의 값을 소수점 아래 첫째 자리에서 반올림하였더니 3이 되었다. x, y가 서로소이고, $|x-y|=50$일 때, 순서쌍 $(x,\ y)$를 모두 구하시오.

NOTE

10 오른쪽 그림과 같이 한 변의 길이가 5인 정육각형을 밑면으로 하고 옆면이 모두 합동인 삼각형으로 이루어진 각뿔이 있다. 이 각뿔의 높이 VO는 $5\sqrt{3}$ cm이고, 옆면을 이루는 한 삼각형의 넓이는 $k\sqrt{15}$ cm²라고 한다. 이때 $4k$의 값을 구하시오.

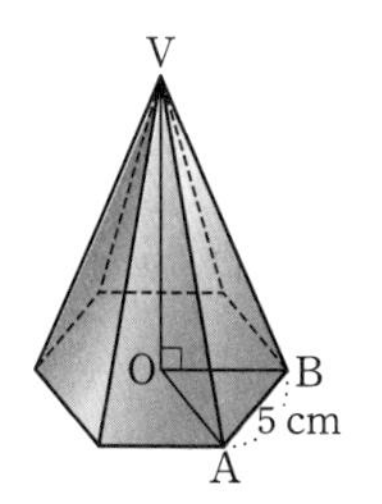

11 오른쪽 그림과 같이 수직선에서 점 P와 점 Q에 대응하는 수는 각각 $-1+\sqrt{3}$, $\sqrt{25}+\sqrt{12}$이고 점 M은 $\overline{PQ}$의 중점이다. 점 R가 $\overline{PM}:\overline{PR}=3:4$일 때, 점 R에 대응하는 수를 구하시오.

12 오른쪽 그림의 좌표평면에서 □AOBC, □$A_1BB_1C_1$, □$A_2B_1B_2C_2$는 모두 정사각형이고, 그 넓이를 각각 S_1, S_2, S_3라 할 때, $S_1=2$, $S_2=\frac{1}{2}S_1$, $S_3=\frac{1}{2}S_2$이다. $S_1+S_2+S_3=a$, $\overline{OB_2}$의 값의 소수 부분을 b라 할 때, $2(a-b)$의 값을 구하시오.

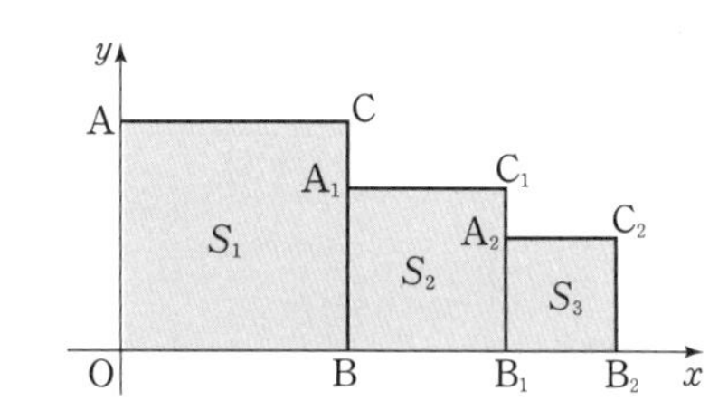

심화 문제

13 $\sqrt{2}$의 소수 부분을 a, $\frac{1}{\sqrt{2}}$의 소수 부분을 b라 할 때, $(a+3)x-by+6=0$을 만족시키는 유리수 x, y에 대하여 $x-y$의 값을 구하시오.

NOTE

14 길이가 56 cm인 끈을 잘라서 세 개의 정사각형을 만들었다. 세 정사각형의 넓이의 비가 $1:2:4$일 때, 가장 큰 정사각형의 한 변의 길이를 구하시오.

15 $f(a)=\sqrt{a}+\sqrt{a+1}$일 때, $\frac{1}{f(1)}+\frac{1}{f(2)}+\frac{1}{f(3)}+\cdots+\frac{1}{f(50)}$의 값을 수직선 위에 나타냈을 때, 가장 가까운 정수를 구하시오.

16 무리수 $\sqrt{n}$의 정수 부분을 a, 소수 부분을 b라 하면 $a^3-9ab+b^3=0$이 성립한다. 이때 양의 정수 $(3a)^{\frac{n}{6}}$의 값을 구하시오. (단, n은 자연수)

NOTE

17 $4-2\sqrt{3}$의 양의 제곱근은 $(1+\sqrt{3})x$이고, $4+2\sqrt{3}$의 양의 제곱근은 $(1-\sqrt{3})y$일 때, x^2+y^2의 값을 구하시오.

18 연립방정식 $\begin{cases}(\sqrt{5}+\sqrt{3})x+(\sqrt{5}-\sqrt{3})y=\sqrt{5}\\(\sqrt{5}-\sqrt{3})x-(\sqrt{5}+\sqrt{3})y=\sqrt{3}\end{cases}$을 만족하는 실수 x, y에 대하여 $[x]+[y]$의 값을 구하시오. (단, $[a]$는 a를 넘지 않는 최대 정수이다.)

최상위 문제

NOTE

01 $\sqrt{[\sqrt{n}]}=[\sqrt{\sqrt{n}}]$이 성립하는 두 자리 정수 n의 값의 합을 구하시오. (단, $[n]$은 n을 넘지 않는 최대의 정수이다.)

02 $\sqrt{5a}+\sqrt{b}=16$을 만족하는 자연수 a, b의 순서쌍 (a, b)를 모두 구하시오.

03 다음 그림과 같이 0에서 거리가 $\sqrt{a}$ cm인 점의 눈금을 a로 나타낸 자가 있다. 눈금이 4인 점을 A, 눈금이 49인 점을 B라고 할 때, 두 점 A, B 사이의 거리를 점 A로부터 1 : 2로 나누는 점 P의 눈금의 값을 구하시오.

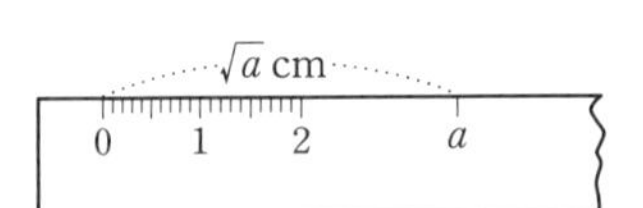

NOTE

04 $\sqrt{x}=a+\frac{1}{a}(0<a<1)$일 때, $\sqrt{4x^2-16x}$를 a에 대한 식으로 나타내시오.

05 어떤 수 x는 정수 a와 $b(0\leq b<1)$의 합이다. $<x>=a$, $[x]=b$로 나타낼 때, $\left[\frac{3}{<5-\sqrt{7}>}\right]$의 값을 구하시오.

06 $\sqrt{400-x}-\sqrt{100+y}$가 가장 큰 정수가 되도록 하는 자연수 x, y의 합을 구하시오.

07 $\sqrt{(1-\sqrt{(1-\sqrt{(1-x)^2})^2})^2}=x-1$을 만족하는 정수 x의 개수를 구하시오.

NOTE

08 $\sqrt{2^8+2^{11}+2^a}$이 정수일 때, 그 값을 구하시오. (단, a는 자연수이다.)

09 방정식 $\sqrt{(\sqrt{(x-1)^2}-2)^2}=a$의 정수해의 개수를 $f(a)$라 할 때, $f(0)+f(1)+f(2)+f(3)+f(4)$의 값을 구하시오.

NOTE

10 $0<a<2$, $4a(x-3)-y=4a^3$, $x+ay=5a^2+4$일 때, $\sqrt{x+y}-\sqrt{x-y}$을 간단히 하시오.

11 다음 그림과 같이 넓이가 각각 2, 3, 8, 12, 16인 5개의 정사각형을 한 정사각형의 대각선의 교점에 다른 정사각형의 한 꼭짓점을 맞추고 겹치는 부분이 정사각형이 되도록 차례대로 이어 붙여 새로운 도형을 만들었다. 이때 새로 만든 도형의 둘레의 길이를 구하시오.

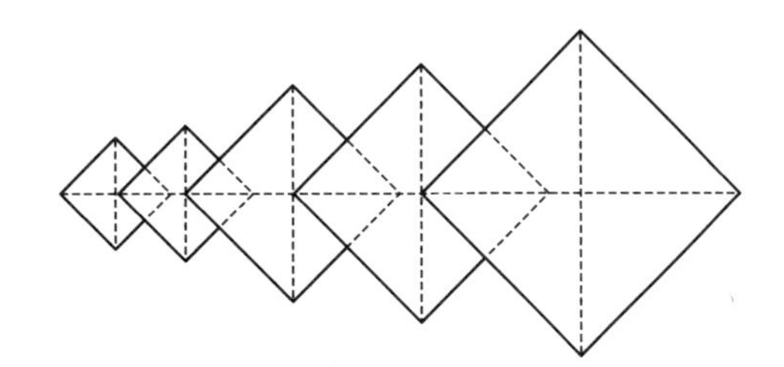

12 $x=\sqrt{3}+2$, $y=\sqrt{3}-2$일 때, $(x^{5n}+y^{5n})^2-(x^{5n}-y^{5n})^2$의 값을 구하시오. (단, n은 자연수)

NOTE

13 양의 정수 x, y에 대하여 $\sqrt{a-\sqrt{32}}=\sqrt{x}-\sqrt{y}$가 성립할 때, 정수 a의 값들의 합을 구하시오.

14 $1.414<\sqrt{2}<1.415$, $2.236<\sqrt{5}<2.237$이다. $a\leq 100$일 때 $(\sqrt{5}-\sqrt{2})a$의 값이 자연수가 되게 하는 실수 a는 모두 몇 개인지 구하시오.

15 $x=\sqrt{5}$의 소수 부분을 y_0, $x_1=\frac{1}{y_0}$의 소수 부분을 y_1이라 하자. 일반적으로 $x_n=\frac{1}{y_{n-1}}(n=2, 3, 4, \cdots)$의 소수 부분을 y_n이라 할 때, $x_n^2+y_n^2$의 값을 구하시오.

NOTE

16 $S=1+\frac{1}{\sqrt{2}}+\frac{1}{\sqrt{3}}+\cdots+\frac{1}{\sqrt{100}}$일 때,

$\frac{1}{\sqrt{n+1}+\sqrt{n}}<\frac{1}{\sqrt{n}+\sqrt{n}}<\frac{1}{\sqrt{n}+\sqrt{n-1}}$ (n은 자연수)

를 이용하여 $[S]$의 값들의 합을 구하시오. (단, $[x]$는 x를 넘지 않는 최대 정수)

17 자연수 x에 대하여 $\sqrt{x^2+1}$의 소수 부분을 $f(x)$라 하자.
예를 들어, $f(2)=(\sqrt{2^2+1}$의 소수 부분)이다. 이때 $\{f(2023)+2023\}^2$의 일의 자리의 숫자를 구하시오.

18 $f(x)=\frac{x(\sqrt{x}-1)}{\sqrt{x}}$일 때, $f(1)+f(2)+f(4)+f(8)+f(16)+f(32)$의 값을 구하시오.

특목고 / 경시대회 실전문제

01 자연수 n에 대하여 A의 부호를 결정하시오. (단, $[x]$는 x를 넘지 않는 최대 정수이며 $\frac{a+b}{2}>\sqrt{ab}$가 서로 다른 자연수 a, b에 대하여 항상 성립함을 이용한다.)

$$A=(n+1)^2+n-[\sqrt{(n+1)^2+n+1}\,]^2$$

02 주사위를 첫 번째 던져 나온 숫자를 a, 두 번째 던져 나온 숫자를 b라고 할 때, $\sqrt{70-ab}$가 자연수가 될 확률을 구하시오.

03 $\sqrt{3}=1+\cfrac{1}{1+\cfrac{1}{2+\cfrac{1}{1+\cfrac{1}{2+\cfrac{1}{\cdots}}}}}$을 $(1, \bar{1}, \bar{2})$라 표현할 때, $(4, \bar{4}, \bar{8})$의 값을 구하시오.

NOTE

NOTE

04 $X=\left\{\dfrac{(\sqrt{2}+1)^n+(\sqrt{2}-1)^n}{2}\right\}^2$일 때, $(\sqrt{X}-\sqrt{X-1})^{\frac{1}{n}}$의 값을 구하시오.

05 양수 x에 대하여 $f(x)$가 다음을 만족할 때, $f\left(\dfrac{(1-\sqrt{3})^2+2\sqrt{3}}{\sqrt{3}}\right)-f\left(\dfrac{(1+\sqrt{3})^2-4}{3}\right)$의 값을 구하시오.

$$f(1)=0,\ f(2)=4,\ f(a\times b)=f(a)+f(b),\ f\left(\frac{1}{a}\right)=-f(a)$$

06 다음 연립방정식을 푸시오. (단, x, y, z은 모두 양수이다.)

$$\begin{cases} x\sqrt{yz}+y\sqrt{xz}=39-xy \\ y\sqrt{xz}+z\sqrt{xy}=52-yz \\ x\sqrt{yz}+z\sqrt{xy}=78-xz \end{cases}$$

07 연속하는 네 홀수 a, b, c, d $(0<a<b<c<d)$에 대하여 $\sqrt{a+b+c+d}$의 값을 소수점 아래 첫째 자리에서 반올림하면 11일 때, 가능한 순서쌍 (a, b, c, d)의 개수를 구하시오.

NOTE

08 오른쪽 그림과 같이 $\overline{AB}=\sqrt{5}$, $\overline{BC}=3\sqrt{5}$인 $\triangle ABC$ 안에 정삼각형 ABB_1, $A_1B_1B_2$, $A_2B_2B_3$, $\cdots$와 같은 정삼각형을 무한히 그려서 만들어진 모든 정삼각형의 둘레의 총합을 x라 할 때, x^2의 값을 구하시오.

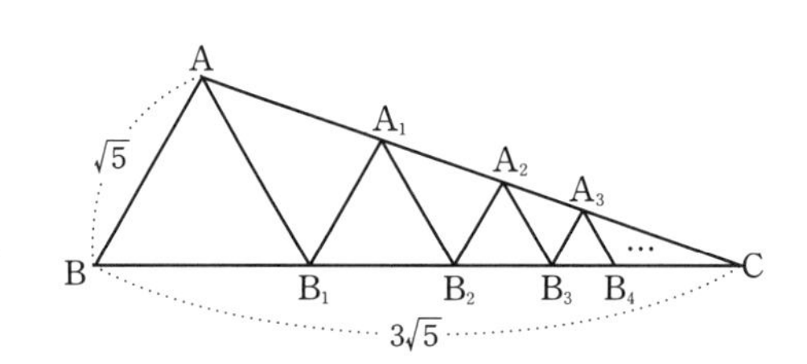

09 가장 많이 쓰이는 복사용지는 A_4, B_4, B_5 용지들이라고 한다. A_4용지의 전지는 A_0이고 A_0의 넓이는 $1\,m^2$이다. B_4, B_5용지의 전지는 B_0이고 B_0의 넓이는 $1.5\,m^2$이다. A_1용지는 A_0용지의 두 긴 변의 중점을 연결한 선을 따라 자른 것이고, A_2용지는 A_1용지의 두 긴 변의 중점을 연결한 선을 따라 자른 것이다. 같은 방법으로 A_3, A_4, $\cdots$등을 만들고, B_0용지를 이용하여 B_1, B_2, B_3, B_4, $\cdots$ 용지도 같은 방법으로 만든다. 축소·확대가 가능한 복사기를 보면 축소 · 확대 방법이 적혀 있다. 이들 중 다음과 같은 경우 그 배율이 어떻게 되는지 앞에 설명에 비추어 a, b, c의 값을 구하시오.

축소와 확대	배율
$A_5 \rightarrow A_4$	a배
$B_4 \rightarrow A_4$	b배
$B_5 \rightarrow A_4$	c배

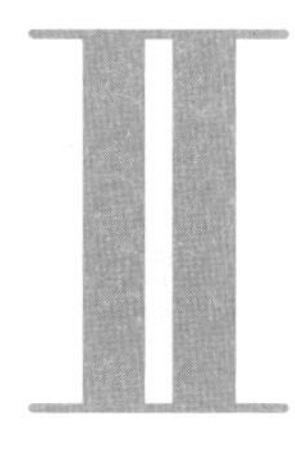

다항식의 곱셈과 인수분해

핵심문제 1 다항식의 곱셈

01 곱셈공식 (1)

(1) 다항식과 다항식의 곱셈 : 분배법칙을 이용하여 식을 전개한 후, 동류항끼리 계산하여 간단히 한다.

방법 1

$(a+b)(c+d)=ac+ad+bc+bd$
①②③④

방법 2

$(a+b)(c+d)$에서 $c+d=M$이라 하면

$(a+b)(c+d)=(a+b)M$
$=aM+bM$
$=a(c+d)+b(c+d)$
$=ac+ad+bc+bd$

(2) 곱셈공식을 이용한 수의 계산

① 수의 제곱의 계산 : $(a+b)^2=a^2+2ab+b^2$, $(a-b)^2=a^2-2ab+b^2$

② 두 수의 곱의 계산 : $(a+b)(a-b)=a^2-b^2$

(3) 치환하여 전개하기

① 주어진 식에 공통부분이 있으면 한 문자로 치환한 후 곱셈공식을 이용한다.

② 전개한 식에 원래의 식을 대입하여 정리한다.

예 $(x+y+1)(x+y-1)$을 전개할 때, $x+y$를 t로 치환하면
$(t+1)(t-1)=t^2-1=(x+y)^2-1=x^2+2xy+y^2-1$

핵심 1 $(x^2+ax+2)(2x^2-x+b)$의 전개식에서 x^3의 계수는 1, x^2의 계수는 6이다. 이때 $a+b$의 값을 구하시오.

핵심 2 $(a+3\sqrt{3})(4-2\sqrt{3})$을 전개하였더니 유리수가 되었다. a의 값을 구하시오.

핵심 3 $(\sqrt{48}+5)(\sqrt{48}-5)+(\sqrt{12}-\sqrt{6})^2=a+b\sqrt{2}$를 만족시키는 유리수 a, b에 대하여 $a+2b$의 값은?

① 5　② 9　③ 13
④ 17　⑤ 21

핵심 4 $(x-y-3)(x+y-3)$을 전개한 식으로 옳은 것은?

① $x^2-2x-1+y^2$　② $x^2+2xy-y^2-9$
③ $x^2-6x-9+y^2$　④ $x^2-2xy-y^2+9$
⑤ $x^2-6x+9-y^2$

핵심 5 부등식 $(\sqrt{3}-2)x<(2\sqrt{3}-5)(\sqrt{3}+2)$를 만족시키는 x의 값 중 가장 작은 정수를 구하면?

① 21　② 22　③ 23
④ 24　⑤ 25

정답 및 풀이 13쪽

예제 1 $\begin{vmatrix} a & b \\ c & d \end{vmatrix}=ad-bc$로 정의할 때, $\begin{vmatrix} \dfrac{5}{5-\sqrt{20}} & \dfrac{1}{\sqrt{5}+2} \\ \sqrt{5}-2 & \sqrt{20}+5 \end{vmatrix}$의 값을 구하시오.

Tip $a>0$, $b>0$일 때, $(\sqrt{a}+\sqrt{b})(\sqrt{a}-\sqrt{b})=a-b$임을 이용하여 분모가 무리수인 분수를 유리화 할 수 있다. (단, $a-b\neq0$)

풀이 $\begin{vmatrix} \dfrac{5}{5-\sqrt{20}} & \dfrac{1}{\sqrt{5}+2} \\ \sqrt{5}-2 & \sqrt{20}+5 \end{vmatrix}=\dfrac{5(\sqrt{20}+5)}{5-\sqrt{20}}-\dfrac{\sqrt{5}-2}{\sqrt{5}+2}$

$=\dfrac{5(\square)^2}{(5-\sqrt{20})(\square)}-\dfrac{(\sqrt{5}-2)^2}{(\sqrt{5}+2)(\sqrt{5}-2)}$

$=(2\sqrt{5}+\square)^2-(\sqrt{5}-2)^2$

$=(20+\square\sqrt{5}+25)-(5-\square\sqrt{5}+4)$

$=\square+\square\sqrt{5}$

답 ________

응용 1 다음 조건을 모두 만족시키는 x에 대한 다항식 A의 x^3의 계수를 구하시오. (단, a, b는 상수)

> (가) 다항식 A를 (ax^2+2x-3)으로 나누면 몫이 (x^2+bx+2)이고 나누어떨어진다.
> (나) 다항식 A의 x^2의 계수와 x의 계수는 모두 0이다.

응용 2 α는 정수, $0<\beta<1$일 때, $\alpha+\beta=\dfrac{3-\sqrt{27}}{\sqrt{3}+1}$이다. 이때 $\alpha-\beta$의 값은?

① $3+\sqrt{3}$ ② $4-3\sqrt{3}$ ③ $5-\sqrt{3}$
④ $6+2\sqrt{3}$ ⑤ $8-3\sqrt{3}$

응용 3 $f(n)=\sqrt{n}+\sqrt{n+1}$일 때, $\dfrac{1}{f(1)}+\dfrac{1}{f(2)}+\dfrac{1}{f(3)}+\cdots+\dfrac{1}{f(24)}$의 값을 구하시오.

응용 4 $(1+\sqrt{2}+\sqrt{3})\times(-1+\sqrt{2}+\sqrt{3})\times(1-\sqrt{2}+\sqrt{3})\times(1+\sqrt{2}-\sqrt{3})$을 계산하시오.

응용 5 n이 자연수일 때, 다음 식의 값을 구하시오.

> $\{(\sqrt{5}-2)^n-(\sqrt{5}+2)^n\}^2-\{(\sqrt{5}-2)^n+(\sqrt{5}+2)^n\}^2$

핵심 문제

02 곱셈공식(2)

(1) x^2의 계수가 1인 두 일차식의 곱의 전개

$$(x+a)(x+b)=x^2+(a+b)x+ab$$

합 / 곱

(2) x^2의 계수가 1이 아닌 두 일차식의 곱의 전개

$$(ax+b)(cx+d)=acx^2+(ad+bc)x+bd$$

외항의 곱 / 내항의 곱

핵심 1 $A=(-x+y)^2$, $B=(x-3y)(x+2y)$
$C=(2x+y)(3x-5y)$일 때,
$2A-[C-\{2B+(A-3B)\}]+2C$를 x, y에 대한 다항식으로 나타낼 때, xy의 계수와 y^2의 계수의 차를 구하면?

① 11 ② 16 ③ 21
④ 25 ⑤ 29

핵심 2 $(x+1)(x+2)(x-5)(x-6)$
$=x^4+Ax^3+Bx^2+Cx+60$일 때, $A-B+C$의 값은? (단, A, B, C는 상수)

① 53 ② 55 ③ 57
④ 59 ⑤ 61

핵심 3 $(5x+3y)(7x-2y)$에서 3을 A로 잘못 보고 전개하였더니 $35x^2-31xy-By^2$이 되었다. 이때 상수 A, B에 대하여 $(Ax+4)(Bx-1)$을 전개한 식의 x^2의 계수와 x의 계수의 합은?

① -9 ② -6 ③ -3
④ 0 ⑤ 3

핵심 4 오른쪽 그림과 같이 가로의 길이가 $5x$이고 세로의 길이가 $3y$인 직사각형 ABCD가 있다. □ABHG, □EFDG는 정사각형이고 사각형 EHCF의 넓이가 $Ax^2+Bxy+Cy^2$일 때, 상수 A, B, C에 대하여 $|A-B+C|$의 값을 구하시오. (단, $3y<5x<6y$이다.)

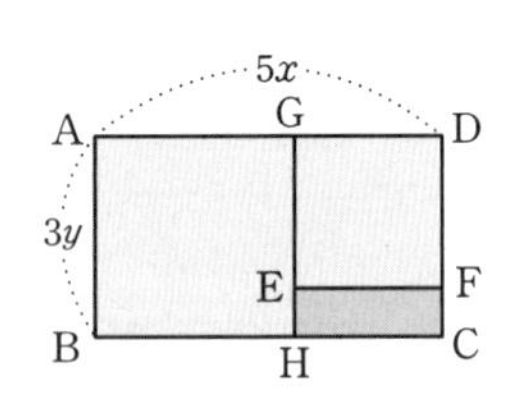

정답 및 풀이 14쪽

예제 2 다음 중 바르게 전개한 것을 모두 고르면? (정답 2개)

① $(x-1)(x-3)(x-5)=x^3-9x^2-23x-15$
② $(a-2)(a+5)(a-6)=a^3-3a^2-28a+60$
③ $(a+b)(a-2b)(a+4b)=a^3+7a^2b-6ab^2-8b^3$
④ $(x+2)(3x-9)(x+1)=3x^3+21x-18$
⑤ $(a-3)(3-b)(3-c)=9a+9b+9c-3ab-3bc-3ca+abc-27$

Tip 계수가 1인 세 일차식의 곱의 전개
$(x+a)(x+b)(x+c)=x^3+(a+b+c)x^2+(ab+bc+ca)x+abc$

풀이 ① $(x-1)(x-3)(x-5)=x^3+(-1-3-5)x^2+(3+15+5)x-15$
$=x^3-9x^2+23x-15$
② $(a-2)(a+5)(a-6)=a^3-\square a^2-28a+\square$
③ $(a+b)(a-2b)(a+4b)=a^3+\square a^2b-\square ab^2-8b^3$
④ $(x+2)(3x-9)(x+1)=\square\cdot(x+2)(x-3)(x+1)$
$=\square(x^3-\square x-6)=3x^3-\square x-18$
⑤ $(a-3)(3-b)(3-c)=-(3-a)(3-b)(3-c)$
$=-\{3^3+(-a-b-c)\times\square^2+(ab+bc+ca)\times3-abc\}$
$=-27+\square a+\square b+\square c-3ab-3bc-3ca+abc$

답 ____________

응용 1 $A=2^{99}-1$, $B=5^{98}-1$일 때, 두 수의 곱 AB는 a자리의 수이다. 이때 a의 값을 구하시오.

응용 2 $x=a-2$, $y=2a+3$, $z=5a+4$일 때, $(-x+y+z)^2+(x-y+z)(x+y-z)$을 a에 대한 다항식으로 나타내면?

① $-20a^2+58a+40$
② $22a^2+64a+56$
③ $-24a^2-76a+60$
④ $26a^2-84a+72$
⑤ $28a^2+98a+84$

응용 3 $4x^2+8x-1=0$일 때, $(2x+1)(2x-3)(2x+3)(2x+7)+100$의 값을 구하시오.

응용 4 A, B를 각각 간단히 했을 때, $A-B=m\sqrt{2}+n\sqrt{3}+k$이다. 이때 상수 m, n, k에 대하여 $m-n+k$의 값을 구하시오.

$A=(\sqrt{2}+1)(\sqrt{2}+2)(\sqrt{2}+3)$
$B=(\sqrt{2}-\sqrt{3})(\sqrt{8}+4\sqrt{3})(\sqrt{2}-\sqrt{27})$

핵심 문제

03 식의 변형을 이용하여 식의 값 구하기

(1) 다음과 같이 곱셈공식을 변형하여 식의 값을 구할 수 있다.

① $a^2+b^2=(a+b)^2-2ab=(a-b)^2+2ab$

② $(a+b)^2=(a-b)^2+4ab$, $(a-b)^2=(a+b)^2-4ab$

(2) 두 식의 곱이 1인 식의 변형

① $x^2+\frac{1}{x^2}=\left(x+\frac{1}{x}\right)^2-2=\left(x-\frac{1}{x}\right)^2+2$

② $\left(x+\frac{1}{x}\right)^2=\left(x-\frac{1}{x}\right)^2+4$, $\left(x-\frac{1}{x}\right)^2=\left(x+\frac{1}{x}\right)^2-4$

(3) 이차방정식을 변형한 식의 값 구하기

이차방정식 $x^2+ax+b=0$에서

$x^2+ax=-b$ 또는 $x+\frac{b}{x}=-a(x\neq0)$임을 이용하여 식의 값을 구할 수 있다.

핵심 1 $a^2+b^2=10$, $a+b=3$일 때, $\frac{1}{a}-\frac{1}{b}$의 값을 구하시오. (단, $a<b$)

핵심 2 $x+y=8$, $xy=13$일 때, $\frac{y-3}{x}+\frac{x-3}{y}$의 값은?

① $\frac{11}{13}$ ② $\frac{12}{13}$ ③ 1 ④ $\frac{14}{13}$ ⑤ $\frac{15}{13}$

핵심 3 $x+y=6$, $xy=7$일 때, x^4+y^4의 값을 구하시오.

핵심 4 $2x-\frac{2}{x}=\sqrt{5}$일 때, $x^2+\frac{1}{x^2}$의 값을 구하시오.

핵심 5 $x^2-5x+1=0$일 때, $x^2-3x+\frac{1}{x^2}-\frac{3}{x}$의 값을 구하시오.

핵심 6 $2\sqrt{7}$을 무한 소수로 나타냈을 때, 소수 부분을 x라고 하자. 이때 $\sqrt{3x^2+30x+16}$의 값을 구하시오.

▶ 정답 및 풀이 14쪽

예제 3 다음 두 사람의 대화를 읽고 철준이가 처음에 생각했던 두 홀수 A, B의 합을 구하시오. (단, $A<B$)

> 지민 : 철준아, 머릿속으로 연속하는 두 홀수를 생각해봐. 내가 생각한 두 수를 맞혀볼게.
> 철준 : 응응, 생각했어.
> 지민 : 그럼 그 두 홀수의 제곱의 차를 나한테 말해주겠니?
> 철준 : 잠깐만! (암산 중) 오! 나왔어. 72가 나왔어.
> 지민 : 그래? 그럼 네가 생각한 두 수는 A와 B구나!

Tip ① 연속하는 두 홀수를 $2k-1$, $2k+1$(k는 자연수)이라 놓는다.
② $(a+b)^2-(a-b)^2=2(2ab)=4ab$ 또는 $(a-b)^2-(a+b)^2=2(-2ab)=-4ab$임을 이용하여 푼다.

풀이 연속하는 두 홀수를 $2k-1$, $2k+1$(k는 자연수)이라 하자.
$(2k+1)^2-(2k-1)^2=\square k^2+\square k+1-(4k^2-4k+1)=\square k$
$\square k=72$에서 $k=\square$
$k=\square$를 $2k-1$, $2k+1$에 각각 대입하면 $A=\square$, $B=\square$ ($\because A<B$)
$\therefore A+B=\square$

답 ____________

응용 1 $0<a<1$이고, $x=a+\dfrac{1}{a}$일 때, $x-\sqrt{x^2-4}$를 a를 사용한 식으로 간단히 나타내면?

① $2a$ ② $-2a$ ③ $a+1$
④ $2a-2$ ⑤ $2a+3$

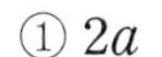

응용 2 두 실수 x, y에 대하여 $(x-2)(y-2)=1$, $xy=3$일 때, 다음 식의 값을 구하시오.

$$\left(\frac{x+1}{y}+\frac{y+1}{x}\right)^2$$

응용 3 $\sqrt{x}=\dfrac{4-\sqrt{2}}{\sqrt{2}}$일 때, $4x-36x^2+2x^3$의 값을 구하시오.

응용 4 $x^2+x+1=0$일 때, $x^{101}+x^{100}+1$의 값을 구하시오.

핵심 문제

04 곱셈공식의 확장

(1) $(a+b)^3=(a+b)^2(a+b)=a^3+3a^2b+3ab^2+b^3=a^3+b^3+3ab(a+b)$

(2) $(a-b)^3=(a-b)^2(a-b)=a^3-3a^2b+3ab^2-b^3=a^3-b^3-3ab(a-b)$

(3) $(a+b+c)^2=a^2+b^2+c^2+2ab+2bc+2ca$

(4) $a^2+b^2+c^2-ab-bc-ca=\frac{1}{2}\{(a-b)^2+(b-c)^2+(c-a)^2\}$

(5) $a^2+b^2+c^2+ab+bc+ca=\frac{1}{2}\{(a+b)^2+(b+c)^2+(c+a)^2\}$

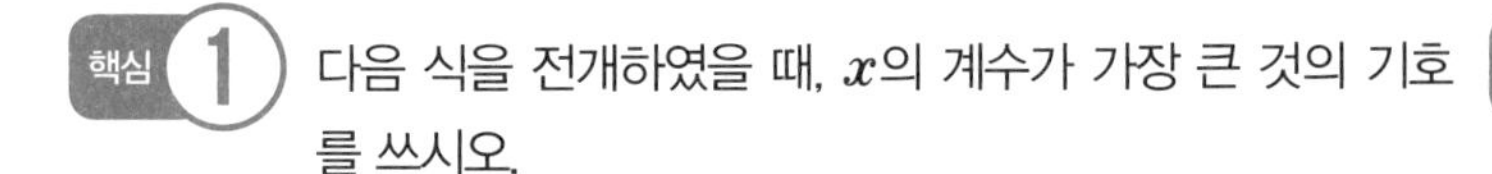

핵심 1 다음 식을 전개하였을 때, x의 계수가 가장 큰 것의 기호를 쓰시오.

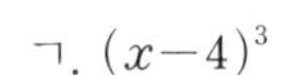

ㄱ. $(x-4)^3$　　ㄴ. $(-x-2)^3$

ㄷ. $(x+y-3)^2$　　ㄹ. $(2x-y+5)^2$

핵심 2 $x+y>0$, $x-y=3$, $xy=4$일 때, 다음 식의 값을 구하시오.

(1) $x+y$의 값

(2) x^3-y^3의 값

(3) x^3+y^3의 값

핵심 3 $a+b=2$, $b+c=4$, $a+c=-4$일 때, $a^2+b^2+c^2+ab+bc+ca$의 값은?

① 16　② 18　③ 20　④ 22　⑤ 24

핵심 4 오른쪽 그림과 같이 가로의 길이, 세로의 길이, 높이가 각각 a cm, b cm, c cm인 직육면체가 있다. 이 직육면체의 모든 모서리의 길이의 합이 48 cm이고 겉넓이가 94 cm^{2}일 때, $a^2+b^2+c^2$의 값은?

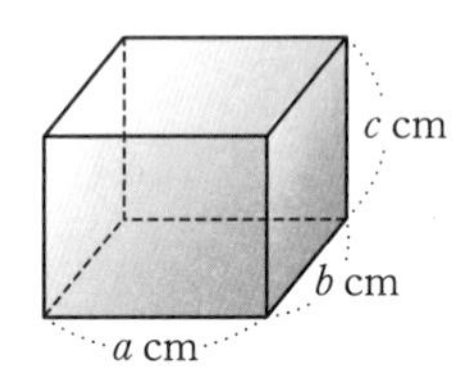

① 45　② 48　③ 50　④ 55　⑤ 58

핵심 5 $a-b=5$, $b-c=-7$일 때, $a^2+b^2+c^2-ab-bc-ca$의 값을 구하면?

① 35　② 37　③ 39　④ 41　⑤ 43

정답 및 풀이 16쪽

예제 4 $x=\sqrt{\frac{1}{\sqrt{3}+2}+7\sqrt{3}+10}$일 때, x^2-6x+3의 값을 구하시오.

Tip $a\geq b\geq 0$일 때, $a+b+2\sqrt{ab}=(\sqrt{a})^2+2\sqrt{a}\cdot\sqrt{b}+(\sqrt{b})^2=(\sqrt{a}+\sqrt{b})^2$임을 이용하여
$\sqrt{a+b+2\sqrt{ab}}=\sqrt{a}+\sqrt{b}$
위와 마찬가지 방법으로 $\sqrt{a+b-2\sqrt{ab}}=\sqrt{a}-\sqrt{b}$이다.

풀이 $\frac{1}{\sqrt{3}+2}$의 분모를 유리화하면 $\square$이므로

$x=\sqrt{\frac{1}{\sqrt{3}+2}+7\sqrt{3}+10}=\sqrt{\square+7\sqrt{3}+10}=\sqrt{12+\square\sqrt{3}}=\sqrt{12+2\sqrt{\square}}$

$=\sqrt{9+3+2\sqrt{9\times\square}}=\square+\sqrt{3}$

$x=\square+\sqrt{3}$에서 $x-\square=\sqrt{3}$ ⋯ ㉠

㉠의 양변을 제곱하면 $x^2-6x+\square=3$

$\therefore x^2-6x+3=\square$

답 ____________

응용 1 x에 대한 다항식 $f(x)$에 대하여
$[f(x)]_a^b=f(b)-f(a)$로 정의할 때,
$\left[\frac{1}{3}x^3-x\right]_{3-\sqrt{3}}^{3+\sqrt{3}}$의 값을 구하시오.

응용 2 $x^2+4x+1=0$일 때, $x^3-\frac{1}{x^3}$의 값을 구하시오.
(단, $-1<x<0$)

응용 3 $\frac{y^2}{x^2}+\frac{x^2}{y^2}=1$일 때, $\frac{y^3}{x^3}+\frac{x^3}{y^3}$의 값을 구하시오.

응용 4 $a+b+c=2$, $a^2+b^2+c^2=6$, $abc=-2$일 때,
$a^4+b^4+c^4$의 값을 구하시오.

응용 5 a, b, c는 유리수이고, $a^2+b^2+c^2=48$,
$a+b+c=12$일 때, abc의 값을 구하려고 한다.
다음 물음에 답하시오.

(1) $ab+bc+ca$의 값을 구하시오.

(2) $a^2+b^2+c^2-ab-bc-ca$
$=\frac{1}{2}\{(a-b)^2+(b-c)^2+(c-a)^2\}$
임을 이용하여 abc의 값을 구하시오.

NOTE

01 $(x+2y+3)^3$의 전개식에서 xy의 계수를 구하시오.

02 $a^2-b^2-2=0$일 때, $\{(a+b)^n+(a-b)^n\}^2-\{(a+b)^n-(a-b)^n\}^2$을 간단히 나타내시오. (단, n은 자연수)

03 $x^2-x+1=0$일 때, $x^{101}+\dfrac{1}{x^{101}}$의 값을 구하시오.

04 $x=2^{100}+1$, $y=5^{97}+1$일 때, 두 수의 곱 xy는 n자리의 수이다. $\sqrt{n}$의 소수 부분을 x라 할 때 $\sqrt{5(x+19)(x-1)+34}$의 값을 구하시오.

NOTE

05 $\dfrac{123456789}{123456790\times123456793-(123456791)^2}$의 값을 구하시오.

06 $\dfrac{1}{a^2}+\dfrac{1}{b^2}+\dfrac{1}{c^2}=\left(\dfrac{1}{a}+\dfrac{1}{b}+\dfrac{1}{c}\right)^2$일 때, $a\left(\dfrac{1}{b}+\dfrac{1}{c}\right)+b\left(\dfrac{1}{c}+\dfrac{1}{a}\right)+c\left(\dfrac{1}{a}+\dfrac{1}{b}\right)$의 값을 구하시오. (단, $abc\neq0$)

심화 문제

NOTE

07 $a-c=d-b$, $abcd=2$일 때,
$(a+b+c-d)(a-b+c+d)(a+b-c+d)(a-b-c-d)$의 값을 구하시오.

08 연속하는 세 정수가 있다. 가장 큰 수의 제곱은 나머지 두 수의 곱보다 **10**만큼 크다고 할 때, 이 세 정수를 구하시오.

09 가로의 길이가 x **cm**, 세로의 길이가 y **cm**인 직사각형 **ABCD**를 오른쪽 그림과 같이 $\overline{DC}$를 $\overline{DG}$와, $\overline{AG}$를 $\overline{GH}$와 일치하도록 접었을 때, 색칠한 부분의 넓이를 x, y에 대한 식으로 나타내시오. (단, $y<x<2y$)

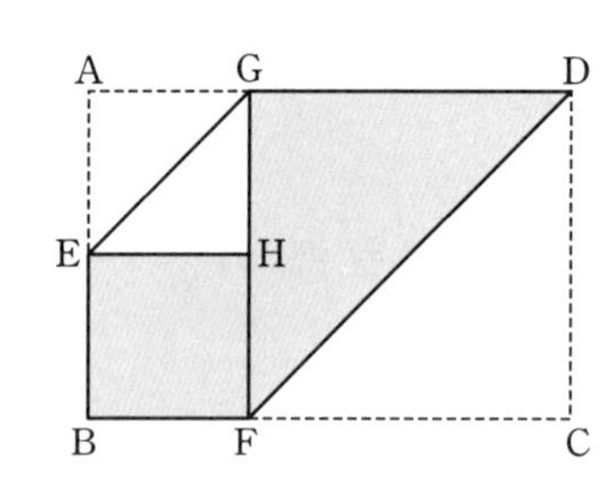

NOTE

10 서로 다른 두 개의 주사위를 던져서 나온 눈의 수를 각각 a, b라 하자. $(x+a)(x+b)$를 전개했을 때, x의 계수가 8인 다항식이 되는 경우의 수를 구하시오.

11 $x+y+z=1$, $xy+yz+zx=3$, $xyz=4$일 때, $(x+y)(y+z)(z+x)$의 값을 구하시오.

12 $(3x+2y)^{12}$의 계수의 총합을 A, $(3x-2y)^{12}$의 계수의 총합을 B라 할 때, $A^{\frac{1}{12}}+B$의 값을 구하시오. (단, n은 자연수)

심화 문제

13 두 실수 a, b가 $a^2+ab+b^2=32$, $a^2-ab+b^2=22$를 동시에 만족할 때, $(a-b)^2$의 값을 구하시오.

NOTE

14 $\frac{a}{b+c+d}=\frac{b}{c+d+a}=\frac{c}{d+a+b}=\frac{d}{a+b+c}$일 때, 이 식의 값을 모두 구하시오.

(단, $abcd\neq0$)

15 $(2+3)(2^3+3)(2^6+3^2)(2^{12}+3^4)=2^a-3^b$일 때, $a-b$의 값을 구하시오. (단, a, b는 자연수)

16 실수 x, y, z에 대하여 $f(x, y, z)=\frac{x}{y}+\frac{y}{z}+\frac{z}{x}$라 하자. $f(y, x, z)+f(z, x, y)=-3$일 때, $xy+yz+zx$의 값을 구하시오. (단, $x+y+z\neq0$, $xyz\neq0$)

NOTE

17 진수와 민정이는 999^{200}과 9999^{100} 중에서 어느 수가 더 큰지 내기를 하였다. 진수는 9999^{100}를 택하였고, 민정이는 999^{200}를 택하였다. 누가 내기에서 이겼는지 답하시오.

18 다항식 x^3-x^2+ax+b를 x^2+x+3으로 나누면 그 나머지가 $x+2$라고 할 때, $a-b$의 값을 구하시오.

최상위 문제

NOTE

01 $x=\sqrt{3}-\sqrt{2}$, $y=\sqrt{3}+\sqrt{2}$, $z=\sqrt{5}-1$일 때, $x^2y^2+2xyz+z^2$의 값을 구하시오.

02 $(2+1)(2^2+1)(2^4+1)(2^8+1)(2^{16}+1)$을 11로 나누었을 때 나머지를 구하시오.

03 두 실수 x, y가 두 방정식 $(x+2y)^2-(x-2y)^2=16$, $(x-5)(y-5)=12$를 동시에 만족할 때, $\frac{y^2}{x}+\frac{x^2}{y}$의 값을 구하시오.

04 $x=1-\sqrt{2}$일 때, $(x^2-2x+1)^2(x^2-x-2)^2-5(x^2-2x)^2$의 값을 구하시오.

NOTE

05 $x=y+z$, $(y+z)^3=5$일 때, $x^3+3(y^3+z^3)+9xyz$의 값을 구하시오.

06 $\left(\frac{1+\sqrt{5}}{2}\right)^{12}$보다 크지 않은 가장 큰 자연수는 얼마인지 구하시오. (단, $161^2=25921$, $162^2=26244$이다.)

NOTE

07 $x+y+z=\frac{1}{x}+\frac{1}{y}+\frac{1}{z}=\frac{1}{2}$일 때, $(x-2)(y-2)(z-2)$의 값을 구하시오.

08 실수 a, b, c에 대하여 $a+b+c=1$, $a^2+b^2+c^2=\frac{1}{3}$일 때, $\frac{a}{3bc}$의 값을 구하시오.

09 $a+b=3$, $ab=2$, $x+y=4$, $xy=5$, $m=ax+by$, $n=bx+ay$일 때, m^2+n^2의 값을 구하시오.

10 $abcd=1$일 때, 다음 식의 값을 구하시오.

$$\frac{1}{abc+ab+a+1}+\frac{1}{bcd+bc+b+1}+\frac{1}{cda+cd+c+1}+\frac{1}{dab+da+d+1}$$

NOTE

11 함수 $f(n)$이 $f(n)=n(n-1)$일 때, $(n-1)^3=n^3-3n^2+3n-1$임을 이용하여 $S=f(1)+f(2)+f(3)+\cdots+f(20)$의 값을 구하시오.

12 오른쪽 그림과 같이 반지름의 길이가 4인 사분원 O에 넓이가 6인 직사각형 $OCDE$가 내접할 때, $\overline{AC}+\overline{CE}+\overline{BE}$의 길이를 구하시오.

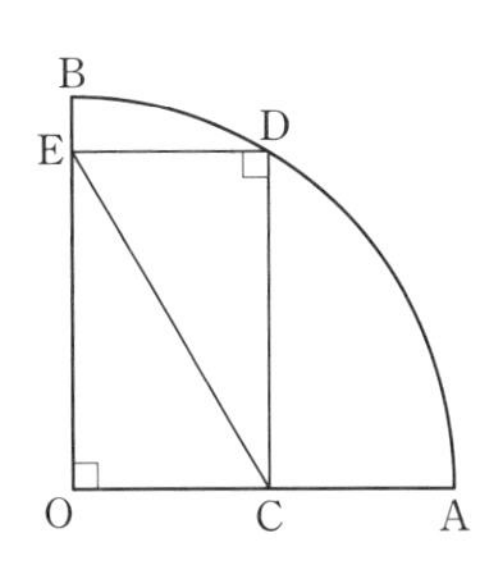

최상위 문제

NOTE

13 다항식 $(1+x+x^2+x^3)^2$과 $(1+x+x^2+x^3+x^4)^2$을 전개하였을 때, x^3의 계수를 각각 a, b라 하자. 이때 $\frac{b}{a}$의 값을 구하시오.

14 연속하는 네 자연수를 곱하고 1을 더하면 제곱수가 된다. 예를 들어 $(1\times2\times3\times4)+1=5^2$이다. $(25\times26\times27\times28)+1=N^2$일 때, 자연수 N의 값을 구하시오.

15 어떤 세 수의 합이 -2, 제곱의 합이 2, 역수의 합이 $\frac{1}{3}$이다. 이들 세 수의 제곱의 역수의 합을 구하시오.

16 오른쪽 그림과 같이 평행한 두 직선 $y=m$, $y=n$과 $\overleftrightarrow{AD}$, $\overleftrightarrow{BE}$, $\overleftrightarrow{CF}$의 교점이 각각 $A(a, n)$, $B(b, n)$, $C(c, n)$, $D(d, m)$, $E(e, m)$, $F(f, m)$이고, $\overleftrightarrow{AD}$, $\overleftrightarrow{BE}$, $\overleftrightarrow{CF}$가 한 점 G를 지날 때, e를 a, b, c, d, f에 대한 식으로 나타내시오.

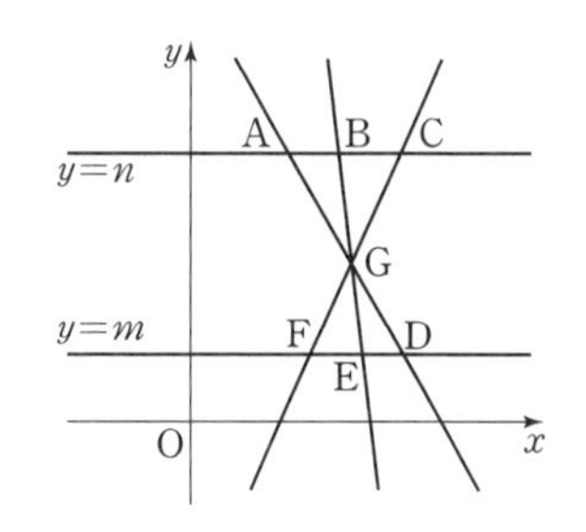

NOTE

17 오른쪽 그림과 같이 $\overline{AB}=x$, $\overline{AD}=y$인 직사각형 ABCD의 내부에 $\overline{AB}$를 한 변으로 하는 정사각형 ABEF와 $\overline{FD}$를 한 변으로 하는 정사각형 FGHD를 그리고 다시 $\overline{GE}$를 한 변으로 하는 정사각형 GEMN을 그렸을 때, 직사각형 NMCH의 넓이는 $ax^2+bxy+cy^2$이다. 이때 $a-b+c$의 값을 구하시오. (단, $x<y<2x$이고, a, b, c는 상수이다.)

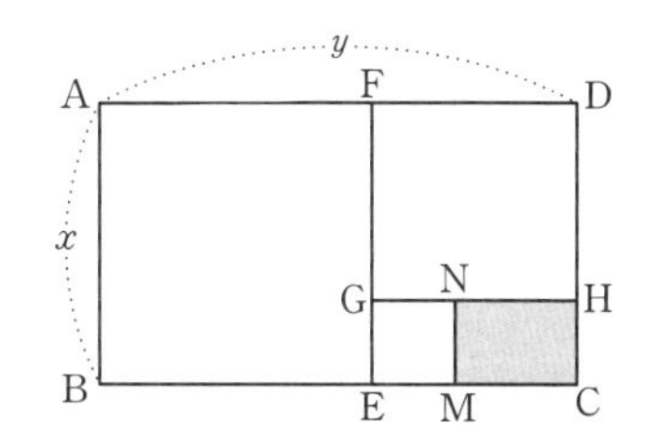

18 n은 1000 이하의 자연수일 때, n^2의 십의 자리의 숫자가 홀수인 것의 개수를 구하시오.

핵심 문제 2 인수분해

01 다항식의 인수분해

(1) 인수분해

① **다항식의 인수** : 하나의 다항식을 두 개 이상의 단항식이나 다항식의 곱으로 나타낼 때, 각각의 식을 처음의 다항식의 인수라 한다.

② **인수분해** : 하나의 다항식을 두 개 이상의 인수의 곱으로 나타내는 것을 다항식의 인수분해라 한다.

$$x^3+2x^2+x+2 \underset{\text{전개}}{\overset{\text{인수분해}}{\rightleftarrows}} (x^2+1)(x+2)$$

(곱의 모양)

③ **공통인수** : 다항식의 각 항에 공통으로 있는 인수

(2) 인수분해 공식

① $a^2+2ab+b^2=(a+b)^2$, $a^2-2ab+b^2=(a-b)^2$

② $a^2-b^2=(a+b)(a-b)$

③ $x^2+(a+b)x+ab=(x+a)(x+b)$

④ $acx^2+(ad+bc)x+bd=(ax+b)(cx+d)$ ➡

참고 X자형 분리법 : 2차 3항식의 인수분해에서 사용한다.

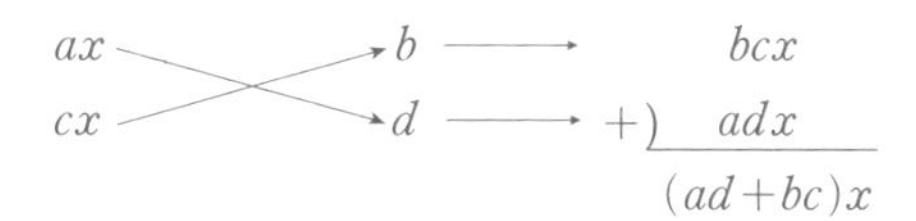

핵심 1 $\boldsymbol{6x^2+7x-3}$은 $\boldsymbol{x}$의 계수가 자연수인 두 일차식의 곱으로 나타낼 수 있다. 이때 두 일차식의 합을 구하시오.

$\boldsymbol{a=1+\sqrt{2}}$, $\boldsymbol{b=1-\sqrt{2}}$일 때, $\boldsymbol{\dfrac{a^2-2ab+b^2}{a^2-b^2}}$의 값을 구하시오.

핵심 3 $\boldsymbol{[a, b, c]=a^2-c^2-abc}$로 정의할 때, 다음을 인수분해하시오.

$$[a,\ -2b,\ -c]+[b,\ 2c,\ a]-[c,\ 4a,\ b]$$

오른쪽 그림과 같이 한 변의 길이가 $\boldsymbol{x}$ **m**인 정사각형 모양의 꽃밭에 한 변의 길이가 **4 m**인 정사각형 모양의 연못을 만들었다. 이 꽃밭과 넓이가 같은 직사각형 모양의 잔디밭의 가로의 길이가 $\boldsymbol{(x+4)}$ **m**일 때, 세로의 길이를 구하시오.

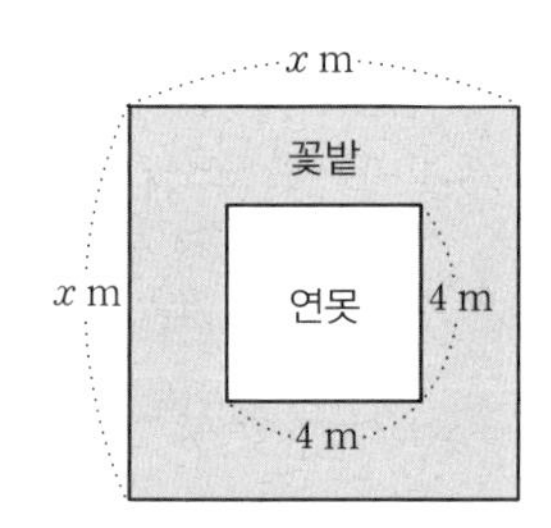

$\boldsymbol{x}$에 대한 이차식 $\boldsymbol{12x^2+mx-5}$에 대하여 다음 물음에 답하시오.

(1) 이차식 $12x^2+mx-5$에서 정수 m의 값에 따라 인수분해되는 방법의 수를 구하시오.

(2) 정수 m의 최댓값과 최솟값의 차를 구하시오.

응용 문제

정답 및 풀이 21쪽

예제 1 다음 중 $2a+3b$를 인수로 갖는 다항식을 모두 고르시오.

ㄱ. $4a^2+2ab-6b^2$ ㄴ. $-6a^2c-3b^2c+11abc$ ㄷ. $2ax-3bx-2ay+3by$
ㄹ. $16a^4-81b^4$ ㅁ. $8a^3+27b^3$

Tip $a^3+b^3=(a+b)^3-3ab(a+b)=(a+b)(a^2-ab+b^2)$

풀이 ㄱ. $4a^2+2ab-6b^2=2(2a^2+ab-3b^2)=2(\square)(a-b)$
ㄴ. $-6a^2c+11abc-3b^2c=-c(6a^2-11ab+3b^2)=-c(2a-3b)(\square)$
ㄷ. $2ax-3bx-2ay+3by=x(2a-3b)-y(2a-3b)=(2a-3b)(x-y)$
ㄹ. $16a^4-81b^4=(4a^2)^2-(\square)^2=(4a^2+9b^2)(\square)(2a-3b)$
ㅁ. $8a^3+27b^3=(2a+\square b)(4a^2-\square ab+\square b^2)$

답 ____________

응용 1 $2<a<3$에 대하여 $\sqrt{x}=a-2$일 때, $\sqrt{x+6a-3}+\sqrt{x-2a+5}$의 값을 구하시오.

응용 2 자연수 $3^{40}-1$은 200과 300 사이의 두 자연수에 의하여 나누어떨어진다. 이 두 자연수의 합을 구하시오.

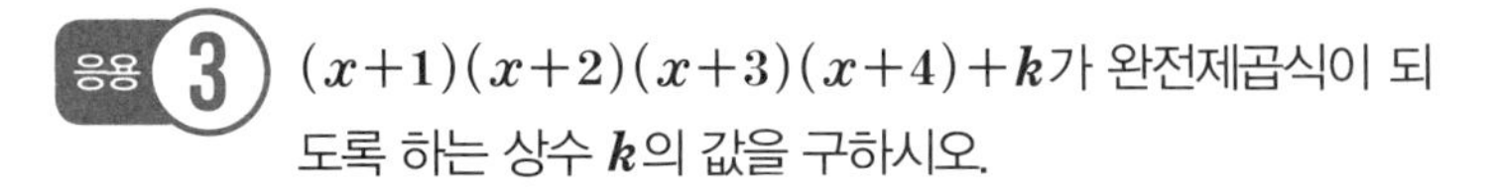

응용 3 $(x+1)(x+2)(x+3)(x+4)+k$가 완전제곱식이 되도록 하는 상수 k의 값을 구하시오.

응용 4 두 사람의 대화를 보고 $8\times\sqrt{66+\frac{1}{64}}$을 계산하시오.

민주 : 승민아, $8\times\sqrt{66+\frac{1}{64}}$에서 $66+\frac{1}{64}$은 항이 2갠데 a^2-b^2의 꼴이 아니네. 그럼 다른 인수분해 공식을 이용해야하는 걸까?
승민 : $\frac{1}{64}=\left(\frac{1}{8}\right)^2$이니까 혹시 인수분해 공식 $a^2+2ab+b^2=(a+b)^2$을 이용해볼까?

응용 5 다음을 간단히 하시오.

$$\frac{(2^3-1)(3^3-1)(4^3-1)\cdots(10^3-1)}{(2^3+1)(3^3+1)(4^3+1)\cdots(10^3+1)}$$

02 복잡한 식의 인수분해 (1)

(1) 항이 4개인 경우의 인수분해

① (2항)+(2항)으로 묶어서 공통으로 들어 있는 식(공통인수)을 찾는다.

② 완전제곱식을 찾아 (3항)−(1항) 또는 (1항)−(3항)으로 묶어서 A^2-B^2의 꼴로 변형한다.

(2) 복이차식의 인수분해 : x^4+ax^2+b꼴인 식의 인수분해에서 사용한다.

① $x^2=t$로 치환하여 X자형 분리법을 이용한다.

② A^2-B^2의 형태로 바꾼다.

핵심 1 다음을 인수분해하시오.

(1) x^3-x^2-9x+9

(2) $a^2-20b-b^2-100$

(3) $x^2-y^2+16z^2+8xz$

핵심 2 다음을 인수분해하시오.

(1) a^4-14a^2-32

(2) a^6+7a^3-8

(3) x^4+3x^2+4

핵심 3 $x=\frac{1}{2+\sqrt{3}}$, $y=\frac{1}{2-\sqrt{3}}$일 때, $x^4y^4+2x^2y^2+1$의 값을 구하시오.

핵심 4 $x+y=2\sqrt{5}$, $x^2-y^2-6x+9=11$일 때, $x-y$의 값을 구하시오.

핵심 5 x, y가 정수일 때, $xy-3x-2y+1=0$을 만족시키는 (x, y)의 순서쌍을 구하려고 한다. 다음 물음에 답하시오.

(1) 양변에 5를 더한 후, 좌변을 인수분해하여 $(x-a)(y-b)=5$의 꼴로 나타내시오. (단, a, b는 양수)

(2) $xy-3x-2y+1=0$을 만족시키는 (x, y)의 순서쌍의 개수를 구하시오.

> 정답 및 풀이 22쪽

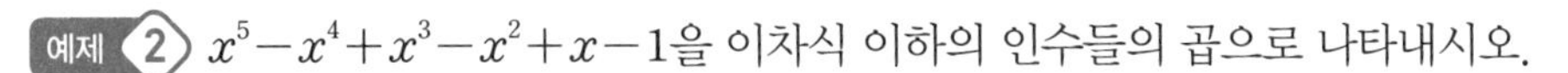

예제 2 $x^5-x^4+x^3-x^2+x-1$을 이차식 이하의 인수들의 곱으로 나타내시오.

Tip 복이차식은 x^4항과 상수항으로 완전제곱식을 만들고, A^2-B^2의 꼴로 변형시켜 인수분해한다.

풀이 (i) $x^5-x^4+x^3-x^2+x-1=(x^5-x^4)+(x^3-x^2)+(x-1)$

$=x^4\cdot(x-1)+\square\cdot(x-1)+(x-1)$

$=(x^4+\square+1)(x-1)$

(ii) $x^4+x^2+1=(x^4+\square+1)-x^2$

$=(x^2+1)^2-x^2$

$=(x^2+x+1)(\square)$

따라서 (i), (ii)에 의해 주어진 식을 인수분해하면

$(x^2+x+1)(\square)(x-1)$

답 ______________________

응용 1 n이 자연수일 때, $p=n^4+n^2+1$이 소수가 되도록 하는 n의 값과 소수 p의 합은?

① 4 ② 5 ③ 6
④ 7 ⑤ 8

응용 2 x, y에 대한 다항식 x^2-4y^2+bx+9가 $x+ay+3$을 인수로 갖도록 하는 상수 a, b의 값을 각각 정하고, x^2-4y^2+bx+9를 두 일차식의 곱으로 나타내시오.

(단, $a<0$)

응용 3 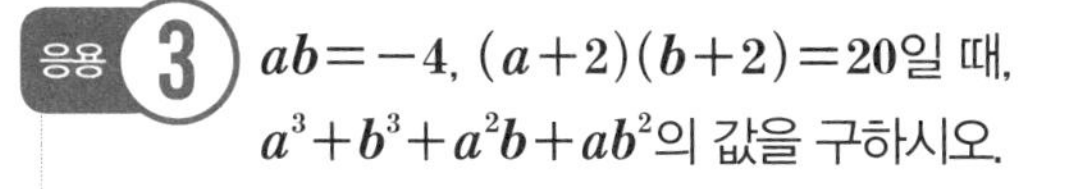
$ab=-4$, $(a+2)(b+2)=20$일 때, $a^3+b^3+a^2b+ab^2$의 값을 구하시오.

응용 4 다음은 정수 x, y에 대하여

$$\begin{cases} x^4+y^4-4x^2+3y^2-4=0 & \cdots ㉠ \\ x^4+y^4-6x^2-5y^2+12=0 & \cdots ㉡ \end{cases}$$

이 성립할 때, x^2+y^2의 값을 구하는 과정의 일부이다. 물음에 답하시오.

> ㉠－㉡을 하여 정리하면 $x^2=$ (가)
> $x^2=$ (가)을 ㉠에 대입하면
> (나) $=0$

(1) (가)에 들어갈 식을 구하시오.

(2) 다항식 (나)를 인수분해하시오.

(3) x^2+y^2의 값을 구하시오.

03 복잡한 식의 인수분해 (2)

내림차순으로 정리하여 인수분해하기

[방법 1] 적당한 항끼리 모아 치환할 식을 찾아 인수분해한다.

예 $x^2-2xy+y^2+4x-4y-12=(x-y)^2+4(x-y)-12$
$=A^2+4A-12=(A+6)(A-2)$
$=(x-y+6)(x-y-2)$

[방법 2] 문자가 2개 이상 있으면 최고 차수가 가장 낮은 한 문자에 대하여 내림차순으로 정리한 후 인수분해 공식을 이용한다.

예 $x^2-2xy+y^2+4x-4y-12=x^2-(2y-4)x+y^2-4y-12$
$=\{x-(y-6)\}\{x-(y+2)\}$
$=(x-y+6)(x-y-2)$

참고 각 문자의 최고 차수가 같으면 어느 한 문자에 대하여 내림차순으로 정리한다.

핵심 1 $xyz-xy+xz-x-yz+y-z+1$의 인수가 아닌 것은?

① $x-1$　② $y-1$
③ $z-1$　④ $xy+x-y-1$
⑤ $yz-y+z-1$

핵심 2 $(x-2)^2+(x-2)+y(y+3)-2xy$를 인수분해하면 $(x+ay-1)(x+by+c)$가 될 때, 상수 a, b, c에 대하여 $a-b+c$의 값을 구하시오.

핵심 3 $x^2-xy-6y^2-3x+9y$는 x의 계수가 1인 두 일차식의 곱으로 인수분해된다. 이때 두 일차식의 합을 구하시오.

핵심 4 $4(x^2+xy-x)$에서 $2y-y^2-1$을 뺀 후 인수분해를 하였더니 $(ax+by-1)^2$이 되었다. a^2+b^2의 값을 구하시오. (단, a, b는 상수)

핵심 5 $x=4-2\sqrt{3}$, $y=\sqrt{3}-3$일 때, $\dfrac{x+y+1}{x^2+3xy+2y^2+x+2y}$의 값을 구하시오.

핵심 6 $f(a, b, c)=a^2+b^2+c^2+2ab-2bc-2ac$일 때, $f(132, 128, 256)$의 값을 구하시오.

정답 및 풀이 23쪽

예제 3 $x^3+y^3+z^3=3xyz$일 때, $\dfrac{xy+yz+zx}{x^2+y^2+z^2}$의 값을 구하시오. (단, $x+y+z\neq0$)

Tip $a^3+b^3=(a+b)^3-3ab(a+b)$, $a^3+b^3=(a+b)(a^2-ab+b^2)$임을 이용하여 $x^3+y^3+z^3-3xyz$를 인수분해할 수 있다.

풀이 $x^3+y^3+z^3-3xyz=(x+y)^3-3\cdot\square(x+y)+z^3-3xyz$

$=(x+y)^3+z^3-3\cdot\square(x+y+\square)$

$=(x+y+z)(x^2+\square xy+y^2-xz-\square+z^2)-3xy(x+y+z)$

$=(x+y+z)(x^2+y^2+z^2-\square-yz-xz)$

$=0$

에서 $x+y+z\neq0$이므로 $x^2+y^2+z^2-xy-yz-zx=\square$

따라서 $x^2+y^2+z^2=xy+yz+zx$이므로 $\dfrac{xy+yz+zx}{x^2+y^2+z^2}=\square$

답 ______

응용 1 $a(b^2+c^2)+b(c^2+a^2)+c(a^2+b^2)+2abc$를 인수분해하시오.

응용 2 다음 중 이차식 $2x^2-2y^2+3xy+4x+3y+2$를 인수분해하면 $(ax+by+1)(cx+dy+2)$이다. 이때 $a+b+c-d$의 값은? (단, a, b, c, d는 정수)

① 3 ② 4 ③ 5
④ 6 ⑤ 7

응용 3 $a+2b=2$, $ab=-4$, $c=3$일 때, $a^2+4b^2-9c^2-4ab-6c-1$의 값을 구하시오. (단, $a>2b$)

응용 4 다음은 $xyz+(x+y)(y+z)(z+x)$를 인수분해하기 위해 두 사람의 나눈 대화 내용이다. 대화 내용을 읽고 $xyz+(x+y)(y+z)(z+x)$를 인수분해하시오.

> 가람 : 주어진 식을 다 전개하니까 항이 너무 많은데? 그렇다고 해서 공통인 부분이 딱 보이는 것도 아니고, 어떡하지?
> 슬기 : 그럼 $x+y+z=A$라고 하고, 주어진 식을 A에 대한 식으로 바꾸어 볼까?

응용 5 다음 식을 인수분해하였을 때, 알 수 있는 a, b, c의 관계식을 찾으면? (단, $a\neq b$, $a+b>c$)

$$a^4-b^4+(a-b)c^3-(a^2-b^2)c^2-(a^3-a^2b+ab^2-b^3)c=0$$

① $a^2=b^2+c^2$ ② $b^2=a^2+c^2$
③ $a^2+b^2=c^2$ ④ $a=c$
⑤ $b=c$

심화 문제

NOTE

01 x, y가 양수이고 $x^2+y^2=10$, $xy=4$일 때, $x^3+x^2y+xy^2+y^3$의 값을 구하시오.

02 다항식 $x^2-4ax+5b$에 다항식 $6ax-b$를 더하면 완전제곱식으로 인수분해된다고 한다. a, b가 모두 100 이하의 자연수일 때, 이를 만족하는 순서쌍 (a, b)의 개수를 구하시오.

03 $f(x)=1-\frac{1}{x^2}$일 때, $f(5)\times f(6)\times f(7)\times\cdots\times f(10)$의 값을 구하시오.

04 n^3+25가 $n+5$의 배수가 되는 가장 큰 자연수 n을 구하시오.

NOTE

05 $\left(\frac{1}{100\times102}+1\right)\left(\frac{1}{99\times101}+1\right)\left(\frac{1}{98\times100}+1\right)\left(\frac{1}{97\times99}+1\right)$을 계산하여 기약분수로 나타낼 때, 분자와 분모의 차를 구하시오.

06 다음 그림과 같이 카페와 독서실을 동시에 갖춘 직사각형 모양의 공간이 있다. 이 공간의 가로의 길이는 $pa+q$, 세로의 길이는 $3a+k$이다. 카페와 독서실의 넓이가 각각 $6a^2+19a+15$, $12a^2+23a+5$일 때, $k+p+q$의 값을 구하시오. (단, k는 상수)

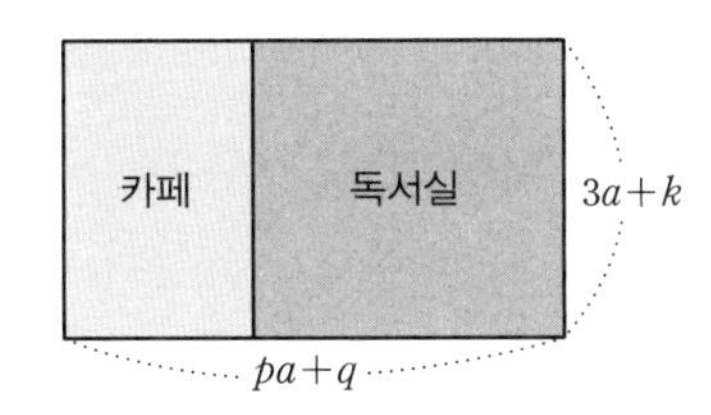

심화 문제

NOTE

07 정수 a, b에 대하여 $x^2+mx+12=(x+a)(x+b)$일 때, 정수 m의 최댓값과 최솟값의 곱을 구하시오.

08 $a-b=b-c=-1$일 때, $a^2+b^2+c^2-ab-bc-ca$의 값을 구하시오.

09 $x+y+z=a$, $xy+yz+zx=b$, $xyz=c$일 때,
$x^2y+y^2z+z^2x+xy^2+yz^2+zx^2$을 a, b, c에 대한 식으로 나타내시오.

10 $x^2-5x+1=0$일 때, $x^4-3x^3+4x^2-3x+1=ax^2$이다. a의 값을 구하시오.

NOTE

11 자연수 a, b에 대하여 $\{(a+b)^3+(a-b)^3\}^2-\{(a+b)^3-(a-b)^3\}^2=2^8\times5^3$이 성립할 때, a^2-b^2의 값을 구하시오.

12 이차식 x^2-x-1, x^2-x-2, x^2-x-3, $\cdots$, $x^2-x-100$이 있다. 이 중에서 정수 a, b에 대하여 $(x+a)(x+b)$의 꼴로 인수분해되는 이차식의 개수를 구하시오.

심화 문제

NOTE

13 △ABC의 세 변 a, b, c에 대하여 $<a, b, c>=(a-b)(a-c)$라 할 때,
$<a, b, c>+<b, c, a>+<c, a, b>=0$이 성립하는 삼각형의 이름을 쓰시오.

14 $x=\frac{\sqrt{3}-2}{\sqrt{3}+2}$, $y=\frac{\sqrt{3}+2}{\sqrt{3}-2}$일 때, $\frac{x^3+y^3+14xy}{x+y}$의 값을 구하시오.

15 $\frac{n^2+6n+25}{n+11}$가 자연수가 되게 하는 자연수 n을 모두 구하시오.

16 a, b, c가 서로 다른 실수일 때, $\frac{(a-b)^2}{(b-c)(c-a)}+\frac{(b-c)^2}{(c-a)(a-b)}+\frac{(c-a)^2}{(a-b)(b-c)}$의 값을 구하시오.

NOTE

17 $x(y+z)^2+y(z+x)^2+z(x+y)^2-4xyz$를 인수분해하시오.

18 변의 길이가 자연수인 직사각형 모양의 대형 캔버스 위에 한 변의 길이가 1인 정사각형 모양의 색종이를 서로 겹쳐지지 않게 빈틈없이 붙여 모자이크를 만들었다. 붙인 색종이 중 $\frac{1}{3}$이 캔버스의 가장 자리에 놓였다고 할 때, 캔버스의 넓이가 될 수 있는 것 중 가장 큰 넓이를 구하시오.

최상위 문제

NOTE

01 x^2+2x+8이 어떤 정수의 제곱이 되도록 하는 정수 x의 값을 모두 구하시오.

02 다항식 $a^3+b^3+c^3+bc(b+c)+ca(c+a)+ab(a+b)$를 인수분해하시오.

03 $\frac{1}{1+\sqrt{2}}+\frac{1}{\sqrt{2}+\sqrt{3}}+\frac{1}{\sqrt{3}+2}+\cdots+\frac{1}{\sqrt{n}+\sqrt{n+1}}$의 정수부분이 2023이 되도록 하는 자연수 n의 개수를 구하시오.

04 $0<a<5$, $b>0$, $c>0$일 때, 등식 $a^2-a-2b-2c=0$, $a+2b-2c+3=0$이 성립한다. 이때 a, b, c 사이의 대소를 비교하시오.

NOTE

05 오른쪽 그림과 같은 원 O에서 $\overline{AB}$는 원 O의 지름이고 $\overline{AC}=\overline{DB}=a$, $\overline{CD}=b$일 때, 색칠한 부분의 넓이를 구하시오.

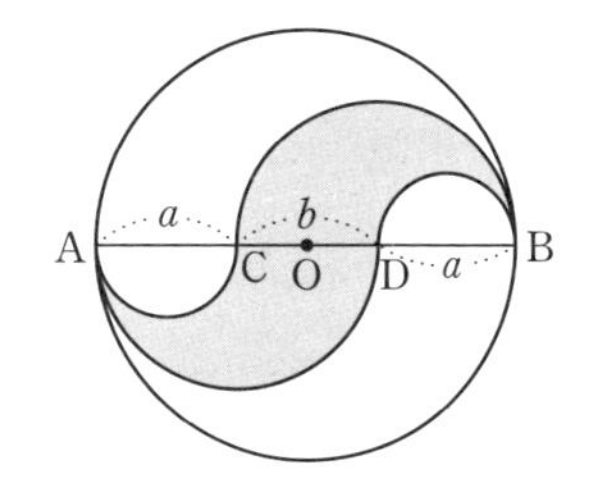

06 을 만족시키는 서로 다른 네 자연수 a, b, c, d에 대해 $a+b+c+d$의 값을 구하시오.

조건

(가) $abcd=2^7\times3^3\times5^2\times7$ (나) $ab+a+b+1=195$ (다) $bc+b+c+1=255$

II 다항식의 곱셈과 인수분해

최상위 문제

NOTE

07 서로 다른 세 실수 x, y, z에 대하여 $x^2-kyz=y^2-kzx=z^2-kxy$가 성립할 때, k와 $x+y+z$의 값을 각각 구하시오.

08 세 실수 x, y, z에 대하여 $x^2+3y^2+z^2+3yz-zx-3xy=0$이 성립할 때, $\dfrac{3x^2-y^2+4z^2}{2yz+zx+xy}$의 값을 구하시오. (단, $z\neq0$)

09 갑과 을을 포함한 $n+2$명의 사람이 돌아가며 모든 사람과 한 번씩 가위바위보를 하여 이기면 1점, 비기면 0.5점, 지면 0점씩의 점수를 받기로 하였다. 갑과 을이 받은 점수의 합은 8점이고, 나머지 n명이 받은 점수는 모두 같았다. 이때 n의 값이 될 수 있는 수를 모두 구하시오.

10 x^3-4x^2+2x+1을 $2x-1$로 나누었을 때 나머지를 구하시오.

NOTE

11 $6x^2-xy-y^2+20x-44=0$을 만족하는 양의 정수 x, y의 순서쌍 (x, y)를 구하시오.

12 1에서 9까지 숫자가 한 개씩 적힌 공 9개가 들어 있는 주머니 속에서 공을 차례로 세 번 꺼낼 때, 첫 번째 공에 적힌 수를 a, 두 번째 공에 적힌 수를 b, 세 번째 공에 적힌 수를 c라 하자. 이때 x에 대한 이차식 ax^2+bx+c가 완전제곱식이 되는 경우의 수를 구하시오. (단, 꺼낸 공은 수만 보고 다시 주머니에 넣는다.)

최상위 문제

NOTE

13 서로 다른 실수 a, b, c에 대하여 $a(1-b)=b(1-c)=c(1-a)=k$가 성립할 때, k의 값을 구하시오. (단, $abc\neq0$, $k\neq0$)

14 $2\sqrt{3}$의 정수부분을 a, $\sqrt{5}$의 소수부분을 b라 할 때, $\dfrac{a^4-a^3b-11a^2b^2+9ab^3+18b^4}{a^2-2ab-3b^2}$을 간단히 하시오.

15 30명의 학생이 탁구 경기를 각각 모든 학생과 한 번씩 한다고 하자. 경기 결과가 1번 학생은 x_1승 y_1패, 2번 학생은 x_2승 y_2패, $\cdots$, 30번 학생은 x_{30}승 y_{30}패일 때, $x_1^2+x_2^2+\cdots+x_{30}^2=y_1^2+y_2^2+\cdots+y_{30}^2$임을 증명하시오. (단, 비기는 경기는 없다.)

16 x, y, z가 실수이고, 등식 $x+y+z+8=2(\sqrt{x-1}+2\sqrt{y-2}+3\sqrt{z-3})$을 만족할 때, $\frac{xy}{z}$의 값을 구하시오.

NOTE

17 세 실수 x, y, z가 다음의 두 조건 을 모두 만족시킬 때, $x^2+y^2+z^2$의 값을 구하시오.

(단, $xyz\neq0$)

조건

(가) $x+y+z=5$

(나) $x^2\left(\frac{1}{y}+\frac{1}{z}\right)+y^2\left(\frac{1}{z}+\frac{1}{x}\right)+z^2\left(\frac{1}{x}+\frac{1}{y}\right)=-5$

18 x에 대한 이차식 $x^2+ax+6a$가 두 정수 p와 q에 대하여 다음과 같이 인수분해될 때, a의 최댓값과 최솟값의 합을 구하시오.

$$x^2+ax+6a=(x-p)(x-q)$$

특목고 / 경시대회 실전문제

NOTE

01 네 자리의 자연수 $bbcc$가 두 자리의 자연수 aa의 제곱과 같을 때, 자연수 a, b, c의 값을 구하시오.

02 다음 식의 값이 자연수가 되도록 하는 자연수 n을 구하시오.

$$\sqrt{n+10\sqrt{n}}$$

03 오른쪽 그림과 같이 $\overline{AC}$가 원 O의 중심을 지나고, 원 O는 △ABC의 외접원, 원 O′는 내접원이다. 원 O와 원 O′의 반지름의 길이가 각각 3 cm, 1 cm일 때, △ABC의 넓이를 구하시오.

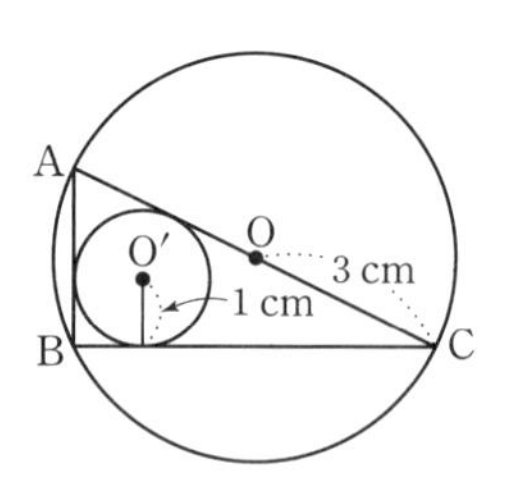

04 다음 식을 계산하여 정리하였을 때, a^{306}의 계수는 얼마인지 구하시오.

$$\{(1+a)(1+2a^{5})(1+4a^{25})(1+8a^{125})(1+16a^{625})\}^{2}$$

NOTE

05 다음 식을 만족시키는 200보다 작은 자연수 m과 n의 순서쌍 (m, n)은 모두 몇 개인지 구하시오.

$$2m\sqrt{n}=n\sqrt{4m+3n}$$

06 $11^{10}-1$의 약수 중에서 가장 작은 세 자리의 자연수를 구하시오.

07 오른쪽 그림과 같이 반지름의 길이가 각각 a, b인 반원에 의하여 큰 원이 A, B의 두 부분으로 나누어져 있다. 이때 A부분과 B부분의 넓이의 비를 나타내시오.

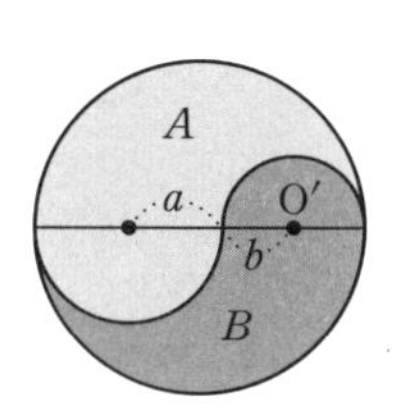

08 두 자연수 a와 b 및 5 이하의 소수 c에 대하여 다음 식이 성립할 때, $100a+10b+c$의 최댓값을 구하시오.

$$(a+1)(b+1)(c+1)=3abc$$

09 서로소인 두 자연수 a, b를 이용하여 $\dfrac{a^2+14ab+b^2}{a^3+b^3}=k$(단, k는 자연수)로 나타낼 때, k는 모두 몇 개인지 구하시오.

NOTE

III 이차방정식

1. 이차방정식과 그 활용

핵심문제 1 이차방정식과 그 활용

01 이차방정식의 뜻과 해 구하기

(1) x에 대한 이차방정식 : 방정식의 모든 항을 좌변으로 이항하여 정리하였을 때, (x에 대한 이차식)$=0$의 꼴로 나타내어지는 방정식을 x에 대한 이차방정식이라 한다.

(2) 이차방정식의 해 구하기

이차방정식 $ax^2+bx+c=0(a\neq0)$을 참이 되게 하는 x의 값을 이차방정식의 해 또는 근이라 한다.

① 인수분해를 이용한 이차방정식의 풀이

좌변을 인수분해하여 $AB=0$의 꼴로 정리한 후 $A=0$ 또는 $B=0$임을 이용한다.

② 제곱근을 이용한 이차방정식의 풀이

$a\neq0$, $aq\geq0$일 때
- 이차방정식 $ax^2=q$의 해 ➡ $x=\pm\sqrt{\frac{q}{a}}$
- 이차방정식 $a(x+p)^2=q$의 해 ➡ $x=-p\pm\sqrt{\frac{q}{a}}$

③ 완전제곱식을 이용한 이차방정식의 풀이

이차방정식을 $(x+p)^2=q(q\geq0)$의 꼴로 고쳐서 제곱근을 이용하여 푼다.

핵심 1 x에 대한 이차방정식
$(\sqrt{5}-2)x^2-(\sqrt{20}-4)x-\sqrt{5}=0$의 해를 구하시오.

핵심 2 x에 대한 이차방정식 $(a-2)x^2=a^2x+4$의 한 근이 -1일 때, 다른 한 근을 구하시오.

핵심 3 x에 대한 이차방정식 $x^2+2ax-15=0$의 두 근이 정수일 때, a의 값을 모두 구하시오.

핵심 4 $ab>0$, $3a^2-10ab-8b^2=0$일 때, $\frac{a^2+ab+b^2}{a^2-ab+b^2}$의 값을 구하면?

① $\frac{21}{13}$ ② $\frac{24}{13}$ ③ 2
④ $\frac{27}{13}$ ⑤ $\frac{29}{13}$

핵심 5 이차방정식 $\left(x+\frac{1}{2}\right)^2=\frac{a-1}{3}$이 해를 갖지 않도록 하는 상수 a의 조건을 구하시오.

핵심 6 방정식 $(x^2-4x)^2=9$를 만족시키는 모든 실수 x의 값의 합을 구하시오.

정답 및 풀이 31쪽

 $x<y$이고 $x^2-2xy+y^2-5x+5y-14=0$일 때, $x-y$의 값을 구하시오.

Tip $x^2-2xy+y^2-5x+5y-14=0$의 좌변을 인수분해한 후 (공통부분)$=A$로 치환하여 A에 대한 이차방정식을 만든다.

풀이 $x^2-2xy+y^2-5x+5y-14=0$

$(x-y)^2-5(\square)-14=0$

$A^2-5A-14=0 \leftarrow x-y=A$로 치환

$(A-7)(A+\square)=0$

$A=7$ 또는 $A=\square$

$x-y=7$ 또는 $x-y=\square$

$\therefore x-y=\square\ (\because x<y)$

답 ____________

 두 실수 $\boldsymbol{a}$, $\boldsymbol{b}$에 대하여

$\boldsymbol{a \circ b = a-2b}$, $\boldsymbol{a \cdot b = ab-a-b-3}$이라 할 때, 다음 방정식을 푸시오.

$$\{(4x-3)\circ(x+2)\}\cdot\{(3x-5)\circ(x-1)\}=0$$

 지윤이는 두 이차방정식

$\boldsymbol{4x^2+2x-2=0}$,

$\boldsymbol{2x^2-(2a-1)x+(a-1)=0}$

을 풀고 각 방정식의 두 근이 적힌 수 카드를 선택하려 했더니 공통인 근이 1개 있어 오른쪽 그림과 같이 3장의 카드를 선택할 수 있었다. 이때 두 이차방정식의 공통인 근을 찾으시오.

 오른쪽 그림과 같은 정오각형 $\mathbf{ABCDE}$에서 $\overline{\mathbf{AC}}$와 $\overline{\mathbf{BE}}$의 교점을 $\mathbf{F}$라 하자. $\overline{\mathbf{AB}}=\mathbf{2\,cm}$일 때, $\overline{\mathbf{AF}}$의 길이를 구하시오.

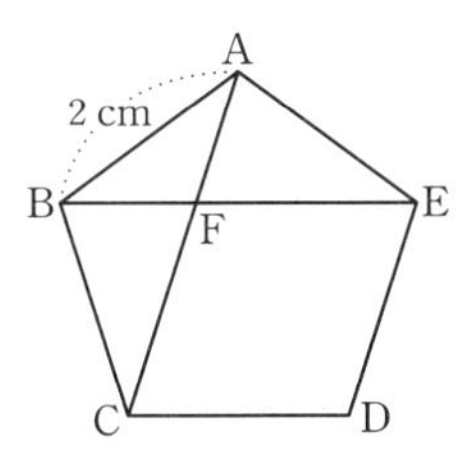

응용 4 이차방정식 $\boldsymbol{x^2+2(a-b)x-3(a-b)^2=0}$의 해가 $\boldsymbol{x=-2}$일 때, 한 자리의 자연수 $\boldsymbol{a}$, $\boldsymbol{b}$의 순서쌍 $\boldsymbol{(a, b)}$는 모두 몇 개인지 구하시오.

III 이차방정식

02 근의 공식과 근의 개수

(1) 이차방정식의 근의 공식

① 이차방정식 $ax^2+bx+c=0(a\neq0)$의 근은

$$x=\frac{-b\pm\sqrt{b^2-4ac}}{2a}\text{(단, } b^2-4ac\geq0)$$

② 일차항의 계수가 짝수인 이차방정식 $ax^2+2b'x+c=0(a\neq0)$의 근은

$$x=\frac{-b'\pm\sqrt{b'^2-ac}}{a}\text{(단, } b'^2-ac\geq0)$$

(2) 이차방정식의 근의 개수

이차방정식 $ax^2+bx+c=0(a\neq0)$에 대하여 b^2-4ac의 부호를 알면 근의 개수도 알 수 있다.

① $b^2-4ac>0$이면 서로 다른 두 근 ➡ 근이 2개

② $b^2-4ac=0$이면 중근 ➡ 근이 1개

③ $b^2-4ac<0$이면 근이 없다. ➡ 근이 0개

└ 중등 과정에서는 실수 범위만 다루므로 $\sqrt{\ }$ 안의 값이 음수일 때는 근이 없다고 한다.

핵심 1 이차방정식 $x^2-2x-7=0$의 두 근 중 양수인 근의 정수 부분을 a, 소수 부분을 b라 할 때, $\frac{a}{3}+\frac{b}{2}$의 값을 구하시오.

핵심 2 이차방정식 $\frac{3}{4}x^2-\frac{1}{2}x-\frac{5}{6}=0$의 두 근 중 양수인 근을 t라 할 때, $n<t<n+1$이 성립한다. 이때 정수 n의 값을 구하시오.

핵심 3 이차방정식 $x^2-6kx+9k^2+5k-7=0$의 해가 존재할 때, 다음 물음에 답하시오.

(1) 이차방정식 $x^2-6kx+9k^2+5k-7=0$의 해가 존재하기 위한 k의 값의 범위를 구하시오.

(2) k가 정수일 때 k의 최댓값을 구하시오.

핵심 4 이차방정식 $4x^2-2ax-a+15=0$이 음수인 중근을 갖도록 하는 상수 a의 값을 구하시오.

정답 및 풀이 32쪽

예제 2 $\overline{BC}=a$, $\overline{AC}=b$, $\overline{AB}=c$인 $\triangle ABC$에 대하여 이차방정식 $(x-a)(x-b)+(x-b)(x-c)+(x-c)(x-a)=0$이 중근을 가질 때, a, b, c의 관계식을 구하고 어떤 삼각형이 되는지 말하시오.

Tip (완전제곱식)$=0$일 때, 이차방정식은 중근을 갖는다.

풀이 (i) $x^2-(a+b)x+ab+x^2-(b+c)x+bc+x^2-(a+c)x+ca=0$

$3x^2-2(a+b+c)x+(\square)=0$

(ii) 주어진 이차방정식이 (완전제곱식)$=0$의 꼴일 때 중근을 가지므로

$3\left\{x^2-\square(a+b+c)x+\square(a+b+c)^2\right\}-\frac{1}{3}(a+b+c)^2+(ab+bc+ca)=0$

위 식에서 $-\frac{1}{3}(a+b+c)^2+(ab+bc+ca)=0$이어야 하므로

$(a+b+c)^2-\square(ab+bc+ca)=0$

$\therefore a^2+b^2+\square^2-\square-bc-ca=0$

$\frac{1}{2}\{(a-b)^2+(b-c)^2+(\square)^2\}=0$ $\cdots$ ㉠

㉠에서 $a=b=\square$이므로 $\triangle ABC$는 $\square$이다.

답 ______________

응용 1 길이가 **48 cm**인 끈을 잘라서 두 개의 정삼각형을 만들려고 한다. 두 정삼각형의 넓이의 비가 **1 : 3**이 되게 하려고 할 때, 다음 물음에 답하시오.

(1) 작은 정삼각형의 한 변의 길이를 x cm라 할 때, 큰 정삼각형의 한 변의 길이를 x를 사용한 식으로 나타내시오.

(2) 작은 정삼각형의 한 변의 길이를 구하시오.

응용 2 이차방정식 $(a-2)x^2-2(a+1)x-3a=0$이 서로 다른 두 개의 근을 갖도록 하는 상수 a의 값이 아닌 것은?

① $a=1$ ② $a=\frac{1}{2}$ ③ $a=0$
④ $a=-\frac{1}{2}$ ⑤ $a=-1$

응용 3 x에 대한 이차방정식 $x^2+2ax+9b=0$이 중근을 가질 때, a의 값을 최대로 하는 b의 값을 구하시오. (단, a, b는 두 자리의 자연수)

응용 4 x에 대한 이차방정식 $(a^2+4a+3)x^2+2(a+1)x+2=0$이 실근을 갖도록 하는 실수 a의 값의 범위를 구하면?

① $1\le a<5$ ② $-1\le a\le 1$
③ $-1\le a<5$ ④ $-5\le a\le -1$
⑤ $-5\le a<-1$

III 이차방정식

핵심 문제

03 이차방정식 구하기

(1) 근과 계수와의 관계

이차방정식 $ax^2+bx+c=0(a\neq0)$의 두 근을 $\alpha=\frac{-b+\sqrt{b^2-4ac}}{2a}$, $\beta=\frac{-b-\sqrt{b^2-4ac}}{2a}$라 할 때,

① $\alpha+\beta=-\frac{b}{a}$　② $\alpha\beta=\frac{c}{a}$　③ $|\alpha-\beta|=\frac{\sqrt{b^2-4ac}}{|a|}$

참고 계수와 상수항이 모두 유리수인 이차방정식에서 한 근이 $p+q\sqrt{m}$이면 다른 한 근은 $p-q\sqrt{m}$이다.
(단, p, q는 유리수, $\sqrt{m}$은 무리수)

(2) 이차방정식 구하기

① 두 근이 α, β이고, x^2의 계수가 a인 이차방정식은
➡ $a(x-\alpha)(x-\beta)=0$을 전개하면 $a\{x^2-(\alpha+\beta)x+\alpha\beta\}$
(두 근의 합: $\alpha+\beta$, 두 근의 곱: $\alpha\beta$)

② 중근 α를 가지고 x^2의 계수가 a인 이차방정식 ➡ $a(x-\alpha)^2=0$

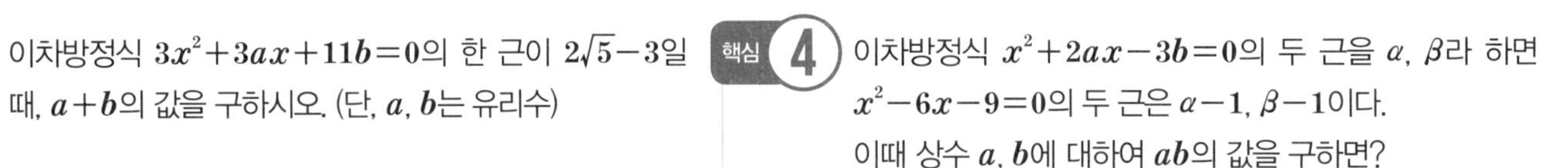

핵심 1 이차방정식 $3x^2+3ax+11b=0$의 한 근이 $2\sqrt{5}-3$일 때, $a+b$의 값을 구하시오. (단, a, b는 유리수)

핵심 2 이차방정식 $x^2+3x-3=0$의 두 근을 α, β라 할 때, 다음 중 옳지 않은 것은?

① $\frac{1}{\alpha}+\frac{1}{\beta}=1$　② $\alpha^2+\beta^2=15$
③ $(\alpha-\beta)^2=21$　④ $\frac{\beta}{\alpha}+\frac{\alpha}{\beta}=5$
⑤ $\frac{1}{\alpha^2}+\frac{1}{\beta^2}=\frac{5}{3}$

핵심 3 이차방정식 $(x-4)(x+a)=b$가 중근 $x=3$을 가질 때, 상수 a, b를 두 근으로 하고 x^2의 계수가 -2인 이차방정식을 구하시오.

핵심 4 이차방정식 $x^2+2ax-3b=0$의 두 근을 α, β라 하면 $x^2-6x-9=0$의 두 근은 $\alpha-1$, $\beta-1$이다. 이때 상수 a, b에 대하여 ab의 값을 구하면?

① $-\frac{5}{3}$　② $-\frac{8}{3}$　③ $-\frac{11}{3}$
④ $-\frac{14}{3}$　⑤ $\frac{17}{3}$

핵심 5 이차방정식 $(x-3)^2=12$의 두 근을 α, β라고 할 때, $\alpha+\frac{1}{\beta}$, $\beta+\frac{1}{\alpha}$을 두 근으로 하는 이차방정식은 $3x^2-ax+b=0$이다. 이때 $a+b$의 값을 구하시오.
(단, a, b는 상수)

정답 및 풀이 33쪽

예제 3 x에 대한 이차방정식 $ax^2+bx+c=0$의 두 근을 α, β라고 할 때, $\frac{1}{\alpha}$, $\frac{1}{\beta}$을 두 근으로 하는 이차방정식이 $ax^2+bx+c=0$이 되기 위한 조건을 구하시오. (단, $abc\neq0$)

Tip 근과 계수와의 관계를 이용한다.

풀이 $ax^2+bx+c=0$의 두 근이 α, β이므로 $\alpha+\beta=-\frac{b}{a}$, $\alpha\beta=\frac{c}{a}$ … ㉠

또, $ax^2+bx+c=0$의 두 근이 $\frac{1}{\alpha}$, $\frac{1}{\beta}$이므로 $\frac{1}{\alpha}+\frac{1}{\beta}=-\frac{b}{a}$, $\frac{1}{\alpha\beta}=\square$ … ㉡

$\frac{1}{\alpha}+\frac{1}{\beta}=\frac{\alpha+\beta}{\alpha\beta}=\square=-\frac{b}{a}$ $\therefore a=\square$ ($\because b\neq0$) … ㉢

또, ㉠, ㉡에서 $\frac{1}{\alpha\beta}=\frac{a}{c}=\frac{\square}{a}$이므로 $a^2=\square^2$, $(\square)(a+c)=0$

$\therefore a=\square$ 또는 $a=-c$ … ㉣

따라서 ㉢, ㉣에서 $a=\square$

답 ______

응용 1 x에 대한 이차방정식 $x^2+(a+1)x+2a-2=0$과 $x^2-(a+4)x+4a=0$이 공통근을 가지기 위한 a의 값들의 곱을 구하시오.

응용 2 이차방정식 $x^2-(k+2)x+4=0$이 중근을 가질 때의 k의 값이 이차방정식 $x^2+ax+b=0$의 두 근일 때, $a+b$의 값을 구하시오.

응용 3 이차방정식 $ax^2+bx+c=0$의 근의 공식을 잘못 적용하여 $x=\frac{-b\pm\sqrt{b^2-ac}}{a}$로 어떤 이차방정식을 풀었더니 두 근이 -4, 2가 되었다. 이 이차방정식의 옳은 근을 α, β라 할 때, $\frac{1}{\alpha}+\frac{1}{\beta}$의 값을 구하시오. (단, $a\neq0$)

응용 4 x에 대한 이차식 $f(x)=ax^2+bx+c$가 $f(x+2)-f(x)=4x$, $f(0)=2$를 만족할 때, 다음 물음에 답하시오. (단, a, b, c는 상수)

(1) c의 값을 구하시오.

(2) a, b의 값을 각각 구하시오.

(3) 방정식 $f(x)=x$의 근을 구하시오.

04 조건을 만족시키는 이차방정식

(1) 절댓값이 있는 방정식

다음과 같은 성질을 이용하여 방정식을 푼다.

① $|x|^2=x^2$

② $|x|=a(a>0) \Leftrightarrow x=\pm a$

(2) 두 근의 차 또는 비가 주어질 때 미지수의 값 구하기

① 한 근이 다른 근의 k배이다. ➡ 두 근을 a, ka로 놓는다.

② 두 근의 차가 k이다. ➡ 두 근을 a, $a+k$로 놓는다.

③ 두 근의 비가 $m:n$이다. ➡ 두 근을 ma, na로 놓는다. (단, $a\neq0$)

핵심 1 이차방정식 $x^2+|x|-12=0$의 해를 구하시오.

핵심 2 실수 a에 대하여 $n\leq a<n+1$을 만족시키는 정수 n을 $[a]$라고 하자. $0<x<2$이고 $3x^2=x+2[x]$을 만족시키는 x의 값을 구하시오.

핵심 3 $<x>$가 자연수 x의 양의 약수의 개수를 나타낼 때, $<x>^2+<x>-6=0$을 만족시키는 자연수 x 중에서 20 이하인 것의 개수를 구하시오.

핵심 4 이차방정식 $-x^2+ax+b=0$의 큰 근이 작은 근의 4배이고 두 근의 차가 12일 때, $a+b$의 값을 구하시오.

(단, a, b는 상수)

핵심 5 $x^2+px+q=0$은 연속한 두 자연수를 근으로 갖는다. 두 근의 각각의 제곱의 차가 25가 될 때, p, q의 값을 구하시오.

정답 및 풀이 34쪽

예제 4 방정식 $x^4-2x^3-6x^2-2x+1=0$의 해를 구하시오.

Tip 4차 방정식의 해는 4개이다.

주어진 방정식의 양변을 x^2으로 나눈 뒤 치환$\left(x+\frac{1}{x}=A\right)$을 이용하여 x의 값을 구한다.

풀이 양변을 x^2으로 나누면 $x^2-2x-6-\frac{2}{x}+\frac{1}{x^2}=0$

$\left(x^2+\frac{1}{x^2}\right)-2\left(x+\frac{1}{x}\right)-6=0$

$\left(x+\frac{1}{x}\right)^2-2\left(x+\frac{1}{x}\right)-\square=0$

$x+\frac{1}{x}=A$로 치환하면 $A^2-2A-\square=0$, $(A+2)(A-\square)=0$

$\therefore A=-2$ 또는 $A=\square$

(i) $x+\frac{1}{x}=-2$일 때, 양변에 x를 곱하면 $x^2+2x+1=0$

$(x+\square)^2=0 \quad \therefore x=\square$(중근)

(ii) $x+\frac{1}{x}=\square$일 때, 양변에 x를 곱하면 $x^2-\square x+1=0 \quad \therefore x=\square$

(i), (ii)에 의해 $x=\square$(중근) 또는 $x=\square$

답 ____________

응용 1 $[x]$는 x보다 크지 않은 최대 정수일 때, 방정식 $\left[x+\frac{3}{2}\right]^2-8\left[x-\frac{3}{2}\right]=8$을 만족시키는 x의 값의 범위를 구하시오.

응용 2 이차방정식 $x^2+ax+b=0$을 잘못하여 $x^2-23x-b=0$으로 보고 풀었더니 한 해가 -2였다. 처음 방정식의 한 해는 다른 해의 2배가 된다고 할 때, 상수 a, b의 값을 구하시오.

응용 3 이차방정식 $x^2-(m-1)x+2m-5=0$의 두 근이 모두 정수가 되기 위한 정수 m의 값을 구하시오.

응용 4 이차방정식 $x^2-2kx-1=0$의 한 근을 α라고 할 때, $\alpha+\frac{1}{\alpha}=2k+3$이 성립하도록 하는 상수 k의 값을 구하시오. (단, $k\neq0$)

핵심 문제

05 이차방정식의 활용

(1) 이차방정식의 활용 문제는 다음과 같은 순서로 푼다.
① **미지수 정하기** : 문제의 뜻을 파악하고, 구하려는 것을 미지수 x로 놓는다.
② **방정식 세우기** : 문제의 뜻에 맞게 이차방정식을 세운다.
③ **방정식 풀기** : 이차방정식을 풀어서 구한 해 중에서 문제의 뜻에 맞는 것을 답으로 택한다
(2) **수에 대한 활용 문제** : 수에 관한 문제에서 미지수를 다음과 같이 정하면 편리하다.
① 연속하는 세 정수 : $x-1$, x, $x+1$
② 연속하는 두 홀수 : x, $x+2$ 또는 $2x-1$, $2x+1$
(3) **쏘아올린 물체에 대한 문제** : 주어진 이차식을 이용하여 이차방정식을 세울 때 다음에 주의하여 세운다.
① 가장 높이 올라간 경우는 제외하고 쏘아 올린 물체의 높이가 h m인 경우는 올라갈 때와 내려올 때 두 번 생긴다. 또, 물체가 지면에 떨어졌을 때의 높이는 0 m이다.
② 시각 t에 대한 식에서 $t\geq 0$이다.
(4) **도형에 대한 활용 문제** : 삼각형의 넓이, 직사각형의 넓이, 직사각형의 둘레, 사다리꼴의 넓이, 원의 넓이와 둘레, 입체도형의 부피 등의 공식을 이용하여 식을 세울 수 있다.

핵심 1 어떤 양수 x의 제곱과 x의 소수 부분인 y의 제곱의 합이 30일 때, x의 값을 구하시오.

핵심 2 네 자연수 a, b, c, d는 연속하는 홀수이다. bd는 ac의 2배보다 109만큼 작다고 한다. 이때 이 수들의 합을 구하시오. (단, $a<b<c<d$)

핵심 3 지면으로부터 초속 80 m로 똑바로 쏘아 올린 공의 t초 후의 높이를 h m라 하면 $h=80t-5t^2$인 관계가 성립한다. 이때 공이 지면으로부터 240 m 이상의 높이에서 머무는 것은 몇 초 동안인지 구하시오.

핵심 4 너비가 18 cm인 양철판을 오른쪽 그림과 같이 양쪽을 같은 길이로 접어서 물받이를 만들려고 한다. 그 단면의 넓이가 36 cm²가 되게 하려면 몇 cm를 접어야 하는지 구하시오.

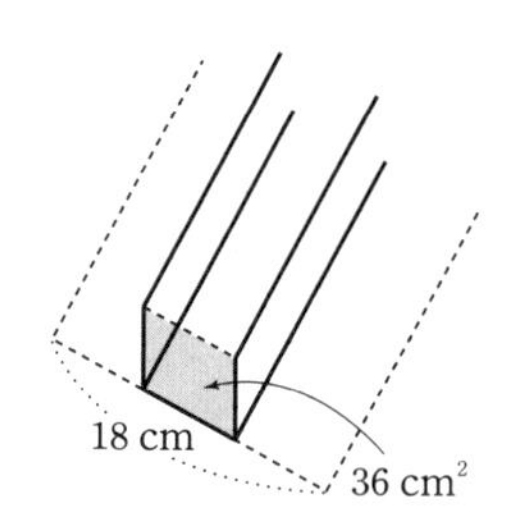

핵심 5 오른쪽 그림에서 $\triangle ABC$는 $\overline{AB}=\overline{AC}=12$ cm인 직각이등변삼각형이고, □DECF는 평행사변형이다. □DECF의 넓이가 27 cm²일 때, $\overline{BD}$의 길이를 구하시오. (단, $\overline{BD}>\overline{AD}$)

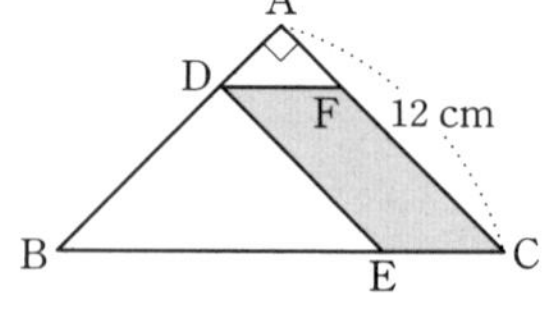

정답 및 풀이 35쪽

예제 5 농도가 10 %인 소금물 160 g을 넣은 그릇에서 얼마의 양을 퍼내고, 같은 양의 물을 넣었다. 다시 처음에 퍼낸 양만큼 퍼내고, 같은 양의 물을 넣었더니 2.5 % 의 소금물이 되었다. 처음에 퍼낸 소금물의 양을 구하시오.

Tip 처음에 퍼낸 소금물의 양을 x g이라 놓고, 소금의 양을 이용하여 x에 대한 이차방정식을 세워서 푼다.

풀이 처음에 퍼낸 소금물의 양을 x g이라 하면

처음의 소금의 양 : $160\times\frac{10}{100}=\square$(g)

1회째 남은 소금의 양 : $16\times\frac{160-x}{160}$(g)

2회째 남은 소금의 양 : $16\times\frac{160-x}{160}\times\frac{\square-x}{160}=\frac{2.5}{100}\times160$(g)

$\frac{(160-x)^2}{1600}=\frac{2.5}{100}\times160$에서 $x^2-\square x+19200=0$

$(x-\square)(x-240)=0$　　$\therefore x=\square$ ($\because 0<x<160$)

답 ____________

응용 1 오른쪽 표는 어떤 규칙에 의하여 나열한 수를 나타낸 것이다. 제 n번째의 항을 a_n이라고 할 때, 239는 제 몇 번째 항인지 구하시오.

$a_1=0\times2+1=1$
$a_2=1\times3+2=5$
$a_3=2\times4+3=11$
$a_4=3\times5+4=19$
⋮　⋮　⋮

응용 2 두 개의 직사각형 A, B가 있다. A의 세로와 가로의 길이의 비는 1 : 2, B의 세로와 가로의 길이의 비는 3 : 2이다. A의 둘레의 길이는 B의 둘레의 길이보다 2 m 짧다. 또 B의 세로의 길이를 1 m 짧게 한 직사각형의 넓이는 A의 넓이와 같다. A와 B의 세로의 길이를 각각 구하시오.

응용 3 두 점 A$(-6, 0)$, B$(0, 3)$을 지나는 직선 AB 위에 한 점 P를 잡고 점 P에서 y축에 내린 수선의 발을 Q라고 할 때, □OAPQ의 넓이가 4가 되게 하는 점 P의 y좌표를 구하시오.

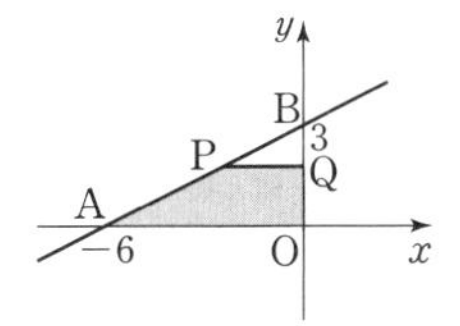

응용 4 물탱크에 물을 채우는 데 수도꼭지 A, B, C를 동시에 틀면 6시간, 수도꼭지 A, C로는 9시간, 수도꼭지 B, C로는 10시간이 걸린다고 한다. 이때 한 개의 수도꼭지로 물탱크를 채우려면 각각 몇 시간이 걸리는지 구하시오.

III 이차방정식

심화 문제

NOTE

01 $x=a-4\sqrt{3}$, $y=1-2\sqrt{3}$일 때, 방정식 $x^2-4xy+4y^2+x-2y=6$이 성립하도록 a의 값을 모두 구하시오.

02 양수 x에 대하여 $x^2+x+\frac{1}{x}+\frac{1}{x^2}=10$일 때, $x-\frac{1}{x}$의 값을 모두 구하시오.

03 $|x^2+y^2-100|=2xy$를 만족시키는 50 이하의 두 자연수 x, y의 순서쌍 (x, y)는 모두 몇 개인지 구하시오.

04 이차방정식 $x^2+(m+1)x+2m-1=0$의 근이 정수가 되기 위한 정수 m의 값을 구하시오.

NOTE

05 이차방정식 $x^2+ax+b=0$에서 a, b는 주사위를 두 번 던져서 차례로 나온 눈의 수이다. 이때 $x=-2$를 중근으로 가질 확률을 구하시오.

06 세 개의 이차방정식 $x^2+2x+a=0$, $2x^2+ax-1=0$, $ax^2-x-2=0$이 단 하나의 공통근을 갖는다고 할 때, 공통근이 아닌 다른 근의 합을 구하시오.

심화 문제

07 $19p+1$이 제곱수가 되도록 소수 p의 값을 구하시오.

NOTE

08 x, y에 대한 연립방정식 $\begin{cases}(a^2+5a+6)x-5y=a-7\\-6x+5y=12\end{cases}$ 의 해가 없을 때, a^2+a+1의 값을 구하시오.

09 $\begin{vmatrix}a & b\\c & d\end{vmatrix}=ad-bc$의 관계가 성립할 때, $\begin{vmatrix}3x & -9\\-x & x^2+x\end{vmatrix}=3x^3+p$($p$는 상수)를 만족하는 x의 값들의 곱이 $\dfrac{9}{4}$이다. 이때 p의 값을 구하시오.

10 x에 대한 이차식 $f(x)$가 $f(x+1)-f(x)=3x$, $f(0)=1$인 관계를 만족할 때, 방정식 $f(x)=x$의 근을 구하시오.

NOTE

11 $x^3-y^3=23$, $x^2y-xy^2=5$를 동시에 만족하는 순서쌍(x, y)를 모두 구하시오.

12 $1<x<2$일 때, 방정식 $x-[x]=x^2-[x^2]$의 해를 구하시오. (단, $[x]$는 x를 넘지 않는 최대 정수)

심화 문제

13 이차방정식 $x^2+cx+d=0$의 두 근이 a, b이고, $x^2+ax+b=0$의 두 근이 c, d이다. a, b, c, d가 0이 아닌 정수, $b+d\neq0$일 때, a, b, c, d의 값을 구하시오.

NOTE

14 노란색 페인트 $12\,\text{L}$가 들어 있는 그릇이 있다. 녹색 페인트를 얻기 위하여 이 그릇에서 $x\,\text{L}$를 덜어내고, 파란색 페인트 $x\,\text{L}$를 섞었더니 색이 약간 옅은 것 같아 다시 이 혼합한 페인트에서 $x\,\text{L}$를 덜어내고 파란색 페인트를 같은 양만큼 채워 넣었다. 이 결과 노란색 페인트와 파란색 페인트의 부피의 비가 $9:7$이 되었다고 한다. 이때 x의 값을 구하시오.

15 이차방정식 $x^2-ax+2b-1=0$이 실근을 가질 때, b의 최댓값을 M이라 하자. 이때 M의 값의 범위를 구하시오. (단, $-1\leq a\leq2$)

16 길이가 $45\,\text{cm}$인 선분을 6개의 선분으로 나누고, 그 중 4개의 선분으로 넓이가 $63\,\text{cm}^2$인 직사각형 $ABCD$를 만들었다. 나머지 2개의 선분으로 오른쪽 그림과 같이 $\square ABCD$를 넓이가 같은 3개의 직사각형으로 나눌 때, $\overline{AB}$의 길이를 구하시오.

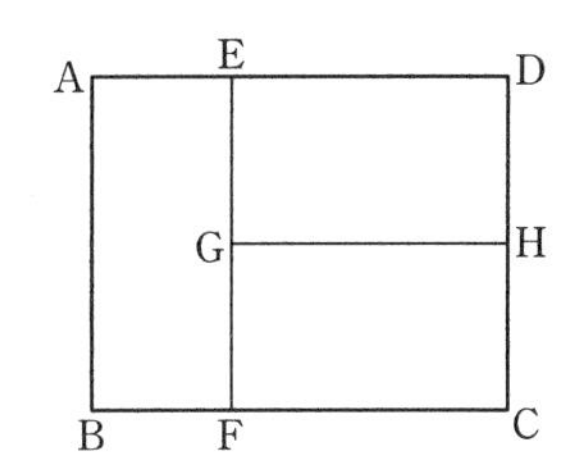

NOTE

17 버스가 달린 거리는 시간에 정비례하고, 열차가 달린 거리는 시간의 제곱에 정비례한다. 열차가 출발할 때, $5\,\text{km}$ 뒤에서 동시에 출발한 버스가 10분 후에 열차를 추월하고, 그로부터 30분 후에 다시 열차가 추월한다. 이때 출발 후 몇 분만에 열차가 버스보다 $50\,\text{km}$ 앞서 달리게 되는지 구하시오. (단, 도로와 철로는 평행하다.)

18 오른쪽 그림에서 $\triangle ABC$의 $\angle A$의 이등분선이 $\overline{BC}$와 만나는 점을 D라 하자. $\overline{AB}=5$, $\overline{BC}=8$, $\overline{AC}=\overline{BD}+1$일 때, $\triangle ABD$와 $\triangle ADC$의 넓이의 비를 가장 간단한 자연수의 비로 나타내시오.

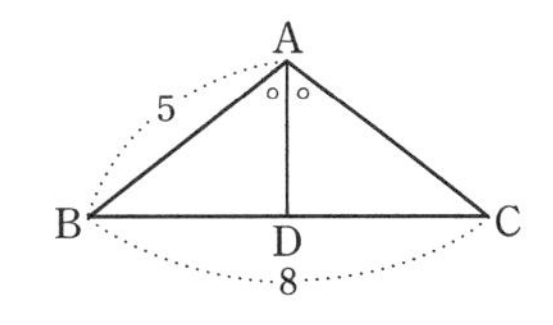

III 이차방정식

최상위 문제

01 다음 식의 값을 구하시오.

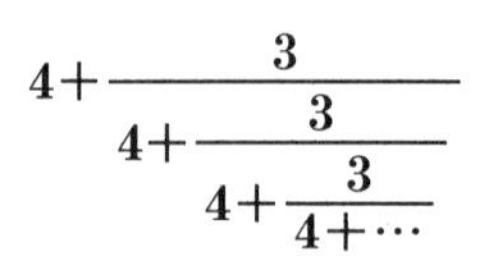

$$4+\cfrac{3}{4+\cfrac{3}{4+\cfrac{3}{4+\cdots}}}$$

NOTE

02 이차방정식 $x^2+x+1=0$의 두 근을 α, β라 할 때, $(\alpha^n+\beta^n)+(\alpha^{n+1}+\beta^{n+1})+(\alpha^{n+2}+\beta^{n+2})$의 값을 구하시오.

03 방정식 $\left[x+\frac{1}{2}\right]^2-2\left[x-\frac{1}{2}\right]-10=0$을 만족시키는 x의 값의 범위를 구하시오. (단, $[x]$는 x를 넘지 않는 최대 정수)

NOTE

04 연립방정식 $\begin{cases}(a+b)^2-3(a+b)-10=0\\(a-b)^2-2(a-b)-8=0\end{cases}$을 만족시키는 정수 a, b의 순서쌍 (a, b)를 모두 구하시오.

05 방정식 $x^4+6x^3+x^2-24x-20=0$을 푸시오.

06 $6x^2-xy-2y^2+my-6$이 두 일차식의 곱으로 인수분해가 되도록 m의 값을 구하시오.

최상위 문제

07 $m^3+6m^2+5m=27n^3+9n^2+9n+1$을 만족하는 정수 m, n의 순서쌍 (m, n)의 개수를 구하시오.

NOTE

08 두 이차방정식 $x^2+ax+b=0$, $x^2+cx+d=0$은 공통근 p를 갖는다고 한다. a, b, c, d는 0이 아닌 정수이고, $bd=6$일 때, p의 값과 $a+c$의 최댓값을 구하시오. (단, $p<0$인 정수)

09 $f(x)=x^2-2$일 때, 방정식 $f(f(x))=f(f(f(x)))$의 근의 개수를 구하시오.

NOTE

10 p, q가 자연수이고, q가 소수일 때, 이차방정식 $x^2-2px+q=0$이 p의 값에 관계없이 일정한 정수해를 갖는다. 이때 그 정수해를 구하시오.

11 $(a, b)\cdot(c, d)=ad-bc$로 정의할 때, $(a^2, (x-1)^2)\cdot(a, x^2-x)=0$을 만족하는 x를 구하시오. (단, $a\neq0$)

12 이차방정식 $x^2+(k+3)x+(2k+3)=0$의 두 근의 부호가 다르고, 양의 근이 음의 근의 절댓값보다 작을 때, 정수 k의 값과 방정식의 근을 구하시오.

NOTE

13 자루 안에 번호가 적힌 구슬 210개가 있다. 번호가 1인 구슬은 1개, 2인 구슬은 2개, $\cdots$, n인 구슬은 n개 들어 있다. 여기에서 최대 몇 개의 구슬을 꺼내야 같은 번호의 구슬이 6개가 될 수 있는지 구하시오. (단, 꺼낸 공은 다시 넣지 않는다.)

14 오른쪽 그림과 같이 정사각형 ABCD 안에 $\overline{AB}$, $\overline{BC}$와 평행한 선분을 각각 $(n-1)$개씩 그었더니 크고 작은 직사각형의 개수가 441개였다. 이때 n의 값을 구하시오.

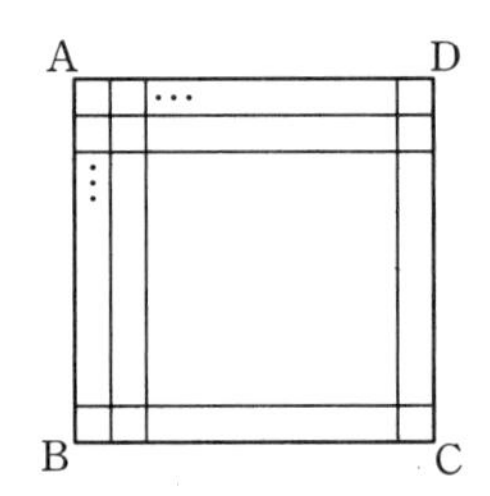

15 x에 대한 이차방정식 $x^2+ax+a^2-4=0$이 근을 갖고, 적어도 하나의 양의 근을 가질 때, 정수 a의 최댓값을 구하시오.

16 x에 대한 방정식 $(x^2+x+a)(x^2+ax+1)=0$이 네 개의 서로 다른 근을 갖기 위한 실수 a값의 범위를 구하시오.

NOTE

17 오른쪽 그림에서 $\triangle BPR$의 넓이를 a^2이라고 할 때, $\triangle OPQ$의 넓이가 6이 되기 위한 양수 a의 값을 구하시오.

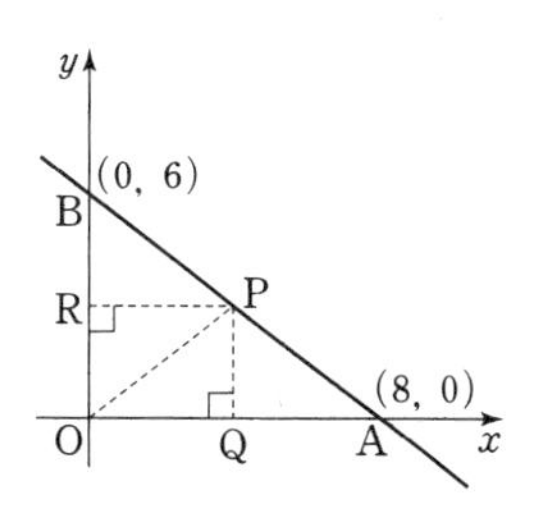

18 서율이는 집에서 출발하여 20 km 떨어져 있는 박물관을 일정한 속력으로 다녀왔다. 박물관에서 집으로 올 때에는 집에서 박물관으로 갈 때보다 10 km/시 더 감속하여 왔더니 이동 시간이 20분 더 늘어났다고 한다. 이때 서율이가 집에서 박물관까지 갈 때의 속력은 몇 km/시인지 구하시오.

특목고 / 경시대회 실전문제

NOTE

01 서로 다른 세 이차방정식 $ax^2+bx+c=0$, $bx^2+cx+a=0$, $cx^2+ax+b=0$의 공통근이 존재한다고 할 때, 그 공통근을 구하고 세 이차방정식의 나머지 근들의 곱을 구하시오.

02 방정식 $\frac{1}{l}+\frac{1}{m}+\frac{1}{n}=1$을 만족시키는 자연수의 서로 다른 순서쌍 (l, m, n)은 모두 몇 개인지 구하시오.

03 버스 요금을 x % 인상하면 승객은 $\frac{x}{2}$ % 줄어든다고 한다. 수입 증가액이 12 %가 되게 하려면 요금을 몇 % 인상해야 하는지 구하시오.

04 두 직사각형 A와 B에 대하여 다음 조건이 성립한다. A와 B의 세로의 길이의 차를 기약분수 $\frac{a}{b}$ cm로 나타낼 때, $20a+3b$의 값을 구하시오.

조건
(가) 가로와 세로의 길이의 비는 A는 3 : 2이고, B는 4 : 1이다.
(나) B의 둘레의 길이는 A의 둘레의 길이보다 2 cm 짧다.
(다) A의 가로와 세로의 길이를 각각 1 cm씩 줄여서 만든 직사각형의 넓이는 B의 넓이와 같다.

NOTE

05 다음 이차방정식의 두 근이 모두 세 자리 자연수이기 위한 자연수 x는 모두 몇 개인지 구하시오.

$$x^2-(6k+1)x+9k^2-3=0$$

06 갑, 을, 병 세 사람이 어떤 일을 하는 데, 갑이 혼자서 하면 을과 병이 함께 할 때보다 a배의 시간이 걸리고, 을이 혼자서 하면 갑과 병이 함께 할 때보다 b배의 시간이 걸린다. 병이 혼자서 일을 할 때는 갑과 을이 함께 일을 할 때보다 몇 배의 시간이 걸리는지 구하시오. (단, $ab\neq0$)

07 오른쪽 도형에서 $\overline{AB}=10$, $\overline{BK}=6$, $\overline{DK}=4$, $\overline{EK}=4$, $\overline{EC}=2$이고 점 P가 직선 BD 위를 움직인다. 색칠한 부분의 넓이가 $\frac{87}{4}$라 할 때, $\overline{BH}$의 길이를 구하시오.

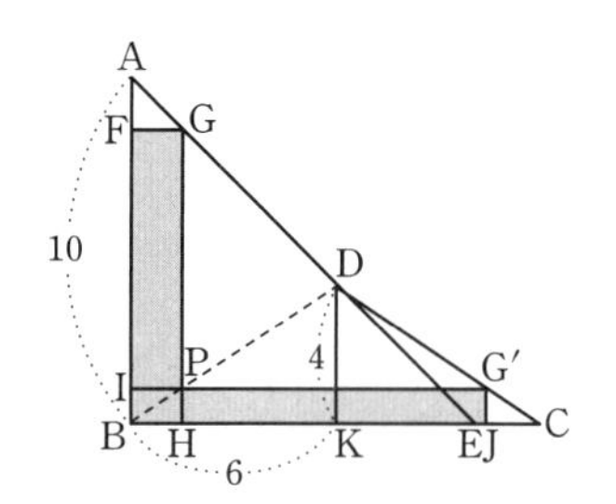

NOTE

08 다음을 만족시키는 두 자연수 m과 n의 순서쌍 (m, n)에 대하여 $15m-n$의 최솟값을 구하시오.

$$m^4+n^2=2(n+2)m^2+52$$

09 두 개 이하의 소수의 거듭제곱으로 이루어진 자연수 x의 양의 약수의 개수를 $\{x\}$로 나타내기로 한다. 이때 $\{x^2\}-\{x\}-6=0$을 만족하는 200 이하인 자연수 x를 구하시오.

IV 이차함수

1. 이차함수의 그래프
2. 이차함수의 활용

핵심 문제 1 이차함수의 그래프

01 이차함수의 그래프 (1)

(1) **이차함수** : 함수 $y=f(x)$에서 $y=ax^2+bx+c(a\neq 0,\ a,\ b,\ c$는 상수)와 같이 y가 x에 대한 이차식으로 나타내어질 때, $y=f(x)$를 x에 대한 이차함수라고 한다.

(2) **포물선** : 이차함수의 그래프와 같은 모양의 곡선을 포물선이라 한다. 포물선은 선대칭도형으로 대칭축을 포물선의 축, 포물선과 축의 교점을 꼭짓점이라 한다.

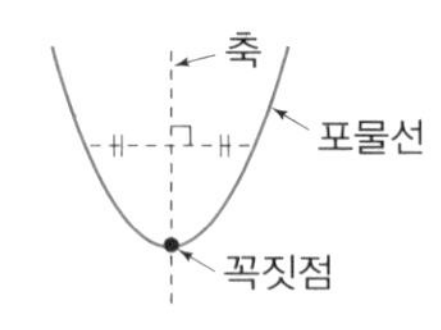

(3) **이차함수 $y=a(x-p)^2+q$의 그래프**
이차함수 $y=a(x-p)^2+q$의 그래프는 이차함수 $y=ax^2$의 그래프를 x축의 방향으로 p만큼, y축의 방향으로 q만큼 평행이동한 것이다.
① **꼭짓점의 좌표** $(p,\ q)$ ② **축의 방정식** : $x=p$
③ **a의 부호** : 그래프의 모양에 따라 결정 ➡ $a>0$이면 아래로 볼록, $a<0$이면 위로 볼록

핵심 1 함수 $\boldsymbol{y=(x-3)(2x+1)-kx(4-3x)}$가 이차함수가 되기 위한 상수 $\boldsymbol{k}$의 조건을 구하시오.

핵심 2 $\boldsymbol{x}$에 대한 이차함수 $\boldsymbol{y=2(a+x)^2+4(a+x)+1}$의 꼭짓점의 좌표가 $(-4,\ -1)$일 때, 상수 $\boldsymbol{a}$의 값을 구하시오.

핵심 3 이차함수 $\boldsymbol{y=-3(x-p)^2+23}$의 그래프가 점 $(2,\ -4)$를 지난다고 할 때, $\boldsymbol{x}$의 값이 증가할 때 $\boldsymbol{y}$의 값이 감소하는 $\boldsymbol{x}$의 값의 범위가 될 수 있는 것은? (단, $\boldsymbol{p<2}$)

① $x>0$ ② $x>-1$ ③ $x<-1$
④ $x<1$ ⑤ $x<2$

핵심 4 오른쪽 그림과 같이 $\boldsymbol{y=ax^2}$의 그래프가 직선 $\boldsymbol{y=-6}$과 만나는 점을 각각 $\mathbf{P}$, $\mathbf{Q}$라 하자. 이때 $\triangle\mathbf{OPQ}$가 정삼각형이기 되기 위한 상수 $\boldsymbol{a}$의 값을 구하시오. (단, 점 $\mathbf{O}$는 원점이다.)

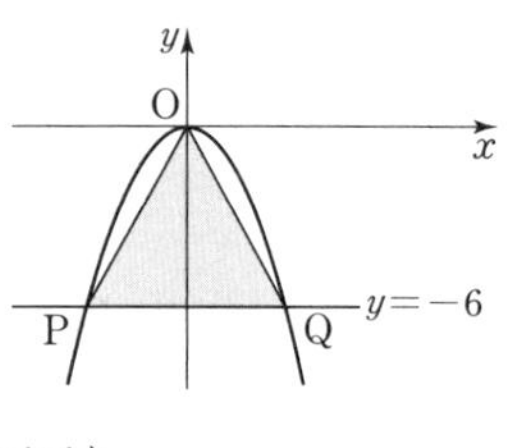

핵심 5 오른쪽 그림은 직선 $\boldsymbol{y=f(x)}$, 이차함수 $\boldsymbol{y=g(x)}$의 그래프이다. 다음 물음에 답하시오.

(1) 방정식 $f(x)=g(x)$를 만족하는 x의 값을 구하시오.

(2) 부등식 $f(x)>g(x)$를 만족하는 x의 범위를 구하시오.

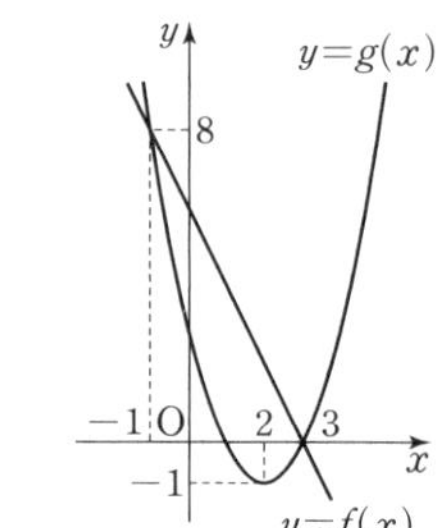

정답 및 풀이 43쪽

예제 1 두 함수 $f(x)=(x-1)^2+4$, $g(x)=(x+1)^2+4$의 그래프는 평행이동에 의하여 겹쳐질 수 있음을 이용하여 $\dfrac{g(0)g(1)g(2)\cdots g(99)}{f(1)f(2)f(3)\cdots f(100)}$의 값을 구하시오.

Tip $g(x)=f(x+k)$ (k는 상수) 꼴로 고칠 수 있다.

풀이 $f(x)=(x-1)^2+4$

$g(x)=(x+\square)^2+4$

이므로 $y=f(x)$의 그래프를 x축의 방향으로 $\square$만큼 평행이동하면

$y=g(x)$의 그래프가 된다.

$\therefore g(x)=f(x+\square)$

$\therefore \dfrac{g(0)g(1)g(2)\cdots g(99)}{f(1)f(2)f(3)\cdots f(100)}=\dfrac{f(2)f(3)f(4)\cdots f(\square)}{f(1)f(2)f(3)\cdots f(100)}=\dfrac{f(\square)}{f(1)}=\dfrac{\square}{\square}=\square$

답 __________

응용 1 오른쪽 그림과 같이 x축에 평행한 직선 l이 y축 및 두 포물선 $y=ax^2$, $y=\dfrac{1}{3}x^2$과 만나는 점을 각각 A, B, C라 하자. $\overline{AB}=2$, $\overline{BC}=a+1$일 때, a의 값을 구하시오.

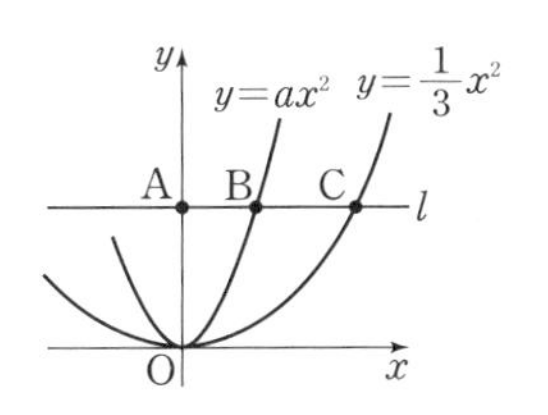

응용 2 이차함수 $y=\dfrac{1}{2}(x+a)^2+b$의 그래프가 일차함수 $y=\dfrac{1}{2}x+1$의 그래프보다 아래에 있을 때의 x의 값의 범위가 $-2<x<2$이다. 이 이차함수의 꼭짓점의 좌표를 구하시오.

응용 3 $p\geq 0$일 때, x에 대한 이차함수 $y=(x-2p)^2+4p^2-8p$의 그래프의 꼭짓점은 어떤 포물선 위를 움직인다. 이때 이 포물선의 식을 구하시오. (단, p는 상수)

응용 4 이차함수 $y=-2(x-1)^2+8$의 그래프와 x축과의 두 교점을 A, B라고 하자. 이 그래프 위에 삼각형 PAB의 넓이가 12가 되도록 점 $\mathrm{P}(a, b)$를 잡을 때, 점 P의 좌표를 모두 구하시오. (단, $a>0$)

핵심 문제

02 이차함수의 그래프 (2)

이차함수 $y=ax^2+bx+c$의 그래프는 $y=a(x-p)^2+q$의 꼴로 고쳐서 그린다.

$$y=ax^2+bx+c=a\left\{x^2+\frac{b}{a}x+\left(\frac{b}{2a}\right)^2-\left(\frac{b}{2a}\right)^2\right\}+c=a\left(x+\frac{b}{2a}\right)^2-\frac{b^2-4ac}{4a}$$

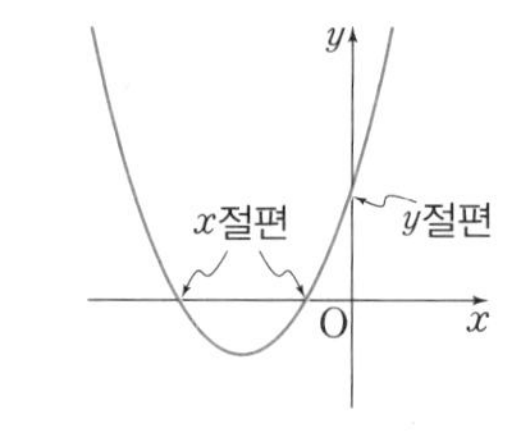

(1) 꼭짓점의 좌표 : $\left(-\frac{b}{2a}, -\frac{b^2-4ac}{4a}\right)$

(2) x절편 : $y=0$일 때의 x의 값 ➡ $ax^2+bx+c=0$의 근

y절편 : $x=0$일 때의 y의 값 ➡ c

(3) 축의 방정식 : $x=-\frac{b}{2a}$

① 축이 y축의 왼쪽에 있으면 $-\frac{b}{2a}<0$ $ab>0$ ➡ a, b는 같은 부호

② 축이 y축의 오른쪽에 있으면 $-\frac{b}{2a}>0$, $ab<0$ ➡ a, b는 다른 부호

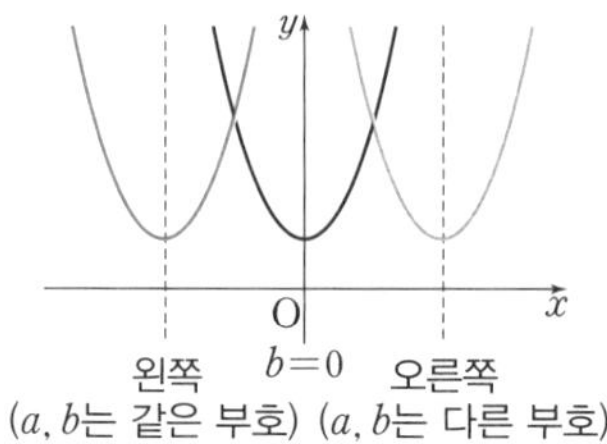

핵심 1 이차함수 $y=-3x^2+6x+1$의 그래프에 대한 설명으로 옳지 않은 것은?

① 위로 볼록한 포물선이다.
② 직선 $x=1$을 축으로 한다.
③ y절편은 1이다.
④ 꼭짓점의 좌표는 $(1, 3)$이다.
⑤ 그래프는 모든 사분면을 지난다.

핵심 2 이차함수 $y=-\frac{1}{2}x^2+mx+2m-3$에서 x의 값이 증가함에 따라 y의 값이 감소하는 x의 값의 범위가 $x>2$일 때, 이 이차함수의 꼭짓점의 좌표를 구하시오.

핵심 3 이차함수 $y=ax^2+bx+c$의 그래프가 오른쪽 그래프와 같을 때, 다음 중 옳지 않은 것은?

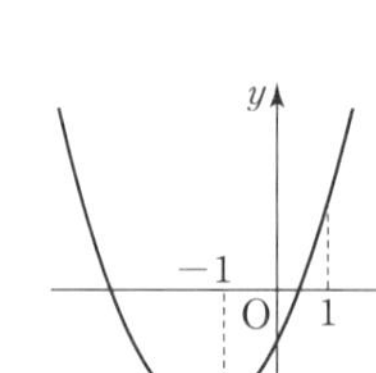

① $abc<0$
② $a-b+c<0$
③ $b^2-4ac>0$
④ $4a+2b+c>0$
⑤ $a^2-b^2+c^2+2ac>0$

핵심 4 오른쪽 그림과 같이 이차함수 $y=-\frac{1}{2}(x+2)^2+3$의 그래프 위의 두 점 C, D와 x축 위에 두 점 A, B로 만든 □ABCD가 정사각형일 때, 이 정사각형 ABCD의 넓이를 구하시오.

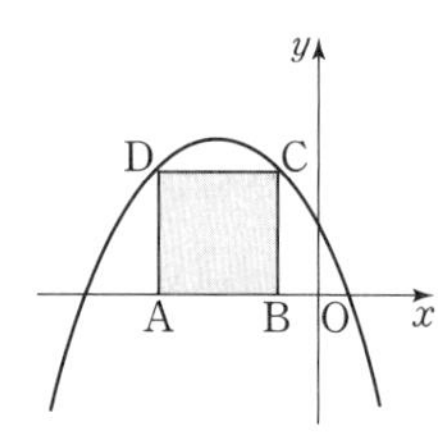

핵심 5 이차함수 $y=x^2+2mx+n$의 그래프가 점 $(1, -2)$를 지나고 꼭짓점이 직선 $4x+4y+3=0$ 위에 있을 때, $m-n$의 값을 구하시오. (단, m, n은 상수)

정답 및 풀이 44쪽

예제 2 이차함수 $y=2x^2-8x+9-a$의 그래프가 모든 사분면을 지나게 되는 a의 값의 범위를 구하시오.

Tip ① 이차함수 식을 $y=a(x-p)^2+q$로 고쳐 꼭짓점의 좌표를 구하여 모든 사분면을 지나는 그래프의 개형을 그린다.
② 꼭짓점과 y절편의 위치를 파악하여 a의 값의 범위를 구한다.

풀이 $y=2x^2-8x+9-a=2(x^2-4x+4-4)+9-a=2(x-\square)^2+1-a$
의 그래프의 모양은 아래로 볼록하고 직선 $x=\square$가 축이므로 모든 사분면을 모두 지나려면 그래프의 개형이 오른쪽 그림과 같아야 한다.

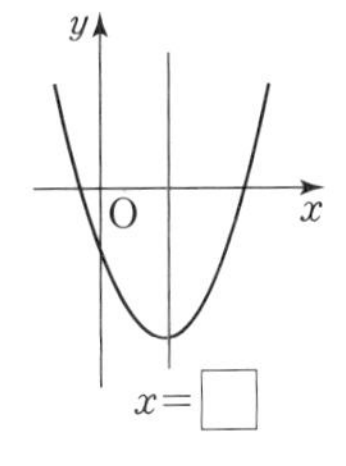

(꼭짓점의 y좌표)$=1-a<0$ $\quad \therefore a>1$ $\quad \cdots$ ㉠
(y절편)$=9-a\square 0$ $\quad \therefore a\square 9$ $\quad \cdots$ ㉡
따라서 ㉠, ㉡에 의해 $a>\square$

답 ____________

응용 1 일차함수 $y=ax+b$의 그래프가 오른쪽 그림과 같을 때, 이차함수 $y=ax^2+abx+b$의 그래프의 꼭짓점은 제몇 사분면에 있는지 구하시오.

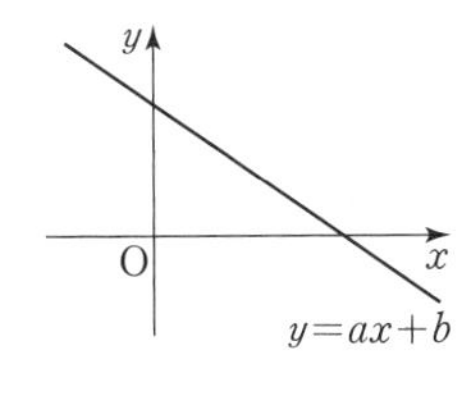

응용 2 오른쪽 그림은 이차함수 $y=x^2+2ax+b$의 그래프이다. $\sqrt{(a-b)^2}+\sqrt{(b-a)^2}$을 간단히 하시오.

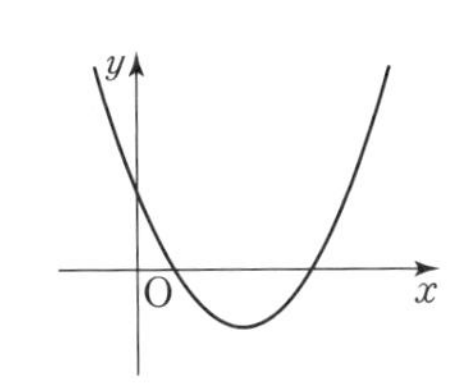

응용 3 한 개의 주사위를 두 번 던질 때, 첫 번째 나온 눈의 수를 a, 두 번째 나온 눈의 수를 b라 하자. 이때 이차함수 $y=x^2-6x+a+b$의 꼭짓점이 제4사분면에 있을 확률을 구하시오.

응용 4 포물선 $y=x^2-2ax+3a^2+2b^2+8b+16$의 꼭짓점이 포물선 $y=x^2-4x+4$ 위에 있을 때, ab의 값을 구하시오. (단, a, b는 상수)

핵심 문제

03 이차함수의 식 구하는 방법

(1) 꼭짓점 (p, q)와 다른 한 점을 알 때 :
이차함수의 식을 $y=a(x-p)^2+q$로 놓고, 다른 한 점의 좌표를 대입하여 a의 값을 구한다.

(2) x축과의 교점의 좌표 $(\alpha, 0)$, $(\beta, 0)$과 다른 한 점을 알 때
이차함수의 식을 $y=a(x-\alpha)(x-\beta)$로 놓고 다른 한 점의 좌표를 대입하여 a의 값을 구한다.

(3) 축의 방정식 $x=p$와 그래프 위의 두 점을 알 때
이차함수의 식을 $y=a(x-p)^2+q$로 놓고 주어진 두 점의 좌표를 대입하여 a, q의 값을 구한다.

(4) 서로 다른 세 점을 알 때
이차함수의 식을 $y=ax^2+bx+c$로 놓고 세 점의 좌표를 대입하여 연립방정식을 세우고 풀어 a, b, c의 값을 구한다.

핵심 1 오른쪽 그림과 같이 꼭짓점의 좌표가 $(-2, -1)$이고 점 $(0, 1)$을 지나는 포물선을 그래프로 하는 이차함수의 식을 $y=ax^2+bx+c$라 할 때, 상수 a, b, c에 대하여 $ab+c$의 값을 구하시오.

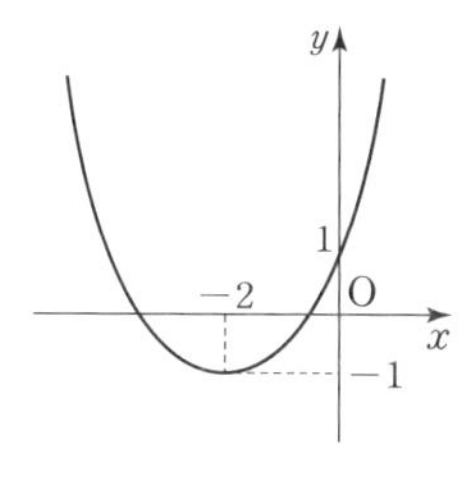

핵심 2 이차함수 $y=-x^2+ax+b$가 점 $(1, -2)$를 지나고 꼭짓점이 직선 $y=-3x+1$ 위에 있을 때, a, b의 값을 구하시오. (단, $a>0$)

핵심 3 세 점 $(-6, 0)$, $(3, 0)$, $(4, -20)$을 지나는 포물선이 y축과 만나는 점의 y좌표를 구하시오.

핵심 4 $x=-3$에서 x축에 접하고, 점 $(-5, 2)$를 지나는 포물선을 그래프로 하는 이차함수의 식을 구하시오.

핵심 5 [그림 1]은 x축과 두 점 $(3, 0)$, $(7, 0)$에서 만나고 꼭짓점의 y좌표가 4인 이차함수의 그래프이고, [그림 2]는 x축 위의 두 점 A, B에서 만나고 꼭짓점이 C인 이차함수의 그래프이다. 또, [그림 2]는 [그림 1]의 그래프를 y축의 방향으로 평행이동한 것이다. 이때 [그림 2]의 세 점 A, B, C를 꼭짓점으로 하는 △ABC의 넓이를 구하시오.

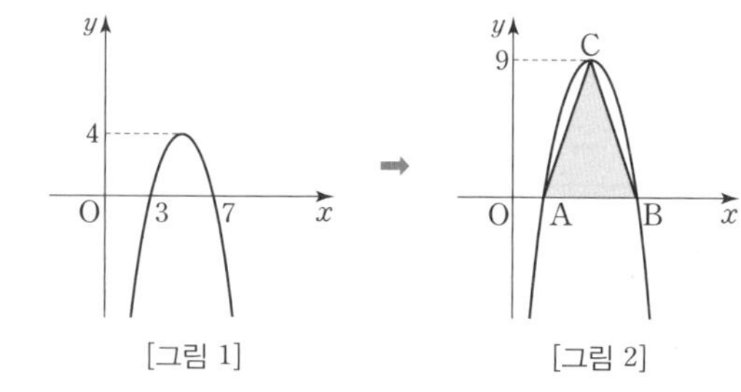

[그림 1] [그림 2]

> 정답 및 풀이 45쪽

예제 3 점 (1, 4)를 지나는 이차함수 $y=x^2+ax+b$의 그래프와 점 (2, 1)을 지나는 이차함수 $y=x^2+mx+n$의 그래프가 y축에 대하여 서로 대칭일 때, 두 직선 $y=ax+b$와 $y=mx+n$의 교점의 좌표를 구하시오. (단, a, b, m, n은 상수)

Tip $y=f(x)$의 그래프를 y축에 대하여 대칭이동한 그래프는 $y=f(-x)$이다.

참고 x축에 대하여 대칭이동한 그래프는 $-y=f(x)$, 원점에 대하여 대칭이동한 그래프 : $-y=f(-x)$

풀이 $y=x^2+ax+b$의 그래프가 점 (1, 4)를 지나므로 $1+a+b=4$

$a+b=\square$ ⋯ ㉠

$y=x^2+mx+n$의 그래프가 점 (2, 1)을 지나므로 $4+2m+n=1$

$2m+n=\square$ ⋯ ㉡

또한 두 함수가 y축에 대하여 서로 대칭이므로 $x^2+ax+b=x^2-\square x+n$

$(a+\square)x+(b-n)=0$ $\quad\therefore a=\square$, $b=n$ ⋯ ㉢

㉠, ㉡, ㉢에 의하여

$a=\square$, $m=\square$, $b=n=\square$

따라서 두 직선 $y=2x+1$, $y=\square x+1$의 교점의 좌표는 $(\square, \square)$이다.

답 ____________

응용 1 포물선 $y=-\frac{2}{3}x^2+8$을 꼭짓점을 중심으로 하여 180° 만큼 회전한 그래프가 점 $(2a, 2a-5)$를 지날 때, 상수 a의 값들의 합을 구하시오.

응용 2 이차함수 $y=ax^2+bx+c$의 그래프가 다음 조건을 모두 만족시킬 때, $b+c+k$의 값을 구하시오.

(단, a, b, c, k는 상수)

조건

(가) 이차함수 $y=-\frac{1}{2}x^2+1$의 그래프의 모양과 같다.

(나) $y=ax^2+bx+c$의 그래프를 y축의 방향으로 -2만큼 평행이동시키면 꼭짓점의 좌표가 $(-2, 4)$이고 점 $(-3, k)$를 지난다.

응용 3 포물선 $y=x^2+4x+5$와 $y=-x^2+8x-17$이 점 A에 대하여 대칭일 때, 점 A의 좌표를 구하시오.

응용 4 x^2의 계수가 -2인 이차함수 $y=f(x)$와 일차함수 $y=g(x)$의 그래프가 오른쪽 그림과 같이 서로 다른 두 점에서 만난다. 이때 일차함수 $y=g(x)$의 그래프의 기울기는?

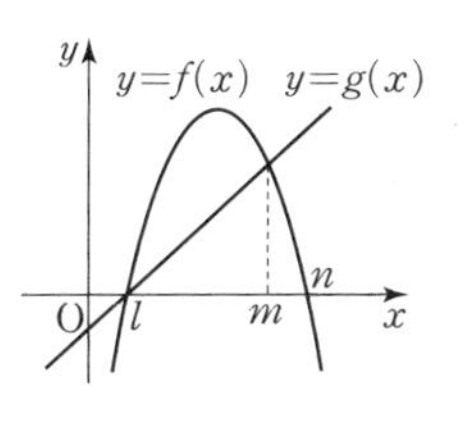

① $m+n$ ② $2m+n$ ③ $2m-n$ ④ $m-2n$ ⑤ $-2m+2n$

IV 이차함수

NOTE

01 두 점 $(1, m)$, $(-1, n)$이 이차함수 $y=ax^2+bx+c$의 그래프 위에 있고, $m-n=-6$이라 할 때, b의 값을 구하시오.

02 세 점 $(0, 16)$, $(-1, 10)$, $(-3, -14)$를 지나는 이차함수 $y=ax^2+bx+c$의 그래프와 x축과의 두 교점 사이의 거리를 구하시오. (단, a, b, c는 상수)

03 이차함수 $y=ax^2+bx$가 제4사분면을 지날 때, a, b의 조건을 구하시오.

04 이차함수 $y=x^2+3x-1$의 그래프 위의 서로 다른 두 점 $A(a, b)$, $B(c, d)$가 직선 $x+y=0$에 대하여 대칭일 때, $a+c$의 값을 구하시오.

NOTE

05 오른쪽 그림의 두 함수 $y=\frac{1}{2}x^2$과 $y=\frac{3}{2}x+\frac{1}{2}$의 그래프에서 가로, 세로의 화살표는 각각 x축, y축에 평행하고 화살표가 그래프와 만나는 점을 차례로 B, C, D, P라고 하자. $A(1, 0)$일 때, 점 P의 좌표를 구하시오.

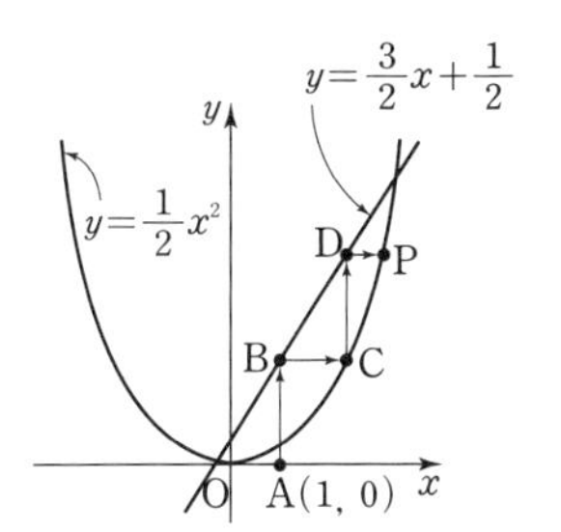

06 두 이차함수 $y=-\frac{1}{3}x^2+2$, $y=a(x-b)^2$의 그래프가 오른쪽 그림과 같이 서로의 꼭짓점을 지날 때, $3a+b$의 값을 구하시오. (단, a, b는 상수)

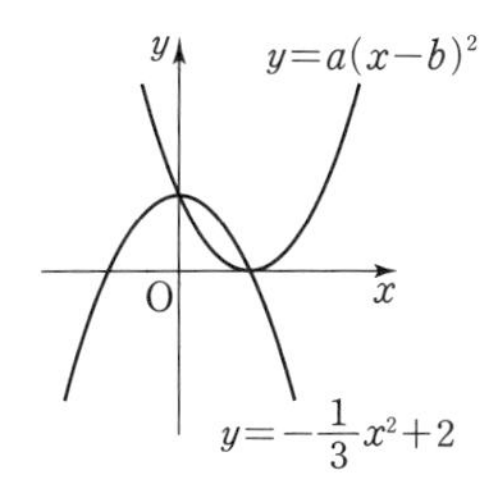

Ⅳ 이차함수

심화 문제

NOTE

07 축의 방정식이 $x=3$이고, x축에 접하는 이차함수의 그래프의 꼭짓점을 A, y축과의 교점을 B라 하자. 원점 O와 두 점 A, B가 이루는 삼각형의 넓이가 6일 때, 이 이차함수의 식을 구하시오. (단, 포물선은 제3, 4사분면을 지나지 않는다.)

08 이차함수 $y=ax^2$의 그래프를 x축에 대하여 대칭이동한 후, x축 방향으로 1만큼, y축 방향으로 q만큼 평행이동한 이차함수의 식이 $y=-2x^2+px+1$일 때, $a+p+q$의 값을 구하시오. (단, a, p는 상수)

09 오른쪽 그림과 같은 두 이차함수 $y=\frac{1}{2}x^2-2$, $y=\frac{1}{2}x^2+1$의 그래프와 두 직선 $x=-1$, $x=2$로 둘러싸인 도형 ABCD의 넓이를 구하시오.

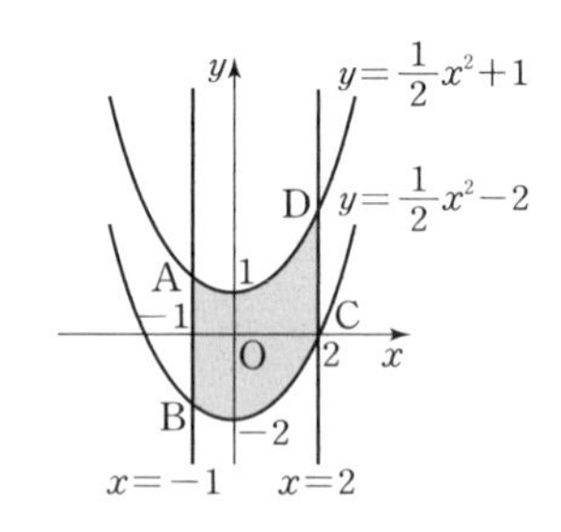

10 음이 아닌 임의의 실수 k에 대하여 이차함수 $y=x^2-6kx+18k^2-6k$의 그래프의 꼭짓점은 어떤 그래프 위를 움직인다. 이때 이 그래프의 식을 구하시오.

NOTE

11 서로 다른 2개의 주사위를 동시에 던져서 나온 눈의 수를 각각 a, b라 할 때, 이차함수 $y=ax^2+b$의 그래프가 두 점 $(2, 6)$, $(-3, 11)$을 지날 확률을 구하시오.

12 $f(1)=3$인 이차함수 $f(x)$와 임의의 실수 x에 대하여 다음 부등식이 성립할 때, $f(3)$의 값을 구하시오.

$$x^2+1 \leq f(x) \leq 3x^2+1$$

심화 문제

NOTE

13 두 이차함수 $y=ax^2+bx+4$, $y=x^2-x-3$의 그래프의 두 교점 A, B를 지나는 직선의 방정식이 $x-y+5=0$일 때, ab의 값을 구하시오.

14 오른쪽 그림과 같이 포물선 $y=-2x^2+4x+6$과 x축과의 교점을 A, B, 꼭짓점을 C라 할 때, 점 A를 지나고 △ABC의 넓이를 이등분하는 직선의 방정식을 구하시오.

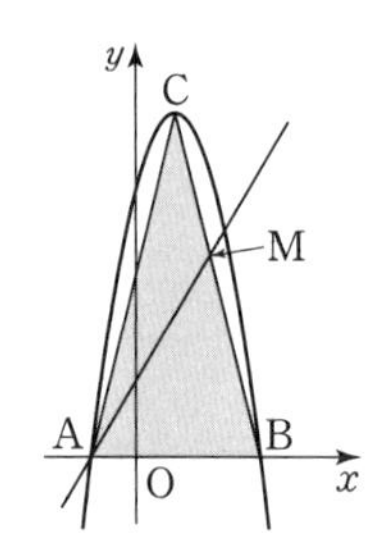

15 이차함수 $f(x)=x^2-k$(k는 상수)에 대하여 서로 다른 세 실수 a, b, c가 $f(a)=b$, $f(b)=c$, $f(c)=a$를 만족할 때, $(a+b)(b+c)(c+a)$의 값을 구하시오.

NOTE

16 이차함수 $f(x)=ax^2+bx+c$가 $f(99)=1994$, $f(100)=2010$, $f(101)=2030$일 때, a의 값을 구하시오. (단, a, b, c는 상수)

17 포물선 C_1 : $y=2x^2-8x+10$을 꼭짓점을 중심으로 180° 회전이동한 다음, y축의 방향으로 평행이동하여 얻은 포물선 C_2가 x축과 만나는 두 점 사이의 거리가 $2\sqrt{2}$이다. 이때 포물선 C_2의 식을 구하시오.

18 오른쪽 그림과 같이 이차함수 $y=(x-3)^2$의 그래프와 y축과의 교점을 A, 점 A를 지나고 x축과 평행한 직선과의 교점을 B라 하자. 주사위를 한 번 던져서 나오는 눈의 수를 m이라 할 때, 직선 $y=x+m$이 $\overline{AB}$와 만날 확률을 구하시오.

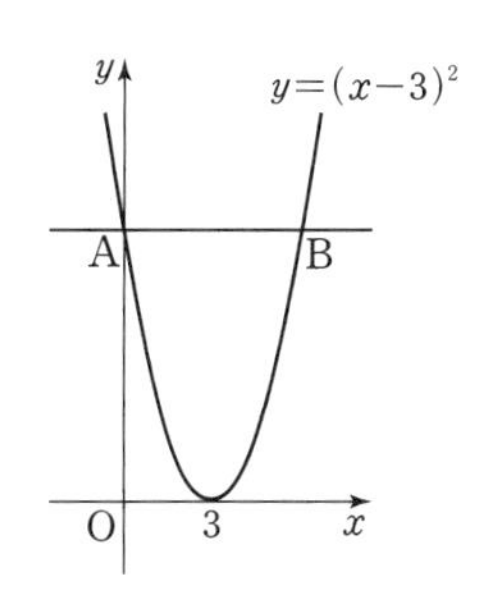

최상위 문제

NOTE

01 두 이차함수 $f(x)=-\frac{1}{2}x^2+3x+\frac{9}{2}$, $g(x)=-\frac{1}{2}x^2+4x+1$에 대하여 다음 식의 값을 구하시오.

$$\frac{f(-96)f(-95)f(-94)\cdots f(0)}{g(-96)g(-95)g(-94)\cdots g(0)}$$

02 이차함수 $y=2x^2-2(a-2)x+a^2-3a-10$의 꼭짓점이 제4사분면에 있고, y축과의 교점의 y좌표가 -6보다 클 때, 꼭짓점의 좌표를 구하시오. (단, a는 정수)

03 두 이차함수 $y=x^2+2px+\sqrt{2}$와 $y=-x^2+2px+\sqrt{2}$의 그래프의 꼭짓점을 각각 A, B라 할 때, $\angle AOB$가 직각이 되도록 실수 p의 값을 모두 구하시오. (단, O는 원점)

04 이차함수 $f(x)=ax^2$의 그래프가 오른쪽 그림과 같다. $g(x)=ax^2+bx+c$에 대하여 $g(x)$의 대칭축이 $x=2$이고, $g(2)=5$일 때, a, b, c의 값을 구하시오.

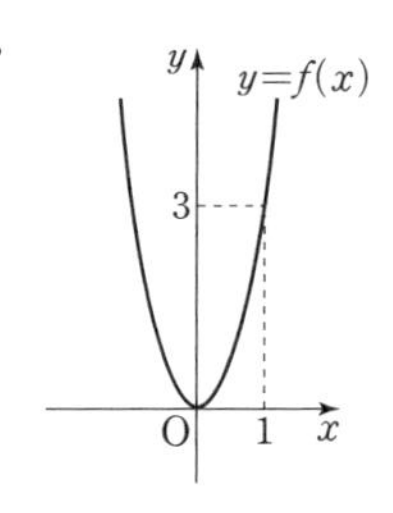

NOTE

05 이차함수 $y=f(x)$에 대하여 $0<f(0)<2$, $2<f(1)<4$, $4<f(2)<6$일 때, $f(3)$의 값의 범위를 구하시오.

06 오른쪽 그림과 같은 이차함수 $y=\frac{1}{2}(x-2)^2+3$의 그래프와 y축과의 교점을 P라 하자. 점 P를 지나면서 x축에 평행한 직선과 $y=\frac{1}{2}(x-2)^2+3$의 그래프와의 교점을 Q라 할 때, 일차함수 $y=-2x+k$의 그래프가 $\overline{PQ}$와 만나기 위한 실수 k의 값의 범위를 구하시오.

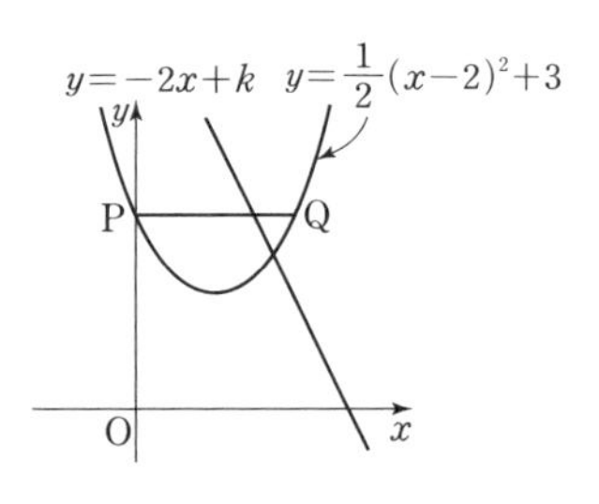

IV 이차함수

최상위 문제

07 오른쪽 그림은 직선 $y=3$과 두 점에서 공통으로 만나는 이차함수 $y=f(x)$와 $y=g(x)$의 그래프이다. $g(x)$의 이차항의 계수가 -3일 때, $f(x)$의 이차항의 계수를 구하시오.

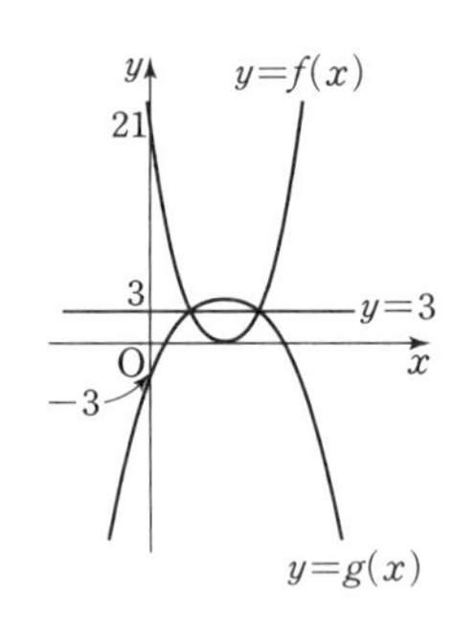

NOTE

08 오른쪽 그림과 같이 포물선 $y=8x^2+5$ 위의 점 A를 지나고 x축, y축에 평행한 직선이 $y=2x^2+5$의 그래프와 만나는 점을 각각 D, B라 하자. 점 A의 x좌표가 a이고, □ABCD가 정사각형일 때, 점 C의 좌표를 구하시오.

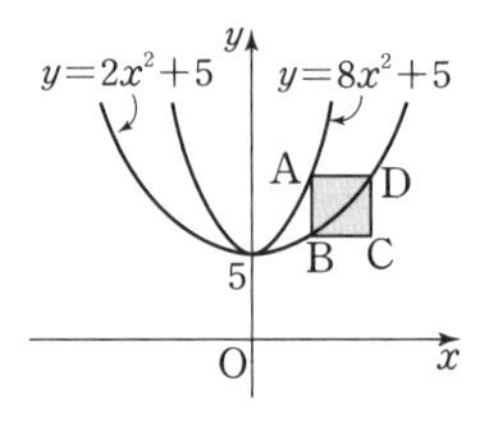

09 함수 $y=f(x)$는 양수 a, b에 대하여 $f(ab)=f(a)+f(b)$, $f\left(\frac{1}{a}\right)=-f(a)$와 같은 성질을 만족한다. $f(1)=0$, $f(2)=3$일 때, $f(x^2-5x-8)=12$, $f\left(\frac{4}{y^2-3y+24}\right)=-12$를 만족하는 양수 x, y에 대하여 $x+y$의 값을 구하시오.

10 이차함수 $y=f(x)$의 그래프가 오른쪽 그림과 같다. 방정식 $f(f(x))=0$의 모든 실근의 합을 구하시오.

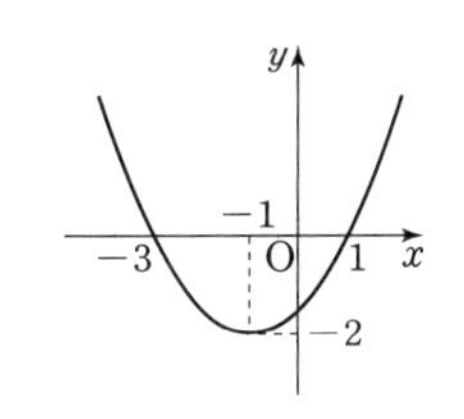

NOTE

11 오른쪽 그림과 같이 이차항의 계수가 -1인 두 이차함수 $y=f(x)$, $y=g(x)$의 그래프가 있다.
함수 $h(x)=f(x)+g(x)$로 정의할 때, $h(x)$가 최대가 되는 x의 값을 구하시오.

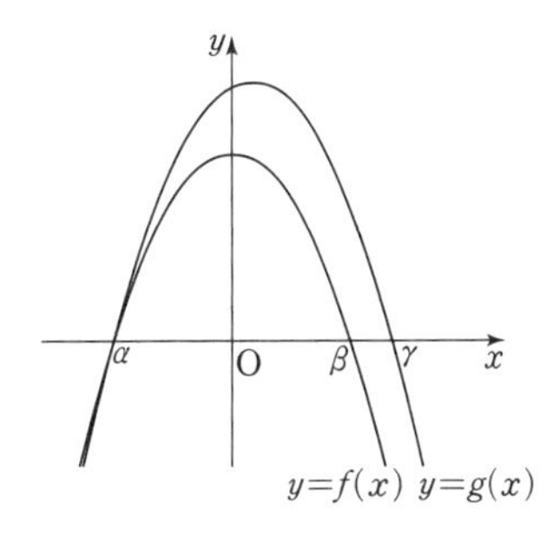

12 오른쪽 그림과 같이 이차함수 $y=\frac{1}{3}x^2(x\geq 0)$의 그래프 위에 점 $A(\sqrt{3}, 1)$이 있다. 원점 O를 중심으로 $\overline{OA}$를 시계 반대 방향으로 $60°$만큼 회전시켰더니 점 A가 y축 위의 점 B와 만났다. 이때 색칠한 부분의 넓이를 구하시오.

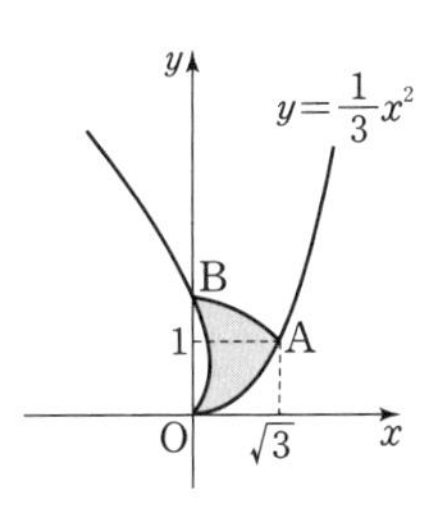

IV 이차함수

최상위 문제

13 이차함수 $y=x^2+ax+b$(단, $a^2-4b>0$)의 그래프가 x축과 만나는 점을 A, B라 하고 꼭짓점을 P라 하자. 이때 $\overline{AB}=k$, $\triangle PAB$는 넓이가 $\frac{\sqrt{3}}{4}k^2$인 정삼각형이 될 때, a^2-4b의 값을 구하시오.

NOTE

14 포물선 $y=\frac{1}{2}x^2 \cdots$ ㉠과 두 직선 $\begin{cases} y=\frac{1}{2}x+3 \cdots ㉡ \\ y=\frac{1}{2}x+6 \cdots ㉢ \end{cases}$ 이 있다.

오른쪽 그림과 같이 ㉠과 ㉡의 교점 A, B 및 ㉠과 ㉢의 교점 C, D로 이루어진 사다리꼴 CABD의 넓이를 구하시오.

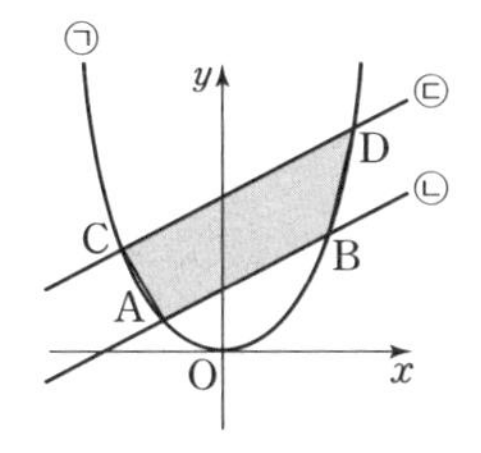

15 오른쪽 그림과 같이 꼭짓점의 좌표가 $(1, 1)$인 이차함수 $y=ax^2+bx+c$의 그래프 위의 두 점 B, C에 대하여 $\triangle ABC$는 한 변의 길이가 $2\sqrt{3}$인 정삼각형이고 $\overline{AB}$는 y축에 평행하다. $\triangle ABC$의 무게중심 G가 y축 위에 있을 때, 점 G의 좌표를 구하시오.

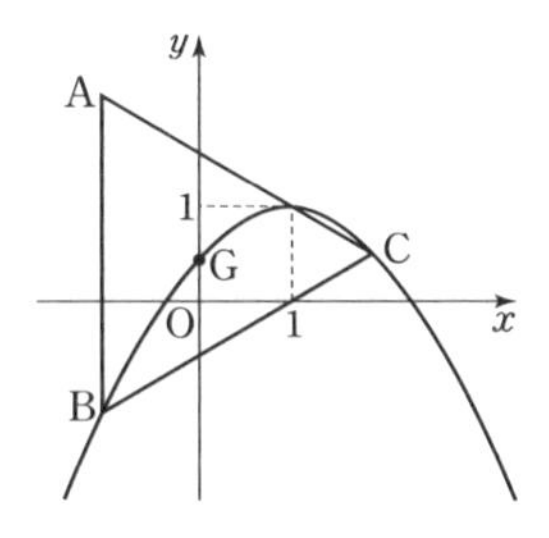

NOTE

16 서로 다른 두 개의 주사위를 동시에 던져서 나온 두 눈의 수를 각각 a, b라고 할 때, 이차함수 $y=-x^2+2(a-b)x-9$의 그래프가 x축과 만나지 않을 확률을 구하시오.

17 오른쪽 그림에서 색칠한 부분은 두 직선 $x=n$, $y=\frac{1}{4}n^2$과 x축, y축으로 둘러싸인 직사각형에서 이차함수 $y=\frac{1}{4}x^2(x\geq0)$의 그래프에 대하여 $x=0$, 1, 2, 3, $\cdots$, n과 그때의 함숫값을 이용하여 n개의 계단 형태로 나열된 직사각형을 제외한 도형이다. 이때 색칠한 부분의 넓이가 225일 때, 자연수 n의 값을 구하시오.

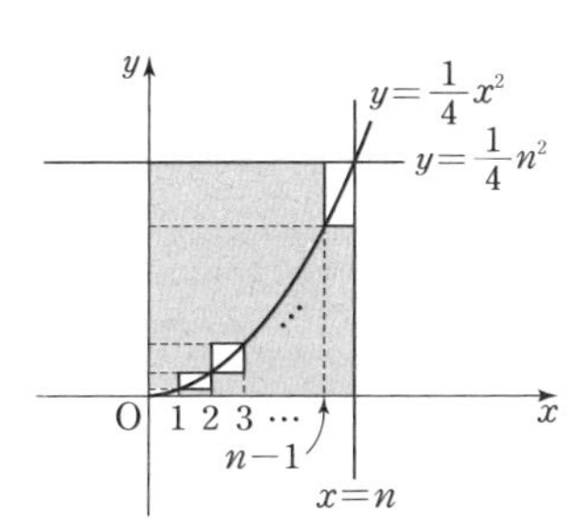

18 포물선 $y=x^2-4x+3$과 직선 $mx-4y-13=0$는 한 점 P에서 만나고, 이 직선 $mx-4y-13=0$을 x축의 방향으로 1만큼, y축의 방향으로 -1만큼 평행이동하면 직선 $y=ax-\frac{1}{4}$과 수직이고, 한 점 Q에서 만난다. 이때 선분 PQ의 길이를 구하시오. (단, $m>0$)

핵심 문제

2 이차함수의 활용

01 이차함수와 이차방정식

(1) 이차함수 $y=ax^2+bx+c$의 그래프와 직선 $y=mx+n$의 교점의 x좌표는 연립방정식 $\begin{cases} y=ax^2+bx+c \\ y=mx+n \end{cases}$ 에서 y를 소거하여 얻은 이차방정식 $ax^2+(b-m)x+c-n=0$의 두 근이다.

(2) 포물선 $y=ax^2+bx+c$와 직선 $y=mx+n$의 위치관계

이차함수 $y=ax^2+bx+c$와 일차함수 $y=mx+n$을 연립한 식 $ax^2+(b-m)x+c-n=0$에서 $(b-m)^2-4a(c-n)$을 D라 할 때, 포물선과 직선의 교점의 개수는 D의 부호에 따라 결정된다.

① 서로 다른 두 점에서 만난다. ⇔ 서로 다른 두 실근 ⇔ $D>0$

② 한 점에서 만난다.(접한다.) ⇔ 중근 ⇔ $D=0$

③ 만나지 않는다. ⇔ 해가 없다. ⇔ $D<0$

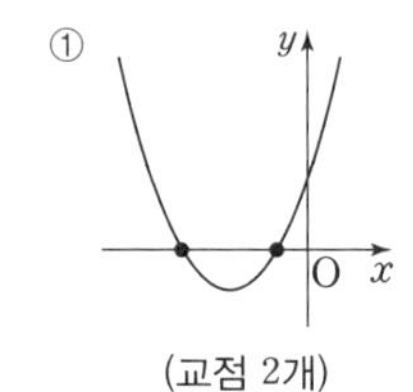

(교점 2개)

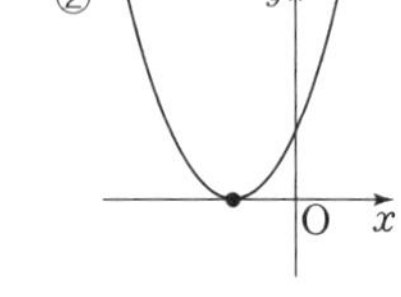

(교점 1개)

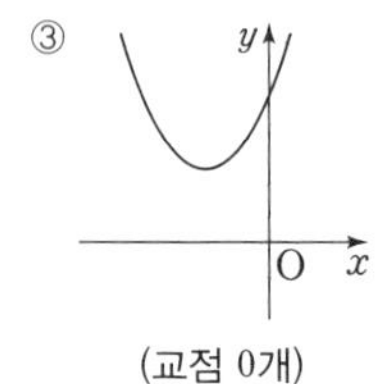

(교점 0개)

핵심 1 다음 조건을 만족하는 이차함수를 보기 중에서 모두 고르시오.

보기

ㄱ. $y=-x^2+4$ ㄴ. $y=\frac{1}{2}x^2+x+\frac{1}{2}$

ㄷ. $y=x^2+4x+5$ ㄹ. $y=-2(x+3)^2$

ㅁ. $y=-\frac{1}{3}x^2+x$ ㅂ. $y=4x^2-3x+1$

(1) 그래프가 x축과 두 점에서 만나는 이차함수

(2) 그래프가 x축과 만나지 않는 이차함수

핵심 2 이차함수 $y=x^2+3x+m$의 그래프가 x축과 접하기 위한 상수 m의 값을 구하시오.

핵심 3 이차함수 $y=-3x^2+3x+k-2$의 그래프가 직선 $y=-x-1$과 만나지 않을 때, 상수 k의 값의 범위를 구하시오.

핵심 4 방정식 $|x^2-4x+3|=k$가 서로 다른 4개의 근을 가지기 위한 k의 값의 범위를 구하는 과정이다. □ 안에 알맞은 수를 써넣으시오.

이차함수 $y=|x^2-4x+3|$과 직선 $y=k$의 그래프를 좌표평면에 나타내면 오른쪽과 같으므로 4개의 교점을 갖기 위한 k의 값의 범위를 구하면 $\square<k<\square$이다.

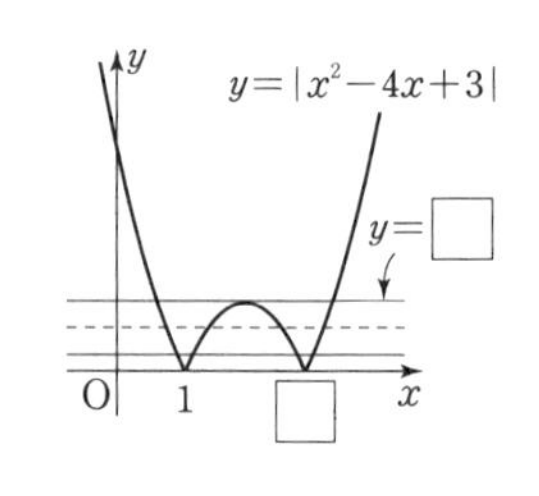

핵심 5 이차함수 $y=x^2$의 그래프를 이용하여 이차방정식 $3x^2-6x+5=0$을 풀 때, 필요한 다른 일차함수의 식을 구하시오.

응용 문제

> 정답 및 풀이 51쪽

예제 1 이차함수 $y=x^2-2mx+m$의 그래프가 x축과 만나는 두 점 사이의 거리가 $2\sqrt{6}$일 때, m의 값들의 합을 구하시오.

Tip x축은 직선 $y=0$과 같으므로 이차함수 $y=x^2-2mx+m$의 그래프가 x축과 만나는 두 점의 x좌표를 α, β라 하면 이차방정식 $x^2-2mx+m=0$의 두 근은 α, β이다.

풀이 이차함수 $y=x^2-2mx+m$의 그래프가 x축과 만나는 두 점의 x좌표를 α, β라 하자.
x축과 만나는 두 점 사이의 거리가 $2\sqrt{6}$이므로 $|\alpha-\beta|=2\sqrt{6}$이다.
$x^2-2mx+m=0$의 두 근이 α, β이므로
$\alpha+\beta=\square$, $\alpha\beta=m$ $\cdots$ ㉠
$(\alpha+\beta)^2=(\alpha-\beta)^2+\square\alpha\beta$에 ㉠을 대입하여 정리하면
$\square m^2-4m-\square=0$
따라서 근과 계수와의 관계에 의해 m의 값들의 합은 $\square$이다.

답 ____________

응용 1 다음 중 이차함수 $y=ax^2+bx+c(a\neq0)$의 그래프가 제2, 3, 4사분면을 지나고, 제1사분면을 지나지 않을 조건은?

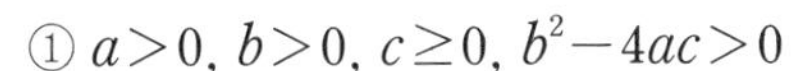

① $a>0$, $b>0$, $c\geq0$, $b^2-4ac>0$
② $a>0$, $b>0$, $c\geq0$, $b^2-4ac<0$
③ $a<0$, $b<0$, $c\geq0$, $b^2-4ac>0$
④ $a<0$, $b<0$, $c\leq0$, $b^2-4ac>0$
⑤ $a<0$, $b<0$, $c\leq0$, $b^2-4ac<0$

응용 2 오른쪽 그림과 같이 이차함수 $y=2x^2$의 그래프와 직선 $y=2x+12$가 만나는 두 점을 A, B라고 할 때, 다음 물음에 답하시오.

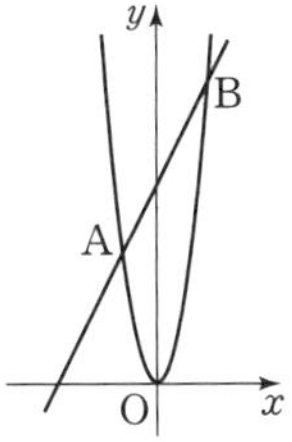

(1) 두 점 A, B의 좌표를 각각 구하시오.

(2) 피타고라스 정리를 이용하여 선분 AB의 길이를 구하시오.

응용 3 자연수 n에 대하여 이차함수 $y=x^2-4nx+4n^2$의 그래프와 직선 $y=2(x+1)-k$가 서로 다른 두 점에서 만나도록 하는 모든 자연수 k의 개수를 $f(n)$이라 하자. 이때 $f(1)-f(2)+f(3)$의 값을 구하시오.

응용 4 이차함수 $y=x^2+3ax+40$의 그래프와 직선 $y=-ax+4b^2$이 만나지 않는다. 이때 자연수 a, b의 순서쌍 (a, b)의 개수는?

① 0개 ② 1개 ③ 2개
④ 3개 ⑤ 4개

핵심 문제

02 이차함수의 최댓값과 최솟값

(1) x의 값의 범위가 실수 전체인 이차함수의 y의 값의 범위

이차함수 $y=ax^2+bx+c=a\left(x+\frac{b}{2a}\right)^2-\frac{b^2-4ac}{4a}$

① $a>0$일 때 y의 값의 범위 : $y\ge\frac{-b^2+4ac}{4a}$　② $a<0$일 때 y의 값의 범위 : $y\le\frac{-b^2+4ac}{4a}$

(2) 이차함수의 최댓값과 최솟값

이차함수 $y=ax^2+bx+c$를 $y=a(x-p)^2+q$의 꼴로 고친 후, a의 부호(그래프의 모양)와 꼭짓점의 좌표 $(p,\ q)$를 이용하여 최댓값, 최솟값을 구할 수 있다.

$a>0$일 때

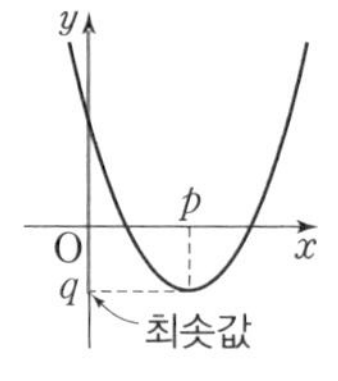

① $x=p$일 때, 최솟값 q를 가진다.
② 최댓값은 없다.

$a<0$일 때

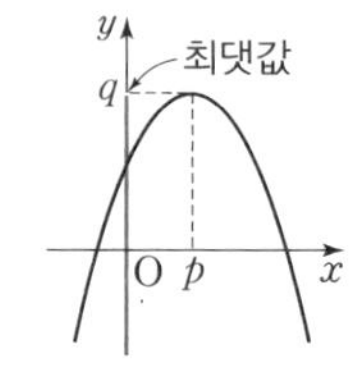

① $x=p$일 때, 최댓값 q를 가진다.
② 최솟값은 없다.

참고 x의 값의 범위가 $m\le x\le n$으로 제한되어 있는 이차함수 $f(x)=ax^2+bx+c$에서 꼭짓점의 x좌표가 주어진 x의 범위에 속하지 않는 경우에는 $f(m)$, $f(n)$ 중 큰 값이 최댓값, 작은 값이 최솟값이 된다.

핵심 1 이차함수 $y=-x^2-4x-m+2$에 대응되는 y의 값의 범위가 $y\le4$일 때, 상수 m의 값을 구하시오.

핵심 2 x의 값의 범위가 $1\le x\le5$일 때, 이차함수 $y=x^2-8x+13$에 대응되는 y의 값 중 최댓값을 M, 최솟값을 m이라 하자. 이때 $M+m$의 값을 구하시오.

핵심 3 이차함수 $y=ax^2+bx+c$는 $x=1$일 때, 최솟값 -5를 갖고, 그래프는 제3사분면을 지나지 않는다고 한다. 이때 상수 a의 값의 범위를 구하시오.

핵심 4 이차함수 $y=x^2+2kx-6k$의 그래프를 x축의 방향으로 -3만큼, y축의 방향으로 2만큼 평행이동하였더니 최솟값이 11이 되었다. 이때 상수 k의 값을 구하시오.

핵심 5 x에 대한 이차함수 $y=f(x)$가 다음 조건을 모두 만족시킬 때, k의 값을 구하시오.

(i) $f(x)=ax^2+4ax+4a+4$이고, $a<0$이다.
(ii) x의 값의 범위가 $-1\le x\le1$일 때 이차함수에 대응되는 y의 값 중 최솟값은 -50이고, 최댓값은 k이다.

핵심 6 이차함수 $y=-x^2+kx-2k$의 최댓값을 M이라 할 때, M의 최솟값을 구하시오. (단, k는 실수)

정답 및 풀이 52쪽

예제 2 $x^2+4y^2=9$일 때, $6x-4y^2$의 최솟값과 최댓값을 각각 m, M이라 하자. $M-m$의 값을 구하시오.

Tip 조건식이 주어졌을 때, 한 문자를 소거하여 주어진 식을 한 문자에 대한 이차함수로 나타내어 그 함수의 최솟값과 최댓값을 구한다.

풀이 $x^2+4y^2=9$에서 $4y^2=9-x^2\geq 0$이므로 $-3\leq x\leq \square$

$6x-4y^2=6x-(9-x^2)=(x+3)^2-\square$

$x=-3$에서 최솟값 $m=\square$, $x=\square$에서 최댓값 $M=\square$을 가진다.

$\therefore M-m=\square$

답 ______

응용 1 이차함수 $y=-x^2+3x+2$의 그래프 위의 점 P에서 직선 $y=x+8$에 이르는 거리가 최소가 되는 점 P의 좌표를 구하시오.

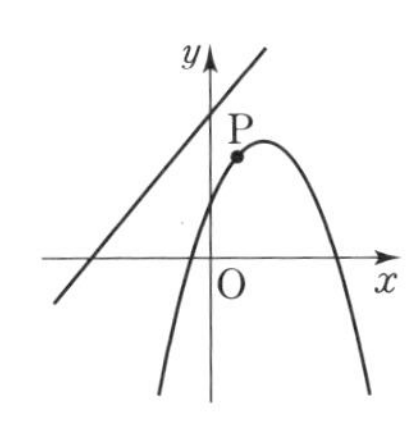

응용 2 x의 값의 범위가 $a\leq x\leq a+4$일 때, 이차함수 $y=-\frac{1}{3}x^2$의 그래프의 y의 값의 범위는 $-3\leq y\leq 0$이다. 이때 a의 값을 모두 구하시오.

응용 3 오른쪽 그림과 같은 모양으로 둘레가 400 m인 트랙을 만들려고 한다. 직사각형의 넓이가 최대가 될 때, 직선 거리인 x의 값을 구하시오.

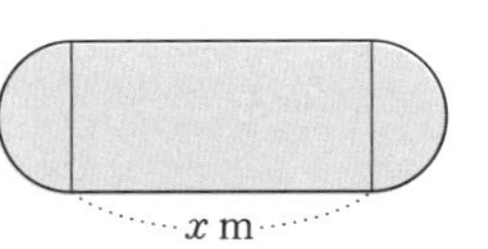

응용 4 함수 $y=x^2+ax+2a-7$의 그래프가 x축과 만나는 두 점 사이의 거리의 최솟값을 구하시오.

응용 5 이차방정식 $x^2-81x+k=0$의 두 근이 모두 소수(prime)일 때, 이차함수 $y=x^2-2kx+159k$의 최솟값을 구하시오. (단, a는 상수)

응용 6 어느 수영장의 월 회비가 6만 원씩이고, 현재 회원이 20명이다. 이 수영장은 회원 수를 늘리기 위하여 신규 회원 1명이 올 때마다 신규 회원을 포함한 모든 회원들의 회비를 1000원씩 깎아주기로 하였다. 수영장의 전체 회원이 몇 명일 때, 가장 많은 이익을 내는지 구하시오.

심화 문제

NOTE

01 이차함수 $y=x^2-2k(x-4)-15$의 그래프가 x축과 만나지 않을 때, 실수 k의 범위를 구하시오.

02 $y=\dfrac{4}{2x^2+4x+a}$의 최댓값이 4일 때, a의 값을 구하시오.

03 이차함수 $y=x^2+mx+n$의 그래프와 x축과의 두 교점 중 한 점의 좌표가 $(4+2\sqrt{5},\ 0)$이다. m, n이 유리수일 때, $m+n$의 값을 구하시오.

NOTE

04 이차함수 $y=3x^2+kx-1$이 x축과 만나는 두 점 사이의 거리가 $\frac{4}{3}$일 때, k의 값을 구하시오.

05 일차함수 $y=f(x)$와 이차함수 $y=g(x)$의 그래프가 오른쪽 그림과 같을 때, $f(x)g(x)\{f(x)-g(x)\}=0$의 서로 다른 해는 모두 몇 개인지 구하시오.

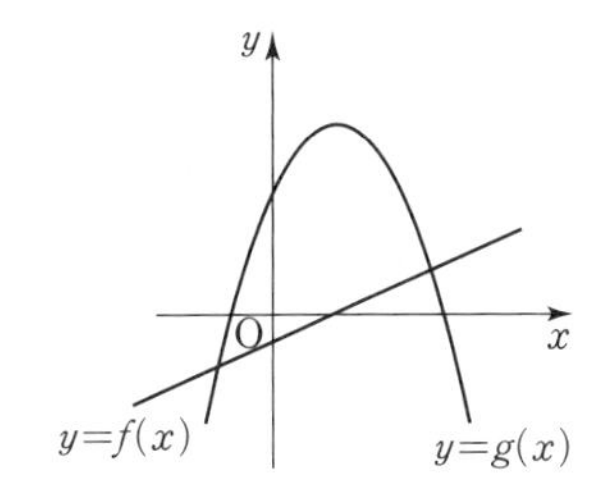

06 이차함수 $y=x^2$과 일차함수 $y=mx+n$의 그래프의 두 교점을 $\mathrm{A}(x_1, y_1)$, $\mathrm{B}(x_2, y_2)$라 할 때, x_1+x_2, x_1x_2를 두 근으로 갖는 이차방정식은 $6x^2-12x-1=0$이다. 이때 $\frac{1}{m}-\frac{1}{n}$의 값을 구하시오.

심화 문제

NOTE

07 직선 $y=kx$가 이차함수 $y=x^2-x+1$과 서로 다른 두 점에서 만나고, $y=x^2+x+1$과 만나지 않을 때, 상수 k의 값의 범위를 구하시오.

08 오른쪽 그림에서 이차함수 $y=\frac{1}{4}x^2$과 직선 $y=x+1$이 만나는 두 점 A, B에서 직선 $y=-1$에 내린 수선의 발을 각각 C, D라 할 때, 사각형 ACDB의 넓이를 구하시오.

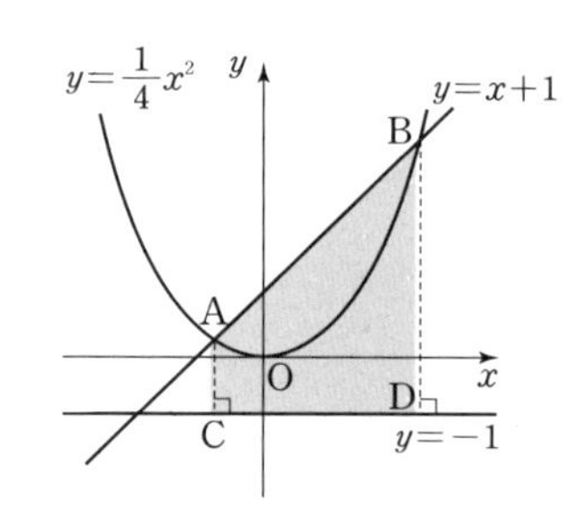

09 오른쪽 그림과 같이 x^2의 계수가 1인 세 이차함수 $y=f(x)$, $y=g(x)$, $y=h(x)$의 그래프가 점 $(-4, 0)$에서 만날 때, 이차함수 $y=f(x)+g(x)+h(x)$의 그래프의 꼭짓점의 좌표를 구하시오.

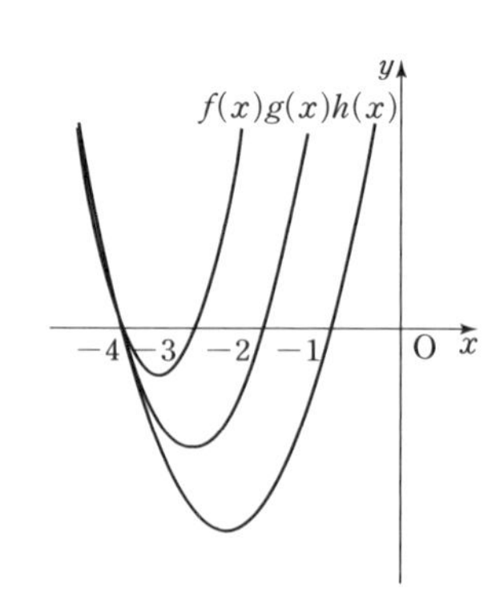

NOTE

10 길이가 12 m인 철망을 한 쪽 벽을 이용하여 양 끝을 직각으로 구부려 오른쪽 그림과 같이 울타리를 만들려고 한다. 이때 울타리 내부의 최대 넓이를 구하시오.

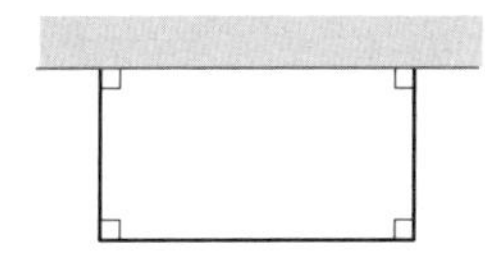

11 이차함수 $f(x)=ax^2+bx+c$는 $x=1$일 때, 최댓값 16을 갖는다. 또한, 이 그래프가 x축과 만나는 두 점 사이의 거리가 8일 때, a, b, c의 절댓값의 합을 구하시오.

12 오른쪽 그림과 같이 단면의 폭이 20 m이고, 깊이가 10 m인 포물선 모양의 수로가 있다. 이때 폭의 중앙에서부터 5 m 떨어진 지점의 깊이를 구하시오.

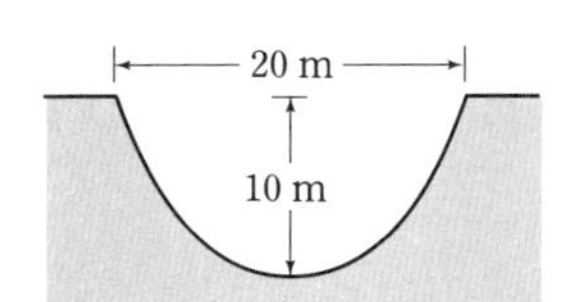

심화 문제

NOTE

13 이차함수 $f(x)=(x-a)(x-c)+(x-b)(x-d)$에서 $f(x)=0$을 만족하는 x의 값을 α, $\beta(\alpha<\beta)$라 할 때, α, β, a, b, c, d의 대소 관계를 구하시오. (단, $d<a<b<c$)

14 $\overline{AB}=6$, $\overline{BC}=4$, $\angle B=90°$인 직각삼각형 ABC 안에 오른쪽 그림과 같이 내접하는 직사각형 BDEF를 그려 넣을 때, □BDEF의 넓이의 최댓값을 구하시오.

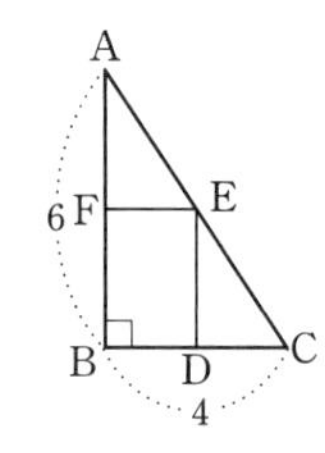

15 오른쪽 그림과 같이 길이가 10 cm인 선분 OQ 위를 움직이는 점 P에 대하여 $\overline{OP}$, $\overline{PQ}$를 각각 한 변으로 하는 두 정사각형 AOPB와 CPQD를 그릴 때, 선분 BD의 최솟값을 구하시오.

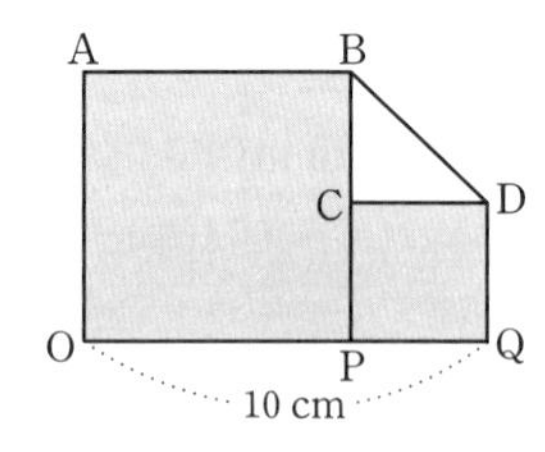

NOTE

16 이차함수 $y=\frac{1}{2}x^2-k$의 그래프가 x축과 만나는 두 교점을 A, B라 할 때, A, B 사이의 거리가 자연수가 되게 하는 k의 값을 모두 구하시오. (단, k는 20보다 작은 자연수)

17 오른쪽 그림과 같이 포물선 $y=x^2$과 직선 $y=2x+k$의 교점을 A, B라 하고, 점 A를 지나고 x축에 평행한 직선이 포물선과 만나는 점을 C, 직선 $y=2x+k$가 y축과 만나는 점을 D라 하자. △ACD : △BCD=1 : 3일 때, k의 값을 구하시오.

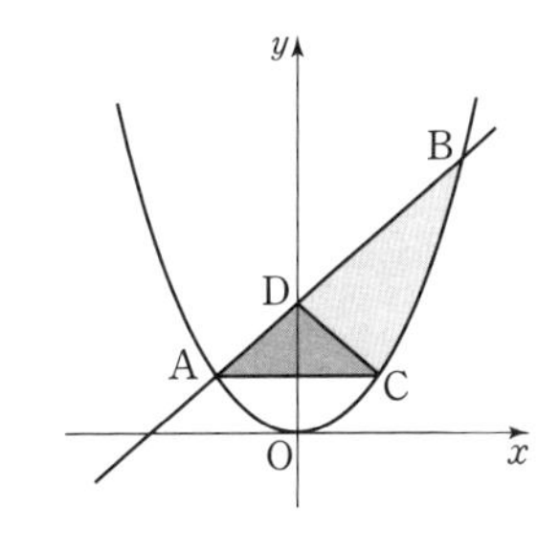

18 이차함수 $y=x^2$의 그래프 위에 점 A$(2, 4)$에서 x축에 내린 수선의 발을 B라 하자. $\overline{AB}$의 이등분점 P와 포물선 $y=x^2$ 위의 점 Q에 대하여 △AOP의 넓이와 △QOP의 넓이가 같을 때, Q의 좌표를 구하시오. (단, 점 Q는 제2사분면 위에 있다.)

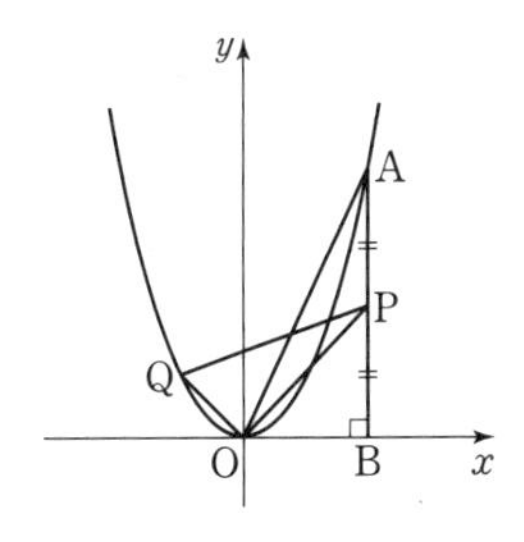

IV 이차함수

최상위 문제

NOTE

01 이차함수 $y=mx^2+(m+2)x+7m$의 그래프의 x절편은 α, β이고, $\alpha<1<\beta$이다. 이때 m의 값의 범위를 구하시오.

02 이차함수 $y=ax^2-2ax+a+2$의 그래프가 모든 사분면을 지나게 되는 a의 값의 범위를 구하시오.

03 이차방정식 $x^2-2kx-k=0$의 두 근이 모두 -1과 1 사이에 있을 때, 실수 k의 값의 범위를 구하시오.

04 x의 이차방정식 $x^2+(a+1)x+a^2-1=0$이 실근 α, β를 가질 때, $\alpha^2+\beta^2$의 최댓값과 최솟값의 합을 구하시오.

NOTE

05 서로 다른 두 이차함수 $y=x^2+ax$, $y=x^2+bx$에 공통으로 접하는 직선을 $y=mx+n$이라 할 때, m이 가질 수 있는 값의 범위는 $p \le m \le q$이다. 이때 pq의 값을 구하시오.

(단, $-5 \le a \le -1$, $1 \le b \le 8$)

06 x, y가 실수이고, $2x^2+y^2=4x$를 만족할 때, x^2+y^2-x+1의 최댓값을 M, 최솟값을 m이라 하면 $4M-5m$의 값을 구하시오.

최상위 문제

07 이차함수 $y=x^2-4x+7$의 그래프를 x축의 방향으로 a만큼, y축의 방향으로 b만큼 평행이동하였더니 $y=2x+1$과 한 점에서 만났다. 이때 그래프의 이동거리 l에 대하여 $l^2=a^2+b^2$의 최솟값을 구하시오.

NOTE

08 오른쪽 그림과 같은 사다리꼴의 내부 안에 넣을 수 있는 직사각형의 최대 넓이를 구하시오.

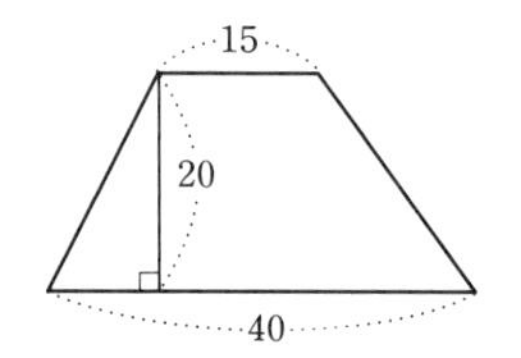

09 오른쪽 그림과 같이 반지름의 길이가 3인 원 안에 두 개의 정사각형 ABCD와 EFGB가 있다. 두 점 D, F는 원주 위에, 세 점 A, B, G는 한 직선 위에 각각 있을 때, 두 정사각형의 넓이의 합의 최솟값을 구하시오. (단, $\overline{\mathrm{FD}}$는 이 원의 지름이다.)

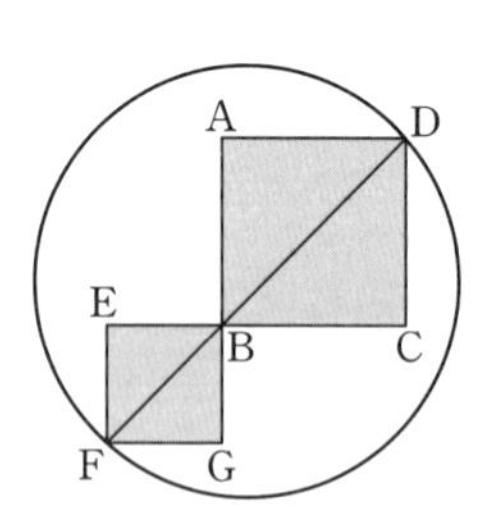

NOTE

10 이차함수 $y=(x-1)^2$의 그래프 위의 한 점 P에서 x축에 평행한 직선을 그어 직선 $y=-x-2$와 만나는 점을 Q라 할 때, $\overline{PQ}$의 최소 길이를 구하시오.

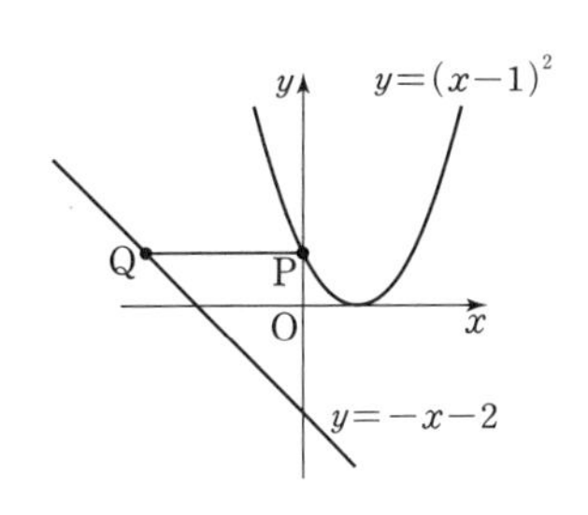

11 직선 $y=x-6$과 x축, y축과의 교점을 각각 A, B, 이차함수 $y=x^2$ 위의 한 점을 C라 할 때, △ABC의 넓이의 최솟값을 구하시오.

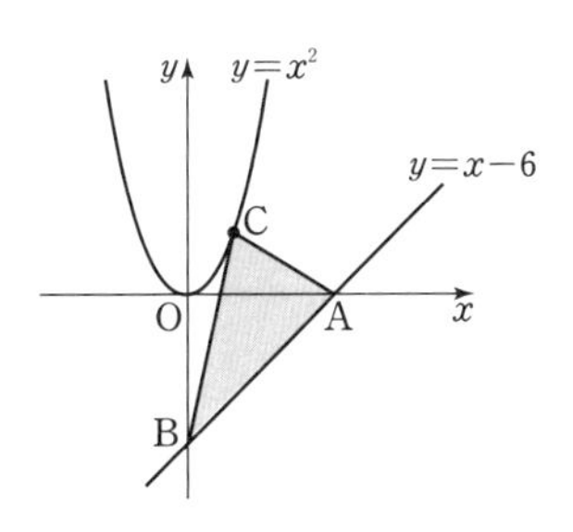

12 이차함수 $f(x)=x^2-2x+a$가 다음 조건을 만족시킬 때, a의 최솟값을 구하시오.

$f(x)\le 149$, $-9\le x\le 7$이다.

NOTE

13 이차방정식 $\begin{cases} (x+1)^2=1-x & \cdots ㉠ \\ x^2-3ax+x=a-2a^2 & \cdots ㉡ \end{cases}$ 이 있다. ㉡의 근이 ㉠의 두 근 사이에 있을 때, a의 값의 범위를 구하시오.

14 오른쪽 그림과 같이 직각삼각형 ABO 안에 직사각형 ODCE를 그리려고 한다. □ODCE의 넓이가 최대가 될 때, $\overline{OD}$와 $\overline{DC}$의 길이의 비를 가장 간단한 자연수의 비로 나타내시오.

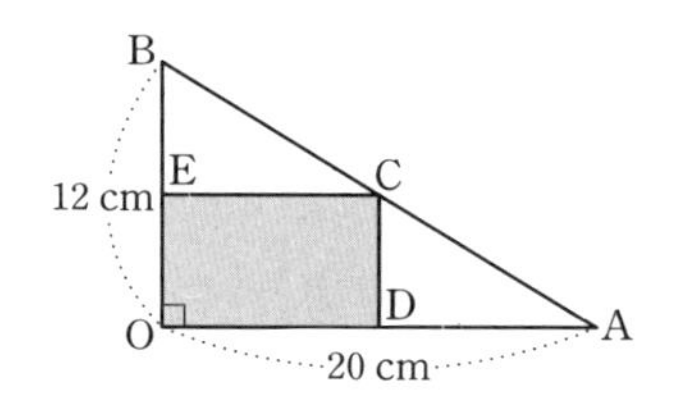

15 오른쪽 그림과 같이 점 P는 x축 위의 한 점 A를 출발하여 1초에 2 cm의 속도로 점 O를 향해 움직이고, 점 Q는 y축 위의 한 점 B를 출발하여 1초에 3 cm의 속도로 점 O의 반대 방향으로 움직인다. $\overline{OA}=12\text{ cm}$, $\overline{OB}=6\text{ cm}$이고 두 점 P, Q가 동시에 움직일 때, △OPQ의 넓이가 최대가 되는 것은 몇 초 후인지 구하시오.

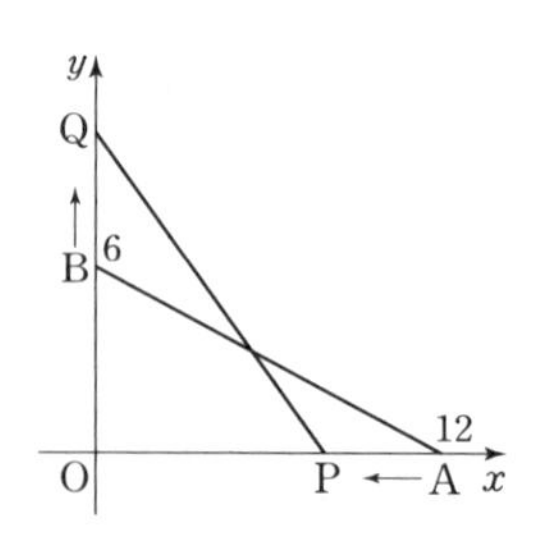

NOTE

16 두 이차함수 $f(x)=-3x^2+bx+c$, $g(x)=ax^2+2x+2$는 모두 점 $A(-2, 2)$, $B(3, 17)$을 지난다. 또, y축에 평행하고, 선분 AB와 만나는 직선이 $y=f(x)$, $y=g(x)$의 그래프와 만나는 교점을 각각 P, Q라 할 때, 선분 PQ의 길이의 최댓값을 구하시오.

17 x에 대한 이차방정식 $x^2-ax+(1+a)^2-5=0$의 두 실근을 p, q라 할 때, $(1+p)(1+q)$의 최댓값과 최솟값을 각각 구하시오. (단, a는 상수)

18 오른쪽 그림과 같이 점 $(2, 7)$을 지나는 직선이 포물선 $y=x^2$과 원점이 아닌 두 점 P, Q에서 만난다. $\angle POQ=90°$일 때, 직선 PQ의 방정식을 구하시오.

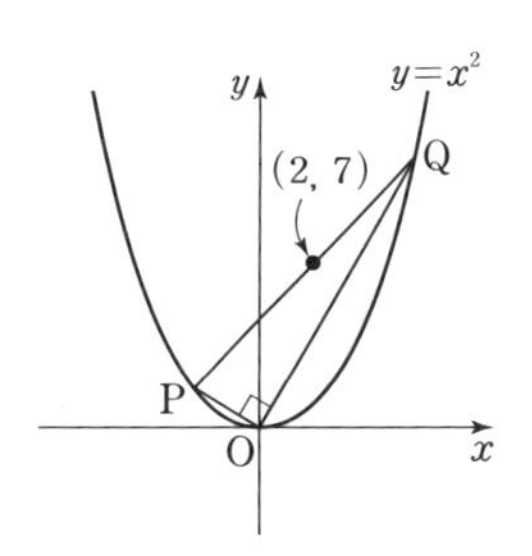

특목고 / 경시대회 실전문제

01 주사위를 세 번 던져서 나온 수를 차례대로 a, b, c라 할 때, 이차함수 $y=ax^2-bx-c$의 그래프가 점 $(-1, 0)$을 지나고 꼭짓점의 x좌표가 1이 될 확률을 구하시오.

NOTE

02 오른쪽 그림은 이차함수 $y=ax^2+bx+c$의 그래프이다.
$\overline{OA}:\overline{OB}:\overline{OC}=2:3:1$일 때, $\frac{b+c}{a}$의 최댓값을 구하시오.

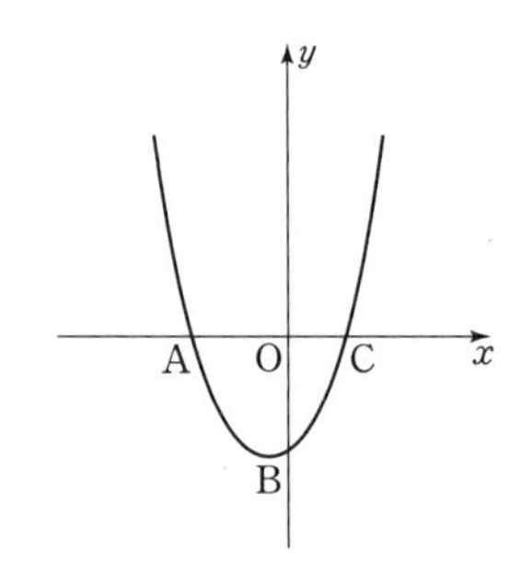

03 오른쪽 그림은 이차함수 $y=\frac{4}{15}x^2-\frac{8}{3}x$의 그래프의 x축에 대하여 대칭인 그래프에 내접하는 정사각형 ABCD를 그린 후, 다시 □ABCD의 내접원 안에 내접하는 정사각형 PQRS를 그린 것이다. 색칠한 부분의 넓이를 구하시오.

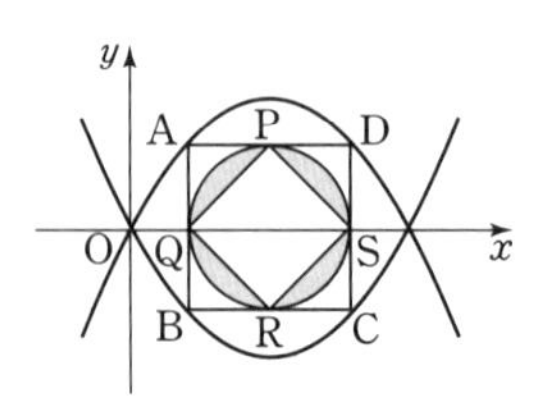

04 세 점 $(0, 3)$, $(1, 3)$, $(2, 1)$을 지나는 포물선 $y=ax^2+bx+c$와 직선 $y=-x+k$가 한 점 A에서 접한다. 점 B는 직선 $y=-x$ 위의 점일 때, 두 점 A와 B 사이의 거리의 최솟값을 구하시오. (단, a, b, c, k는 상수)

NOTE

05 오른쪽 그림과 같이 이차함수 $y=(x-4)^2-16$의 그래프와 x축 위에 다각형을 그렸다. 다각형의 각 변은 x축 또는 y축에 평행하거나 x축 위에 있다. 6개의 점 B, D, F, J, L, N은 포물선 위의 점이고, 원점 O와 점 H는 그래프가 x축과 만나는 점이다. 또, $\overline{AP}$는 그래프의 꼭짓점을 지나고 $\overline{BC}=\overline{DE}=\overline{FG}=\overline{IJ}=\overline{KL}=\overline{MN}=1$, $\overline{AP}=2$일 때, 색칠한 다각형의 넓이를 구하시오.

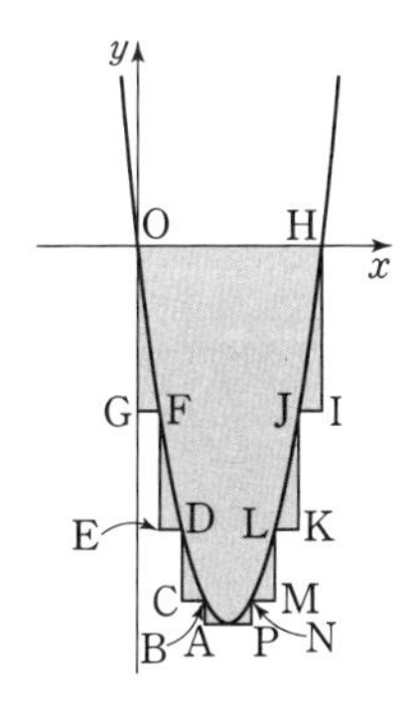

06 두 이차함수 $y=\frac{1}{2}x^2$ ⋯ ㉠, $y=-\frac{3}{2}x^2$ ⋯ ㉡이 있다. 오른쪽 그림과 같이 ㉠ 위의 두 점 A, B와 ㉡ 위의 두 점 C, D로 이루어지는 직사각형 ABCD에서 점 A의 y좌표가 $\frac{3}{2}$일 때, △AED를 $\overline{AD}$를 축으로 하여 1회전 시켰을 때, 생기는 회전체의 부피를 구하시오.

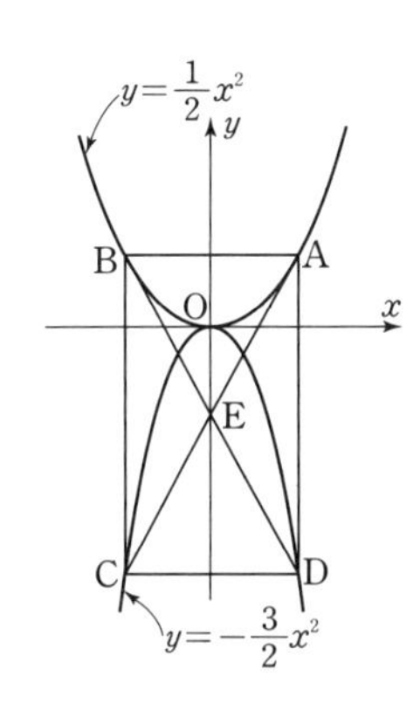

Ⅳ 이차함수

07 오른쪽 그림은 145 cm의 높이에서 공을 던졌을 때, 공이 움직이는 자취를 나타낸 것이다. 공은 던진 곳에서부터 거리가 70 cm인 지점에서 처음 땅에 떨어졌다가 다시 튀어 올라서 그 지점에서부터 거리가 40 cm인 지점에 두 번째로 땅에 떨어졌다. 이와 같이 공이 포물선을 그리면서 튀어 오를 때, 처음 땅에 떨어진 위치에서 10 cm 떨어진 곳에서의 공의 높이가 90 cm이었다. 튀어 오른 공의 최고 높이는 몇 cm인지 구하시오.

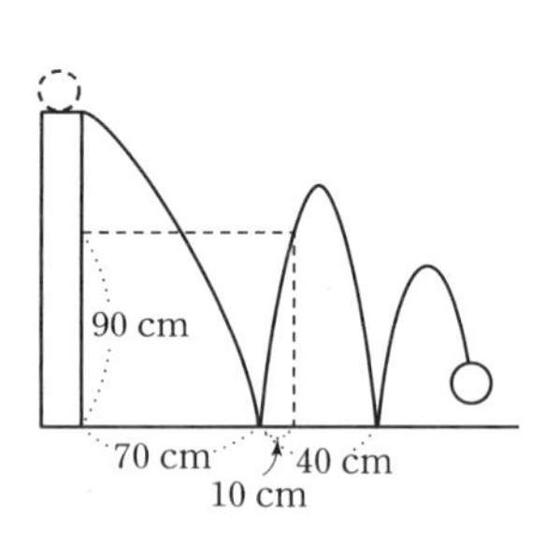

NOTE

08 두 실수 a, b에 대하여 $\text{Max}\{a, b\}=\begin{cases} a(a\geq b) \\ b(a<b) \end{cases}$로 정의한다. $0\leq x\leq 6$일 때, $f(x)=\text{Max}\{|x-3|, -x^2+8x-11\}$의 최댓값과 최솟값을 구하시오.

09 오른쪽 그림은 양수 a에 대하여 이차함수 $y=\frac{1}{a}x^2$의 그래프를 x축 방향으로 a만큼 평행이동한 것이다. 정사각형 OABC의 넓이가 $50(7-3\sqrt{5})$일 때, 직사각형 OPQR에서 $\overline{\text{PQ}}$의 길이를 구하시오.

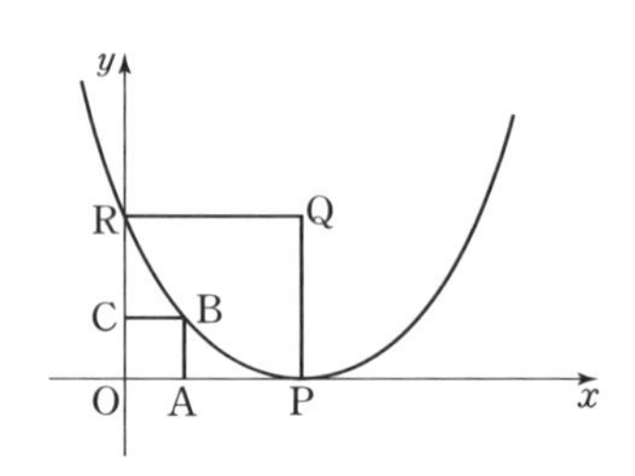

중학수학

절대강자

중학수학

절대강자

중학수학

정답 및 해설

특목에 강하다! 경시에 강하다!

최상위

3·1

중학수학

절대강자

중학수학

절대강자

특목에 강하다! 경시에 강하다!

최상위

정답 및 해설

3·1

I. 실수와 그 연산

1 제곱근과 실수

핵심문제 01

6쪽

1 ③ **2** $-\sqrt{11}$ **3** $-3x$
4 다섯 자리의 수 **5** ② **6** ⑤

1 ③ $(-3)^2$의 제곱근은 ±3이므로 $a=\pm3$

2 169의 제곱근은 ±13이고
$a<b$이므로 $a=-13$, $b=13$
$\sqrt{2b-7a+4}=\sqrt{121}=11$
따라서 11의 음의 제곱근은 $-\sqrt{11}$이다.

3 $3x+4<2x+4 \quad \therefore x<0$
$-\sqrt{16x^2}+(-\sqrt{-3x})^2+\sqrt{(-4x)^2}$
$=-(-4x)+(-3x)+(-4x)$
$=4x-3x-4x=-3x$

4 $1\times2\times3\times4\times5\times6\times7\times8\times9\times10=2^8\times3^4\times5^2\times7$
$50=5^2\times2=\sqrt{2^2\times5^4}$
(주어진 식)$=\sqrt{2^2\times5^4\times2^8\times3^4\times5^2\times7}$
$=\sqrt{2^{10}\times3^4\times5^6\times7}$
$=\sqrt{9072\times2^6\times5^6}$
$=\sqrt{9072}\times10^3$
$95<\sqrt{9072}<100$이므로 $\sqrt{9072}$는 두 자리의 수이다.
따라서 $\sqrt{9072}\times10^3$은 다섯 자리의 수이다.

5 $2475=(3\times5)^2\times11$
$\therefore a=11$
$23^2<572<24^2$
$\therefore b=24^2-572=4$
$\therefore a+b=11+4=15$

6 $[\sqrt{x}\,]=11$ ➡ $11\le\sqrt{x}<12$ ➡ $121\le x<144$
$[\sqrt{100x}\,]=110$ ➡ $110\le\sqrt{100x}<111$
➡ $11\le\sqrt{x}<11.1$
➡ $121\le x<123.21$
$\therefore \dfrac{123.21-121}{144-121}=\dfrac{2.21}{23}=\dfrac{221}{2300}$

응용문제 01

7쪽

예제 ① $<$, $>$, $a-b$, $b-a$, b, a, $a-b$ / $a-b$
1 (1) x (2) $-a-5b$ **2** 4 **3** 24개
4 3

1 (1) $0<x<2$이므로
$x-2<0$, $2-x>0$, $-2<-x<0$
$\sqrt{(x-2)^2}-\sqrt{(2-x)^2}+\sqrt{(-x)^2}$
$=-(x-2)-(2-x)-(-x)$
$=-x+2-2+x+x$
$=x$
(2) $a<0$, $b>0$이므로
$3a<0$, $-3b<0$, $-2a>0$, $2b>0$, $a-b<0$
$\sqrt{9a^2}=\sqrt{(3a)^2}=-3a$, $\sqrt{(-3b)^2}=-(-3b)=3b$
$\sqrt{(-2a)^2}=-2a$, $\sqrt{4b^2}=\sqrt{(2b)^2}=2b$
$\sqrt{(\sqrt{9a^2}-\sqrt{(-3b)^2})^2}-(\sqrt{(\sqrt{(-2a)^2}+\sqrt{4b^2})^2}$
$=\sqrt{(-3a-3b)^2}-\sqrt{(-2a+2b)^2}$
$=\sqrt{\{-3(a+b)\}^2}-\sqrt{\{-2(a-b)\}^2}$
$=-3(a+b)-\{-2(a-b)\}$
$=-3a-3b+2a-2b$
$=-a-5b$

2 $5.\dot{a}=5+0.\dot{a}=5+\dfrac{a}{9}=\dfrac{45+a}{9}$
$\sqrt{5.\dot{a}}=\sqrt{\dfrac{45+a}{9}}$가 유리수이므로 $45+a$는 0 또는 제곱수가 되어야 한다.
$45+a=49, 64, 81, \cdots$에서 $a=4, 19, 36, \cdots$
따라서 한 자리의 자연수 a는 4이다.

3 오른쪽 그림과 같은 정사각형 PQRS의 넓이가 $5\,\text{cm}^2$이므로 한 변의 길이가 $\sqrt{5}\,\text{cm}$이다. 즉, 가로 2 cm, 세로 1 cm 또는 가로 1 cm, 세로 2 cm인 직사각형의 대각선의 길이가 $\sqrt{5}\,\text{cm}$이다.
따라서 모두 24개이다.

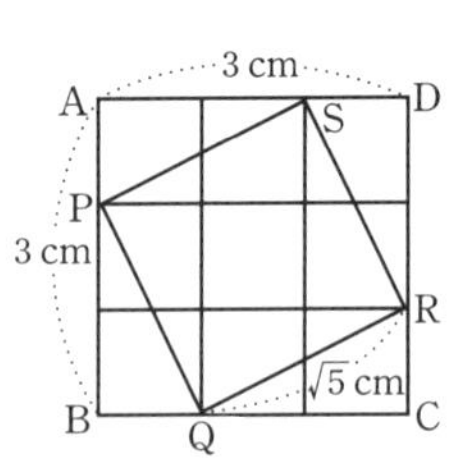

4 $\sqrt{a+\sqrt{a+\sqrt{a+\cdots}}}=x$이면 $\sqrt{a+x}=x$임을 이용한다.
$x=\sqrt{3+\sqrt{3+\sqrt{3+\cdots}}}$의 양변을 제곱하면
$x^2=(\sqrt{3+\sqrt{3+\sqrt{3+\cdots}}}\,)^2=3+\sqrt{3+\sqrt{3+\sqrt{3+\cdots}}}$
즉, $x^2=3+x$
$\therefore x^2-x=3$

핵심문제 02

8쪽

1 ②, ④ **2** (1) 5 (2) 19개 **3** ③

1 □ 안에 들어갈 말은 '실수'이다.
② 근호를 사용하여 나타낸 수 중 근호가 벗겨지는 수는 유리수이다. $\sqrt{4}=2$
④ 무한소수 중 순환하는 무한소수는 유리수이고, 순환하지 않은 무한소수는 무리수이다.

2 (1) $f(33)$은 $\sqrt{33}$의 정수 부분이다.
$5<\sqrt{33}<6$이므로 $f(33)=5$
(2) $f(n)=9$이므로
$9\le\sqrt{n}<10$
$81\le n<100$
따라서 자연수 n의 개수는 $100-81=19$(개)

3 $\sqrt{\left(\frac{19}{4}\right)^2}=\frac{19}{4}=4.75$
$7-\sqrt{3}=7-1.732=5.268$
따라서 A는 ㉢ 구간에 속하는 수이다.
㉢ 구간에 속하는 수를 찾으면 ③ 5.4이다.

응용문제 02

9쪽

예제 2 121, $\sqrt{120}$, $\sqrt{120}$, 2, 10, 2, 10, $\frac{1}{4}$, $\frac{1}{4}$, $\frac{1}{4}$, -1 / -1

1 4명 **2** 2 **3** 2.145, 2 **4** ㄱ, ㄷ

1 나현 : $\sqrt{0.0121}=0.11$은 유한소수(유리수)이므로 B에만 속한다.
동수 : 수직선은 무리수(C)에 대응하는 점으로 빈틈없이 채울 수 없다.
명진 : (반례) $\sqrt{3}-1$, $-\sqrt{3}$은 모두 무리수이지만 $(\sqrt{3}-1)-\sqrt{3}=-1$은 A에 속한다.
보람 : $-\sqrt{2}$와 -1 사이에는 음의 정수가 없다.

2 (나)에서 $1\le\sqrt{nx}<2$이므로 $1\le nx<4$
(가)에 의해 $nx=1, 2, 3$ $\therefore x=\frac{1}{n}, \frac{2}{n}, \frac{3}{n}$
$\frac{1}{n}+\frac{2}{n}+\frac{3}{n}=3$, $\frac{6}{n}=3$ $\therefore n=2$

3 $2y-2x=4x-12y$, $6x=14y$, $x=\frac{7}{3}y$

$$\frac{2x+3y}{2x-3y}=\sqrt{\frac{2\times\frac{7}{3}y+3y}{2\times\frac{7}{3}y-3y}}=\sqrt{\frac{\frac{23}{3}y}{\frac{5}{3}y}}$$
$$=\sqrt{\frac{23}{5}}=\sqrt{4.6}=2.145$$

따라서 가장 가까운 정수는 2이다.

4 ㄱ. $\sqrt{2}+\sqrt{3}$은 무리수이고 두 정수 m, n으로 이루어진 $\frac{n}{m}$(단, $m\neq0$)은 유리수이므로 정수 m, n은 존재하지 않는다.
ㄴ. 5와 6 사이의 자연수의 양의 제곱근을 $\sqrt{x}$라 하면
$5<\sqrt{x}<6$, $25<x<36$
따라서 $\sqrt{x}$는 $\sqrt{26}$, $\sqrt{27}$, $\sqrt{28}$, $\cdots$, $\sqrt{35}$의 10개이다.
ㄷ. $2n=\sqrt{4n^2}$, $3n=\sqrt{9n^2}$이므로 구하는 점의 개수는
$(9n^2-1)-(4n^2+1)+1=5n^2-1$
이때 n이 홀수이면 $5n^2-1$은 짝수, n이 짝수이면 $5n^2-1$은 홀수이다.

핵심문제 03

10쪽

1 ③ **2** (1) 10 (2) $\frac{1}{2}k$ **3** $2\sqrt{5}$
4 $a=3\sqrt{3}$, $d=2\sqrt{2}$ **5** (1) 4, 16 (2) 98

1 ① $\sqrt{6000}=10\sqrt{60}$
② $\sqrt{61000}=100\sqrt{6.1}$
③ $\sqrt{60100}=100\sqrt{6.01}$
④ $\sqrt{0.601}=\frac{1}{10}\sqrt{60.1}$
⑤ $\sqrt{0.000611}=\frac{1}{100}\sqrt{6.11}$

2 (1) $a\sqrt{b}=10\sqrt{0.63}=\sqrt{63}=3\sqrt{7}$ $\therefore a+b=10$
(2) $\sqrt{3.25}=\sqrt{\frac{325}{100}}=\frac{\sqrt{325}}{10}=\frac{5\sqrt{13}}{10}=\frac{1}{2}k$

3
$$a\sqrt{\frac{2b}{9a}}+b\sqrt{\frac{8a}{9b}}=\sqrt{a^2\times\frac{2b}{9a}}+\sqrt{b^2\times\frac{8a}{9b}}$$
$$=\sqrt{\frac{2ab}{9}}+\sqrt{\frac{8ab}{9}}$$
$$=\sqrt{\frac{20}{9}}+\sqrt{\frac{80}{9}}$$
$$=\frac{2\sqrt{5}}{3}+\frac{4\sqrt{5}}{3}=2\sqrt{5}$$

4 $\frac{3\sqrt{2}}{a}=\frac{2\sqrt{3}}{3\sqrt{2}}=\frac{d}{2\sqrt{3}}$이므로

$a=\frac{(3\sqrt{2})^2}{2\sqrt{3}}=\frac{18}{2\sqrt{3}}=3\sqrt{3}$

$d=\frac{(2\sqrt{3})^2}{3\sqrt{2}}=\frac{12}{3\sqrt{2}}=2\sqrt{2}$

5 (2) k는 1, 2, 3이고

(i) $k=1$일 때, $x=7\times1^2=7$

(ii) $k=2$일 때, $x=7\times2^2=28$

(iii) $k=3$일 때, $x=7\times3^3=63$

$\therefore 7+28+63=98$

3 $\overline{BC}\mathbin{/\!/}\overline{DE}$이므로 $\triangle ABC\backsim\triangle ADE$(AA 닮음)

$\overline{AB}:\overline{AD}=\overline{BC}:\overline{DE}$

$(\overline{AD}+\overline{DB}):\overline{AD}=\overline{BC}:\overline{DE}$

$(2\sqrt{5}-1+1+\sqrt{5}):(2\sqrt{5}-1)=6\sqrt{2}:x$

$3\sqrt{5}:(2\sqrt{5}-1)=6\sqrt{2}:x$

$3\sqrt{5}x=6\sqrt{2}(2\sqrt{5}-1)$

$x=\frac{12\sqrt{10}-6\sqrt{2}}{3\sqrt{5}}=\frac{4\sqrt{10}-2\sqrt{2}}{\sqrt{5}}=\frac{20\sqrt{2}-2\sqrt{10}}{5}$

4 $\overline{OA}=\sqrt{a}$, $\overline{OB}=2\overline{OA}=2\sqrt{a}=\sqrt{x}$

$x=4a$이므로 $16=4a$ $\quad\therefore a=4$

응용문제 03

11쪽

예제 3 2, 3, 2, 1, 4, 4, 1, 2, 1, 3, 3, 7, $3-\sqrt{2}$ / $3-\sqrt{2}$

1 $\frac{11}{15}$배 **2** 9 **3** $\frac{20\sqrt{2}-2\sqrt{10}}{5}$

4 4

1 $x=\sqrt{3}$을 대입하면

$y=\sqrt{3}-\cfrac{1}{\sqrt{3}+\cfrac{1}{\sqrt{3}+\cfrac{1}{\sqrt{3}}}}=\sqrt{3}-\cfrac{1}{\sqrt{3}+\cfrac{\sqrt{3}}{4}}$

$=\sqrt{3}-\frac{4}{5\sqrt{3}}=\sqrt{3}-\frac{4\sqrt{3}}{15}=\frac{11}{15}\sqrt{3}$

따라서 y는 x의 $\frac{11}{15}$배이다.

2 $4\sqrt{2}=\sqrt{32}$, $5<\sqrt{32}<6$이므로 $4\sqrt{2}$의 정수 부분은 5이고, 소수 부분은 $4\sqrt{2}-5$이다. $\quad\therefore a=4\sqrt{2}-5$

$\frac{1}{4\sqrt{2}}=\frac{\sqrt{2}}{8}$, $\frac{1}{8}<\frac{\sqrt{2}}{8}<\frac{2}{8}$의 정수 부분은 0이고,

소수 부분은 $\frac{\sqrt{2}}{8}$이다. $\quad\therefore b=\frac{\sqrt{2}}{8}$

주어진 식에 대입하면

$(4\sqrt{2}-5+1)x+2\left(\frac{\sqrt{2}}{8}y+1\right)=0$

$(-4x+2)+\left(4x+\frac{1}{4}y\right)\sqrt{2}=0$

$-4x+2=0$, $4x+\frac{1}{4}y=0$이므로 $x=\frac{1}{2}$, $y=-8$

$\therefore 2x-y=1+8=9$

핵심문제 04

12쪽

1 $-4+4\sqrt{2}$ **2** $(8\sqrt{3}+16\sqrt{6}+18\sqrt{2}+18)\text{ cm}^2$

3 $\frac{9}{2}$ **4** (1) 324 (2) $\frac{1}{15}$ **5** 0

1 피타고라스 정리에 의해

$\overline{CA}=\overline{CP}=\sqrt{8}=2\sqrt{2}$, $\overline{DF}=\overline{DQ}=\sqrt{8}=2\sqrt{2}$

점 P에 대응하는 수는 $-1+2\sqrt{2}$

점 Q에 대응하는 수는 $3-2\sqrt{2}$

$\therefore \overline{PQ}=-1+2\sqrt{2}-(3-2\sqrt{2})=-4+4\sqrt{2}$

2 (직육면체의 겉넓이)

$=2\times\{(\sqrt{6}+\sqrt{3})\times2\sqrt{2}+(\sqrt{6}+\sqrt{3})\times3\sqrt{3}+2\sqrt{2}\times3\sqrt{3}\}$

$=2\times(4\sqrt{3}+2\sqrt{6}+9\sqrt{2}+9+6\sqrt{6})$

$=2\times(4\sqrt{3}+8\sqrt{6}+9\sqrt{2}+9)$

$=8\sqrt{3}+16\sqrt{6}+18\sqrt{2}+18(\text{cm}^2)$

3 $\sqrt{3}\left(\frac{3}{\sqrt{2}}-\frac{2}{\sqrt{3}}\right)-\sqrt{2}\left(\frac{k}{\sqrt{3}}-\frac{3}{\sqrt{2}}\right)$

$=\frac{3\sqrt{3}}{\sqrt{2}}-2-\frac{\sqrt{2}k}{\sqrt{3}}+3$

$=1+\frac{3\sqrt{6}}{2}-\frac{\sqrt{6}k}{3}$

$=1+\left(\frac{3}{2}-\frac{k}{3}\right)\sqrt{6}$

유리수가 되기 위해서는

$\frac{3}{2}-\frac{k}{3}=0$ $\quad\therefore k=\frac{9}{2}$

4 (1) $a=\sqrt{2}$이므로 $[a+2]=3$, $\langle a+3\rangle=5$

(주어진 식)$=(3+3\times5)^2=324$

(2) $2<\sqrt{2}+1<3$이므로

$<b>=3$, $<b-1>=2$, $[b+1]=3$

(주어진 식)$=\frac{2-3}{3}+\frac{2}{2+3}=-\frac{1}{3}+\frac{2}{5}=\frac{1}{15}$

5 $(\sqrt{2}◎3\sqrt{3})$

$=\sqrt{2}\times\sqrt{2}\times3\sqrt{3}-3(\sqrt{2}+3\sqrt{3})$

$=6\sqrt{3}-3\sqrt{2}-9\sqrt{3}$

$=-3\sqrt{2}-3\sqrt{3}$

$(-3\sqrt{2}-3\sqrt{3})◎\sqrt{3}$

$=\sqrt{2}\times(-3\sqrt{2}-3\sqrt{3})\times\sqrt{3}-3(-3\sqrt{2}-3\sqrt{3}+\sqrt{3})$

$=-6\sqrt{3}-9\sqrt{2}+9\sqrt{2}+6\sqrt{3}$

$=0$

3 오른쪽 그림에서 세 직선으로 둘러싸인 삼각형의 넓이를 구하면

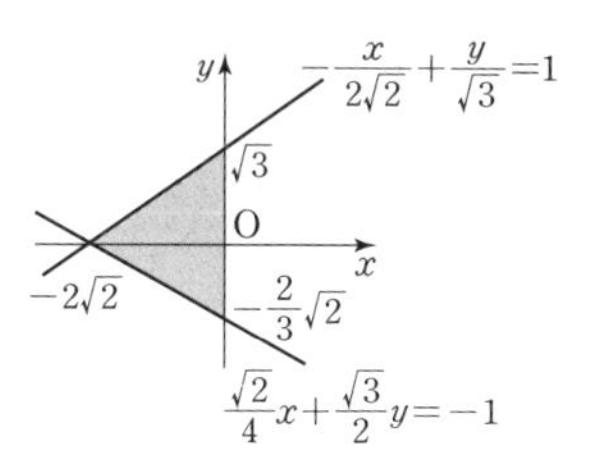

$\frac{1}{2}\times2\sqrt{2}\times\frac{5\sqrt{3}}{3}=\frac{5\sqrt{6}}{3}$

4 $3<\sqrt{10}<4$이므로

$2<\sqrt{10}-1<3$ $\therefore [a]=2$

$\frac{[a]}{a+1}-\frac{a+1}{[a]}$

$=\frac{2}{(\sqrt{10}-1)+1}-\frac{(\sqrt{10}-1)+1}{2}$

$=\frac{2}{\sqrt{10}}-\frac{\sqrt{10}}{2}=\frac{2\sqrt{10}}{10}-\frac{5\sqrt{10}}{10}=-\frac{3\sqrt{10}}{10}$

$\therefore k=-\frac{3}{10}$

응용문제 04

13쪽

예제 4 1, 1, 1, x, 3, x, 3, -2 / $x=3$, $y=-2$

1 $2\sqrt{15}-10$ **2** $\frac{\sqrt{14}}{7}$ **3** $\frac{5\sqrt{6}}{3}$ **4** $-\frac{3}{10}$

1 $2\sqrt{2}x-2\sqrt{5}=\sqrt{2}x-\sqrt{2}$

$\sqrt{2}x=-\sqrt{2}+2\sqrt{5}$

$\therefore x=-1+\sqrt{10}$

두 방정식의 해가 일치하므로 $x=-1+\sqrt{10}$을 $\sqrt{6}(x+3)-k=\sqrt{10}(x+1)+2\sqrt{6}$에 대입하면

$\sqrt{6}(-1+\sqrt{10}+3)-k=\sqrt{10}(-1+\sqrt{10}+1)+2\sqrt{6}$

$2\sqrt{15}+2\sqrt{6}-k=10+2\sqrt{6}$

$\therefore k=2\sqrt{15}-10$

2 $\begin{cases}\sqrt{7}x+\sqrt{2}y=1 & \cdots ㉠\\ \sqrt{2}x-\sqrt{7}y=1 & \cdots ㉡\end{cases}$

㉠$\times\sqrt{2}-$㉡$\times\sqrt{7}$을 하면

$9y=\sqrt{2}-\sqrt{7}$ $\therefore y=\frac{\sqrt{2}-\sqrt{7}}{9}$

㉠$\times\sqrt{7}+$㉡$\times\sqrt{2}$를 하면

$9x=\sqrt{7}+\sqrt{2}$ $\therefore x=\frac{\sqrt{7}+\sqrt{2}}{9}$

즉, $a=\frac{\sqrt{7}+\sqrt{2}}{9}$, $b=\frac{\sqrt{2}-\sqrt{7}}{9}$이므로

$a+b=\frac{2\sqrt{2}}{9}$, $a-b=\frac{2\sqrt{7}}{9}$

$\therefore \frac{a+b}{a-b}=\frac{2\sqrt{2}}{9}\times\frac{9}{2\sqrt{7}}=\frac{\sqrt{14}}{7}$

핵심문제 05

14쪽

1 a^2, a, $\sqrt{a}$, $\frac{1}{\sqrt{a}}$, $\frac{1}{a}$, $\frac{1}{a^2}$ **2** ⑤

3 $2\sqrt{2}-\sqrt{3}$, $3-\sqrt{3}$, $\sqrt{3}+1$, $\sqrt{3}+\sqrt{2}$ **4** ③

5 ②

1 주어진 식을 각각 제곱하면

$\frac{1}{a}$, $\frac{1}{a^2}$, $\frac{1}{a^4}$, a, a^2, a^4

$0<a<1$이므로 $a=\frac{1}{2}$이라 하고 각 식에 대입하면

2, 4, 16, $\frac{1}{2}$, $\frac{1}{4}$, $\frac{1}{16}$

따라서 작은 것부터 나열하면 a^2, a, $\sqrt{a}$, $\frac{1}{\sqrt{a}}$, $\frac{1}{a}$, $\frac{1}{a^2}$

2 ① $\sqrt{(-a)^2}=\sqrt{(-\sqrt{2}+1)^2}=\sqrt{2}-1$

② $\sqrt{(-b)^2}=\sqrt{(-2)^2}=2$

③ $a+1=\sqrt{2}-1+1=\sqrt{2}$

④ $b-\sqrt{2}=2-\sqrt{2}$

⑤ $\sqrt{(a+b)^2}=\sqrt{\{(\sqrt{2}-1)+2\}^2}$

$=\sqrt{(\sqrt{2}+1)^2}=\sqrt{2}+1$

이때 ①, ②, ③, ④에서 가장 큰 수는 ② 2

②, ⑤를 비교하면 $2-(\sqrt{2}+1)=1-\sqrt{2}<0$

$\therefore 2<\sqrt{2}+1$

따라서 가장 큰 수는 ⑤ $\sqrt{2}+1$이다.

3 $1<\sqrt{2}$이므로 $\sqrt{3}+1<\sqrt{3}+\sqrt{2}$

$2\sqrt{2}<3$이므로 $2\sqrt{2}-\sqrt{3}<3-\sqrt{3}$

$\sqrt{3}+1-(3-\sqrt{3})=2\sqrt{3}-2>0$

$\therefore 2\sqrt{2}-\sqrt{3}<3-\sqrt{3}<\sqrt{3}+1<\sqrt{3}+\sqrt{2}$

4 $x=yz$(y, z는 서로 다른 소수)

$xyz=(yz)\times yz=(yz)^2$

$100<xyz<400$에서

$100<(yz)^2<400$

$10<yz<20$

yz는 11, 12, 13, 14, 15, 16, 17, 18, 19 중에서

서로 다른 소수의 곱으로 이루어진 수이므로 14, 15이다.

($\because 14=2\times7,\ 15=3\times5$)

따라서 $14+15=29$이다.

5 $\sqrt{2}(x+1)\le\sqrt{3}(x+1)$

$(\sqrt{2}-\sqrt{3})x\le\sqrt{3}-\sqrt{2}$

$\therefore x\ge-1$ … ㉠

$\sqrt{3}x-2\sqrt{6}\le\sqrt{6}-\sqrt{3}x$

$2\sqrt{3}x\le3\sqrt{6}$

$\therefore x\le\frac{3\sqrt{2}}{2}$ … ㉡

㉠, ㉡에 의하여 $-1\le x\le\frac{3\sqrt{2}}{2}$

따라서 $a=-1$, $b=\frac{3\sqrt{2}}{2}$이므로

$4b^2-a^2=4\times\left(\frac{3\sqrt{2}}{2}\right)^2-(-1)^2=18-1=17$

응용문제 05

15쪽

예제 5 4, 4, 5, >, 45, 5, 45, 50 / 50

1 8　**2** ④　**3** $x=9$, $y=19$

4 $\frac{\sqrt{2}}{4}\le x\le2\sqrt{2}$

1 $3.2<\sqrt{\frac{x}{2}}<4.5$, $10.24<\frac{x}{2}<20.25$

$20.48<x<40.5$이므로 부등식을 만족시키는 자연수 x의 개수는 20개이고, 가장 큰 자연수는 40이다.

$\therefore a=20,\ b=40$

이때 $\sqrt{\frac{ab}{n}}=\sqrt{\frac{20\times40}{n}}=\sqrt{\frac{2^5\times5^2}{n}}$이 자연수가 되게 하는 자연수 n의 값은 2, 2^3, 2^5, 2×5^2, $2^3\times5^2$, $2^5\times5^2$이므로 두 번째로 작은 자연수 n의 값은 8이다.

2 (i) $x<-\frac{2}{3}$이면 $3x-2<0$, $3x+2<0$이므로

$\sqrt{(3x-2)^2}+\sqrt{(3x+2)^2}=-(3x-2)-(3x+2)$
$=-6x$

(ii) $-\frac{2}{3}\le x<\frac{2}{3}$이면 $3x-2<0$, $3x+2>0$이므로

$\sqrt{(3x-2)^2}+\sqrt{(3x+2)^2}=-(3x-2)+3x+2$
$=4$

(iii) $x>\frac{2}{3}$이면 $3x-2>0$, $3x+2>0$이므로

$\sqrt{(3x-2)^2}+\sqrt{(3x+2)^2}=3x-2+3x+2=6x$

3 $1.4<\sqrt{\frac{y}{x}}\le1.5$에서 $1.96<\frac{y}{x}\le2.25$

이때 $y>x$(x, y는 서로소)이므로 $y=x+10$

$1.96<\frac{x+10}{x}\le2.25$에서 각 변에 x를 곱하여 풀면

$8\le x<10\frac{5}{12}$

따라서 x가 8, 9, 10일 때, y는 18, 19, 20이다.

그런데 x, y는 서로소이므로 $x=9$, $y=19$

4 주어진 부등식의 각 변을 제곱하면

$\begin{cases}4\sqrt{2}x-2\le5\sqrt{2}x+2 & \cdots ㉠\\ 5\sqrt{2}x+2\le3\sqrt{2}x+10 & \cdots ㉡\end{cases}$

㉠에서 $-\sqrt{2}x\le4$　$\therefore x\ge-2\sqrt{2}$

㉡에서 $2\sqrt{2}x\le8$　$\therefore x\le2\sqrt{2}$

㉠, ㉡에서 $-2\sqrt{2}\le x\le2\sqrt{2}$ … ㉢

한편, 근호 안의 수는 0 이상이어야 하므로

$4\sqrt{2}x-2\ge0$에서 $x\ge\frac{\sqrt{2}}{4}$

$5\sqrt{2}x+2\ge0$에서 $x\ge-\frac{\sqrt{2}}{5}$

$3\sqrt{2}x+10\ge0$에서 $x\ge-\frac{5\sqrt{2}}{3}$

$\therefore x\ge\frac{\sqrt{2}}{4}$ … ㉣

따라서 부등식의 해는 ㉢, ㉣에 의해서 $\frac{\sqrt{2}}{4}\le x\le2\sqrt{2}$

심화 문제

16~21쪽

01 24	02 $-2a+2b$	03 $a+1-2\sqrt{a}$	
04 $-1\le a\le 1$		05 12	06 $\frac{\sqrt{6}}{4}$
07 ㉣	08 75	09 (7, 57), (9, 59)	
10 25	11 $\frac{9+5\sqrt{3}}{3}$	12 $11-3\sqrt{2}$	13 3
14 $(12-4\sqrt{2})$ cm		15 6	16 6
17 14	18 -1		

01 $\sqrt{n^2+100}=k(k>0)$이라 하면

$n^2+100=k^2$, $(k+n)(k-n)=100$

$k+n$, $k-n$의 값은 모두 자연수이므로 다음과 같은 경우로 나눌 수 있다.

	①	②	③	④	⑤
$k+n$	100	50	25	20	10
$k-n$	1	2	4	5	10

①, ③, ④, ⑤에서 k, n 모두 자연수가 아니고, ②에서 $k+n=50$, $k-n=2$를 연립하여 풀면 $k=26$, $n=24$이다.

$\therefore n=24$

02 $a<b$, $ab<0$이므로 $a<0$, $b>0$

(주어진 식)$=\sqrt{(a-b)^2}+\sqrt{(-a+b)^2}$

$=-(a-b)+(-a+b)$

$=-2a+2b$

03 n의 제곱수를 a라 하면 $n^2=a$이므로 $n=\sqrt{a}$

따라서 다음으로 작은 제곱수는

$(n-1)^2=n^2-2n+1=a+1-2\sqrt{a}$

04 주어진 방정식은 $a<-1$, $-1\le a<1$, $a\ge 1$의 경우로 나누어 생각할 수 있다.

(i) $a<-1$일 때

$\sqrt{(a-1)^2}+\sqrt{(a+1)^2}=-(a-1)-(a+1)=2$,

$a=-1$

따라서 조건 내에 만족시키는 a의 값은 없다.

(ii) $-1\le a<1$일 때

$\sqrt{(a-1)^2}+\sqrt{(a+1)^2}=-(a-1)+(a+1)=2$,

(우변)$=2$이므로 $-1\le a<1$

(iii) $a\ge 1$일 때

$\sqrt{(a-1)^2}+\sqrt{(a+1)^2}=(a-1)+(a+1)=2$, $a=1$

따라서 조건 내에 만족시키는 a의 값은 1뿐이다.

따라서 (i), (ii), (iii)에 의해 $-1\le a\le 1$

05 $\sqrt{x+\sqrt{x+\sqrt{x+\cdots}}}=4$에서

$4^2=x+\sqrt{x+\sqrt{x+\sqrt{x+\cdots}}}=x+4$

$\therefore x=12$

06 $1<\sqrt{3}<2$, $2<\sqrt{3}+1<3$이므로

$<a>=2$, $[a]=\sqrt{3}-1$

$2<2\sqrt{2}<3$, $3<2\sqrt{2}+1<4$이므로

$<b>=3$, $[b]=2\sqrt{2}-2$

(주어진 식)$=\frac{\sqrt{3}-1-3+4}{2+2\sqrt{2}-2}=\frac{\sqrt{3}}{2\sqrt{2}}=\frac{\sqrt{3}\sqrt{2}}{2\sqrt{2}\sqrt{2}}=\frac{\sqrt{6}}{4}$

07 오른쪽 그림과 같이 정사각형을 9개로 균등분할하고 여기에 10개의 점을 찍는다면 두 점 사이의 간격을 아무리 멀리 찍으려 해도 어느 한 칸에는 두 개의 점이 찍히므로 두 점 사이의 거리가 $\sqrt{2}$ cm 이하인 것이 반드시 존재하게 된다.

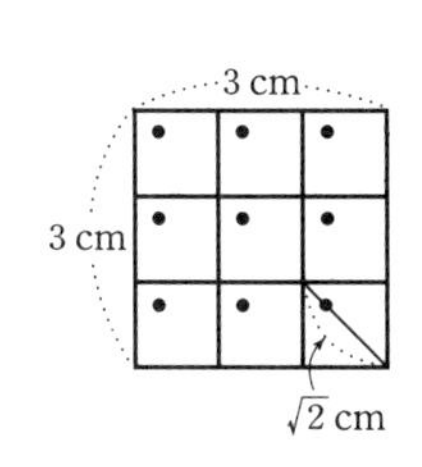

08 $(2.1)^2<(\sqrt{x})^2<(3.5)^2$에서 $4.41<x<12.25$이므로

$a=5$, $b=12$

$\sqrt{\frac{bn}{a}}=\sqrt{\frac{12n}{5}}=\sqrt{\frac{2^2\times 3\times n}{5}}$이므로

$n=3\times 5\times m^2$(m은 자연수)

$m=1$일 때, $n=15$이고, $m=2$일 때, $n=60$이고

$m\ge 3$이면 n은 세 자리의 자연수이다.

$\therefore$ (두 자리 자연수 n의 값들의 합)$=15+60=75$

09 $2.5\le\sqrt{\frac{y}{x}}<3.5$이므로 각 변을 제곱하면

$6.25\le\frac{y}{x}<12.25$ ⋯ ㉠

따라서 $\frac{y}{x}>1$이므로 $y>x$

$\therefore x-y=-50$, $y=x+50$

㉠에 $y=x+50$을 대입하면

$6.25\le\frac{x+50}{x}<12.25$, $6.25\le 1+\frac{50}{x}<12.25$

$5.25\le\frac{50}{x}<11.25$, $\frac{1}{11.25}<\frac{x}{50}\le\frac{1}{5.25}$

$\frac{50}{11.25}<x\le\frac{50}{5.25}$, $4.444\cdots<x\le 9.523\cdots$

따라서 x의 값이 5, 6, 7, 8, 9일 때, y의 값은 55, 56, 57, 58, 59이다.

그런데 x, y는 서로소이므로 순서쌍 (x, y)는 (7, 57), (9, 59)이다.

10 직각삼각형 VOB에서

$\overline{OB}=\overline{AB}=5(cm)$,

$\overline{VO}=5\sqrt{3}(cm)$이므로 피타고라스 정리에 의해 $\overline{VB}=10(cm)$

옆면 VAB는 이등변삼각형이고, 점 V에서 $\overline{AB}$에 내린 수선의 발을 M이라 하면 $\overline{AM}=\frac{5}{2}(cm)$

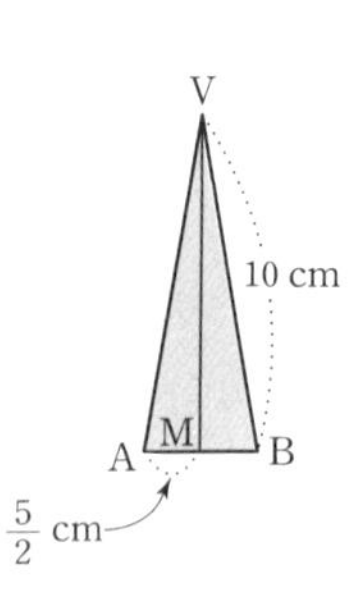

$\triangle VAM$에서 피타고라스 정리에 의해 $\overline{VM}=\frac{5}{2}\sqrt{15}(cm)$

따라서 옆면을 이루는 한 삼각형의 넓이는

$\frac{1}{2}\times 5\times\frac{5}{2}\sqrt{15}=\frac{25}{4}\sqrt{15}(cm^2)$

$\therefore k=\frac{25}{4}$이므로 $4k=25$

11 $\overline{PM}=\frac{5+2\sqrt{3}-(-1+\sqrt{3})}{2}=\frac{6+\sqrt{3}}{2}$

$\overline{MR}=\frac{1}{3}\times\overline{PM}=\frac{1}{3}\times\frac{6+\sqrt{3}}{2}=\frac{6+\sqrt{3}}{6}$

따라서 점 R에 대응하는 수는

$(-1+\sqrt{3})+\frac{6+\sqrt{3}}{2}+\frac{6+\sqrt{3}}{6}=\frac{9+5\sqrt{3}}{3}$

12 (i) $S_1=2$, $S_2=\frac{1}{2}S_1=\frac{1}{2}\times 2=1$, $S_3=\frac{1}{2}S_2=\frac{1}{2}\times 1=\frac{1}{2}$

$\therefore S_1+S_2+S_3=2+1+\frac{1}{2}=\frac{7}{2}=a$

(ii) $S_1=2$에서 $\overline{OB}=\sqrt{2}$, $S_2=1$에서 $\overline{BB_1}=1$,

$S_3=\frac{1}{2}$에서 $\overline{B_1B_2}=\frac{1}{\sqrt{2}}$이므로

$\overline{OB_2}=\overline{OB}+\overline{BB_1}+\overline{B_1B_2}=\sqrt{2}+1+\frac{1}{\sqrt{2}}$

$=\frac{2+\sqrt{2}+1}{\sqrt{2}}=\frac{3+\sqrt{2}}{\sqrt{2}}$

$=\frac{3\sqrt{2}+2}{2}$

$4<3\sqrt{2}<5$이므로 $6<3\sqrt{2}+2<7$, $3<\frac{3\sqrt{2}+2}{2}<\frac{7}{2}$

따라서 $\frac{3\sqrt{2}+2}{2}$의 정수 부분은 3, 소수 부분은

$\frac{3\sqrt{2}+2}{2}-3=\frac{3\sqrt{2}+4}{2}=b$

$\therefore 2(a-b)=2\times\frac{7-3\sqrt{2}+4}{2}=11-3\sqrt{2}$

13 $1<\sqrt{2}<2$이므로 $a=\sqrt{2}-1$

$0<\frac{1}{\sqrt{2}}=\frac{\sqrt{2}}{2}<1$이므로 $b=\frac{\sqrt{2}}{2}$

$(a+3)x-by+6=0$에서

$(\sqrt{2}+2)x-\frac{\sqrt{2}}{2}y+6=0$, $(2x+6)+\left(x-\frac{1}{2}y\right)\sqrt{2}=0$

$2x+6=0$, $x-\frac{1}{2}y=0$이므로 $x=-3$, $y=-6$

$\therefore x-y=3$

14 넓이의 비가 $1:2:4$이므로 한 변의 길이의 비는 $1:\sqrt{2}:2$

세 정사각형의 한 변의 길이를 각각 a, $\sqrt{2}a$, $2a$라 하면

$4a(3+\sqrt{2})=56$에서 $a=\frac{14}{3+\sqrt{2}}=6-2\sqrt{2}$

따라서 가장 큰 정사각형의 한 변의 길이는 $12-4\sqrt{2}(cm)$

15 $\frac{1}{f(a)}=\frac{1}{\sqrt{a+1}+\sqrt{a}}=\sqrt{a+1}-\sqrt{a}$

$\frac{1}{f(1)}+\frac{1}{f(2)}+\frac{1}{f(3)}+\cdots+\frac{1}{f(50)}$

$=(\sqrt{2}-1)+(\sqrt{3}-\sqrt{2})+(\sqrt{4}-\sqrt{3})+\cdots+(\sqrt{51}-\sqrt{50})$

$=\sqrt{51}-1$

따라서 $\sqrt{49}<\sqrt{51}<\sqrt{64}$에서 $6<\sqrt{51}-1<7$이므로

수직선 위에서 가장 가까운 정수는 6이다.

16 $\sqrt{n}=a+b$이므로 $b=\sqrt{n}-a$

$a^3-9ab+b^3=a^3-9a(\sqrt{n}-a)+(\sqrt{n}-a)^3$

$=a^3-9a\sqrt{n}+9a^2+n\sqrt{n}-3na+3\sqrt{n}a^2-a^3$

$=(9a^2-3na)+(3a^2-9a+n)\sqrt{n}=0$

$9a^2-3na=0$에서 $3a=n$

$3a^2-9a+n=0$에서 $3a^2-9a+3a=0$ $\quad\therefore a=2$

$\therefore n=3\times 2=6$

$\therefore (3a)^{\frac{n}{6}}=(3\times 2)^{\frac{6}{6}}=6$

17 $4-2\sqrt{3}$의 양의 제곱근이 $(1+\sqrt{3})x$이므로

$\{(1+\sqrt{3})x\}^2=4-2\sqrt{3}$에서

$(4+2\sqrt{3})x^2=4-2\sqrt{3}$

$\therefore x^2=\frac{4-2\sqrt{3}}{4+2\sqrt{3}}=\frac{2-\sqrt{3}}{2+\sqrt{3}}$

$4+2\sqrt{3}$의 양의 제곱근이 $(1-\sqrt{3})y$이므로

$\{(1-\sqrt{3})y\}^2=4+2\sqrt{3}$에서

$(4-2\sqrt{3})y^2=4+2\sqrt{3}$

$\therefore y^2=\frac{4+2\sqrt{3}}{4-2\sqrt{3}}=\frac{2+\sqrt{3}}{2-\sqrt{3}}$

$\therefore x^2+y^2=\frac{2-\sqrt{3}}{2+\sqrt{3}}+\frac{2+\sqrt{3}}{2-\sqrt{3}}$

$=\frac{(2-\sqrt{3})^2+(2+\sqrt{3})^2}{(2+\sqrt{3})(2-\sqrt{3})}$

$=\frac{7-4\sqrt{3}+7+4\sqrt{3}}{1}$

$=14$

18 $\{(\sqrt{5}+\sqrt{3})x+(\sqrt{5}-\sqrt{3})y\}(\sqrt{5}+\sqrt{3})=\sqrt{5}(\sqrt{5}+\sqrt{3})$에서

$(8+2\sqrt{15})x+2y=5+\sqrt{15}$ … ㉠

$\{(\sqrt{5}-\sqrt{3})x-(\sqrt{5}+\sqrt{3})y\}(\sqrt{5}-\sqrt{3})=\sqrt{3}(\sqrt{5}-\sqrt{3})$에서

$(8-2\sqrt{15})x-2y=-3+\sqrt{15}$ … ㉡

㉠, ㉡을 연립하여 풀면 $x=\frac{1+\sqrt{15}}{8}$, $y=\frac{1-\sqrt{15}}{8}$

$\therefore [x]+[y]=0+(-1)=-1$

최상위 문제 (22~27쪽)

01 97 **02** (5, 121), (20, 36), (45, 1)
03 $\frac{121}{9}$ **04** $\frac{2}{a^2}-2a^2$ **05** $\frac{1}{2}$ **06** 60
07 2개 **08** 80 **09** 13 **10** $2a$
11 $6\sqrt{2}+6\sqrt{3}+16$
12 n이 홀수일 때 -4, n이 짝수일 때 4
13 15 **14** 82개 **15** 18 **16** 37
17 0 **18** $56-7\sqrt{2}$

01 $\sqrt{n}=t$라 하면 $\sqrt{[\sqrt{n}]}=[\sqrt{\sqrt{n}}]$은 $\sqrt{[t]}=[\sqrt{t}]$이다.

$10\le n<100$에서 $3<t<10$ $\therefore \sqrt{3}<\sqrt{t}<\sqrt{10}$

(i) $3<t<4$일 때, $[\sqrt{t}]=1$이고, $[t]=3$이므로 $\sqrt{[t]}\ne[\sqrt{t}]$

(ii) $4\le t<9$일 때, $[\sqrt{t}]=2$이고, $[t]=4, 5, 6, 7, 8$이므로

$t=4$일 때 $\sqrt{[t]}=[\sqrt{t}]$ $\therefore n=16$

(iii) $9\le t<10$일 때, $[\sqrt{t}]=3$이고, $[t]=9$이므로

$t=9$일 때 $\sqrt{[t]}=[\sqrt{t}]$ $\therefore n=81$

따라서 (i)~(iii)에 의해

(두 자리 정수 n의 값의 합)$=16+81=97$

02 $\sqrt{5a}+\sqrt{b}$가 자연수이므로 $\sqrt{5a}$, $\sqrt{b}$도 자연수이다.

이때 $a=5\times m^2$, $b=n^2$(m, n은 자연수)라 하면

$\sqrt{5a}+\sqrt{b}=\sqrt{5^2m^2}+\sqrt{n^2}=5m+n=16$이므로

순서쌍 (m, n)은 $(1, 11)$, $(2, 6)$, $(3, 1)$이다.

따라서 (a, b)는 $(5, 121)$, $(20, 36)$, $(45, 1)$

03 원점을 O(0)이라 하면

$\overline{OA}=\sqrt{4}=2$, $\overline{OB}=\sqrt{49}=7$, $\overline{AB}=5$이고,

$\overline{OP}=x$라 하면 $\overline{AP}=x-2$, $\overline{PB}=7-x$

$2\overline{AP}=\overline{PB}$이므로

$2(x-2)=7-x$에서 $x=\frac{11}{3}$

따라서 점 P의 눈금의 값은 $x^2=\frac{121}{9}$

04 $\sqrt{4x^2-16x}=\sqrt{4x(x-4)}$

$(\sqrt{x})^2=x=\left(a+\frac{1}{a}\right)^2=a^2+\frac{1}{a^2}+2$이므로

$x-4=a^2+\frac{1}{a^2}-2=\left(a-\frac{1}{a}\right)^2$

$a-\frac{1}{a}<0$이므로

$\sqrt{4x(x-4)}=\sqrt{4\left(a+\frac{1}{a}\right)^2\left(a-\frac{1}{a}\right)^2}$

$=-2\left(a+\frac{1}{a}\right)\left(a-\frac{1}{a}\right)$

$\therefore \sqrt{4x^2-16x}=\frac{2}{a^2}-2a^2$

05 $2<\sqrt{7}<3$이므로 $2<5-\sqrt{7}<3$

$\left[\frac{3}{<5-\sqrt{7}>}\right]=\left[\frac{3}{2}\right]=\left[1+\frac{1}{2}\right]=\frac{1}{2}$

06 $\sqrt{400-x}$는 가장 큰 정수가 되어야 하고, $\sqrt{100+y}$는 가장 작은 정수가 되어야 한다.

$\sqrt{400-x}<20$이므로 $\sqrt{400-x}=19$ $\therefore x=39$

$\sqrt{100+y}>10$이므로 $\sqrt{100+y}=11$ $\therefore y=21$

$\therefore x+y=60$

07 좌변의 값이 0 이상이므로 $x\ge1$

$\sqrt{(1-\sqrt{(1-\sqrt{(1-x)^2})^2})^2}=\sqrt{(1-\sqrt{(2-x)^2})^2}$

(i) $1\le x<2$일 때,

$\sqrt{(1-\sqrt{(2-x)^2})^2}=\sqrt{(x-1)^2}=x-1$

이므로 $x=1$

(ii) $x\ge2$일 때,

$\sqrt{(1-\sqrt{(2-x)^2})^2}=\sqrt{(3-x)^2}$

① $2\le x<3$일 때,

$\sqrt{(3-x)^2}=3-x=x-1$이므로 $x=2$

② $x\ge3$일 때,

$\sqrt{(3-x)^2}=x-3=x-1$이므로 x의 값은 없다.

따라서 주어진 식을 만족시키는 x의 값은 1, 2의 2개이다.

08 $\sqrt{2^8+2^{11}+2^a}$이 정수이므로 $2^8+2^{11}+2^a=n^2$이라 하면

$2^8+2^{11}=2^8(1+2^3)=48^2$이므로

$2^a=n^2-48^2=(n+48)(n-48)$

$n+48=2^b$, $n-48=2^c$($b>c$)라 하면

$2^a=2^b\times2^c=2^{b+c}$, $a=b+c$

$2^b-2^c=96=2^5\times3$

$2^c(2^{b-c}-1)=2^5\times3$

$2^c=2^5$, $2^{b-c}-1=3$에서 $c=5$, $b=7$

따라서 $a=12$이므로

$\sqrt{2^8+2^{11}+2^{12}}=\sqrt{2^8(1+2^3+2^4)}=\sqrt{2^8\times5^2}=80$

09 (i) $x \ge 1$일 때, $\sqrt{(x-3)^2}=a$

(ii) $x<1$일 때, $\sqrt{(x+1)^2}=a$

a	$\sqrt{(x-3)^2}$	$\sqrt{(x+1)^2}$	x의 개수
0	$x=3$	$x=-1$	2개
1	$x=2, 4$	$x=-2, 0$	4개
2	$x=1, 5$	$x=-3$	3개
3	$x=6$	$x=-4$	2개
4	$x=7$	$x=-5$	2개

$\therefore f(0)+f(1)+f(2)+f(3)+f(4)=13$

10 $y=4a(x-3)-4a^3$이므로

$x+a\{4a(x-3)-4a^3\}=5a^2+4$

$(1+4a^2)x=4a^4+17a^2+4$

$(1+4a^2)x=(4a^2+1)(a^2+4)$

$1+4a^2>0$이므로 $x=a^2+4$, $y=4a(a^2+1)-4a^3=4a$

$\therefore \sqrt{x+y}-\sqrt{x-y}=\sqrt{a^2+4+4a}-\sqrt{a^2+4-4a}$

$=\sqrt{(a+2)^2}-\sqrt{(a-2)^2}$

$=a+2+a-2=2a$

11 겹치는 부분인 정사각형의 한 변의 길이는 겹치기 전의 작은 정사각형의 한 변의 길이의 $\frac{1}{2}$이다.

따라서 5개의 정사각형의 한 변의 길이는 각각 $\sqrt{2}$, $\sqrt{3}$, $\sqrt{8}=2\sqrt{2}$, $\sqrt{12}=2\sqrt{3}$, $\sqrt{16}=4$이고 겹치는 부분의 네 정사각형의 한 변의 길이는 각각 $\frac{\sqrt{2}}{2}$, $\frac{\sqrt{3}}{2}$, $\sqrt{2}$, $\sqrt{3}$이다.

∴ (새로 만든 도형의 둘레의 길이)

=(처음 5개의 정사각형의 둘레의 길이의 합)

−(겹치는 부분의 네 정사각형의 둘레의 길이의 합)

$=4\times(\sqrt{2}+\sqrt{3}+2\sqrt{2}+2\sqrt{3}+4)$

$-4\times\left(\frac{\sqrt{2}}{2}+\frac{\sqrt{3}}{2}+\sqrt{2}+\sqrt{3}\right)$

$=4\times(3\sqrt{2}+3\sqrt{3}+4)-4\times\left(\frac{3\sqrt{2}}{2}+\frac{3\sqrt{3}}{2}\right)$

$=12\sqrt{2}+12\sqrt{3}+16-6\sqrt{2}-6\sqrt{3}$

$=6\sqrt{2}+6\sqrt{3}+16$

12 $x^{5n}=a$, $y^{5n}=b$라 하면

(주어진 식)$=(a+b)^2-(a-b)^2=4ab$

$=4x^{5n}y^{5n}=4(xy)^{5n}=4\{(\sqrt{3}+2)(\sqrt{3}-2)\}^{5n}$

$=4(-1)^{5n}$

(i) n이 홀수일 때, $4(-1)^{5n}=-4$

(ii) n이 짝수일 때, $4(-1)^{5n}=4$

13 $\sqrt{a-\sqrt{32}}\ge 0$이므로 $\sqrt{x}\ge\sqrt{y}$에서 $x\ge y$

$\sqrt{a-\sqrt{32}}=\sqrt{x}-\sqrt{y}$의 양변을 제곱하면

$a-\sqrt{32}=x+y-2\sqrt{xy}$

$a-2\sqrt{8}=x+y-2\sqrt{xy}$

$a=x+y$, $xy=8$, $x\ge y$이므로

$x=8$, $y=1$ 또는 $x=4$, $y=2$

따라서 $a=9$ 또는 $a=6$이므로 a의 값들의 합은 15이다.

14 $0.821<\sqrt{5}-\sqrt{2}<0.823$이므로 $(\sqrt{5}-\sqrt{2})a<82.3$이다.

$(\sqrt{5}-\sqrt{2})a$가 될 수 있는 자연수는 1, 2, ⋯, 82이다.

따라서 구하는 실수 a의 개수는 82개이다.

15 $\sqrt{5}$의 소수 부분은 $\sqrt{5}-2$이므로

$y_0=\sqrt{5}-2$, $x_1=\frac{1}{y_0}=\frac{1}{\sqrt{5}-2}=\sqrt{5}+2$

$y_1=(\sqrt{5}+2)-4=\sqrt{5}-2$, ⋯

$\therefore x_1=x_2=\cdots$, $y_0=y_1=y_2=\cdots$

$\therefore x_n=\sqrt{5}+2$, $y_n=\sqrt{5}-2$이므로 ${x_n}^2+{y_n}^2=18$

16

$$\sqrt{2}-\sqrt{1}<\frac{1}{2}<1$$

$$\sqrt{3}-\sqrt{2}<\frac{1}{2\sqrt{2}}<\sqrt{2}-1$$

$$\vdots$$

$$\sqrt{101}-\sqrt{100}<\frac{1}{2\sqrt{100}}<\sqrt{100}-\sqrt{99}$$

$\frac{1}{\sqrt{n+1}+\sqrt{n}}<\frac{1}{\sqrt{n}+\sqrt{n}}<\frac{1}{\sqrt{n}+\sqrt{n-1}}$이므로

위와 같은 부등식들의 각 변을 더하면

$\sqrt{101}-1<\frac{1}{2}S<\sqrt{100}$

$2\sqrt{101}-2<S<20$

$18<S<20$

따라서 $18<S<19$이면 $[S]=18$,

$19\le S<20$이면 $[S]=19$

이므로 $18+19=37$

17 $2023^2<2023^2+1<2024^2$에서

$2023<\sqrt{2023^2+1}<2024$

즉, $\sqrt{2023^2+1}$의 정수 부분은 2023이므로

$f(2023)=\sqrt{2023^2+1}-2023$

$\therefore \{f(2023)+2023\}^2=(\sqrt{2023^2+1}-2023+2023)^2$

$=(\sqrt{2023^2+1})^2$

$=2023^2+1$

따라서 2023^2의 일의 자리의 숫자는 9이므로 2023^2+1의 일의 자리 숫자는 0이다.

18 $f(x)=\frac{x(\sqrt{x}-1)}{\sqrt{x}}=\frac{x(\sqrt{x}-1)\sqrt{x}}{x}=x-\sqrt{x}$

$\therefore f(1)+f(2)+f(4)+f(8)+f(16)+f(32)$

$=(1-\sqrt{1})+(2-\sqrt{2})+(4-\sqrt{4})+(8-\sqrt{8})$

$\quad+(16-\sqrt{16})+(32-\sqrt{32})$

$=(2+4+8+16+32)-(\sqrt{2}+\sqrt{4}+\sqrt{8}+\sqrt{16}+\sqrt{32})$

$=62-(\sqrt{2}+2+2\sqrt{2}+4+4\sqrt{2})$

$=56-7\sqrt{2}$

특목고 / 경시대회 실전문제

28~30쪽

01 $A>0$	**02** $\frac{1}{9}$	**03** $\sqrt{18}$ 또는 $3\sqrt{2}$
04 $\sqrt{2}-1$	**05** 4	**06** $x=\frac{9}{2}$, $y=2$, $z=8$
07 3개	**08** 405	**09** $a=\sqrt{2}$, $b=\frac{\sqrt{6}}{3}$, $c=\frac{2\sqrt{3}}{3}$

01 $\sqrt{(n+1)^2+n+1}=\sqrt{n^2+3n+2}=\sqrt{(n+1)(n+2)}$

$\sqrt{(n+1)(n+2)}<\frac{(n+1)+(n+2)}{2}=\frac{2n+3}{2}$이고,

$n+1<n+1.5<n+2$이므로

$[\sqrt{(n+1)(n+2)}]^2<\left[\frac{2n+3}{2}\right]^2=[n+1.5]^2=(n+1)^2$

$\therefore A=(n+1)^2+n-(n+1)^2=n>0$

02 $\sqrt{70-ab}$가 자연수가 되려면 $70-ab$는 70보다 작은 제곱수이어야 한다.

① $70-ab=64=8^2$에서 $ab=6$

② $70-ab=49=7^2$에서 $ab=21$

③ $70-ab=36=6^2$에서 $ab=34$

④ $70-ab=25=5^2$에서 $ab=45$

⑤ $70-ab=16=4^2$에서 $ab=54$

⑥ $70-ab=9=3^2$에서 $ab=61$

⑦ $70-ab=4=2^2$에서 $ab=66$

⑧ $70-ab=1^2$에서 $ab=69$

따라서 ①~⑧에서 ab의 값은 6, 21, 34, 45, 54, 61, 66, 69이고, a, b는 각각 1부터 6까지의 숫자이어야 하므로 $ab=6$뿐이다.

그러므로 주사위를 두 번 던져 나올 수 있는 모든 경우는 $6\times6=36$(가지)이고, $ab=6$인 경우의 순서쌍 (a, b)는 $(1, 6)$, $(2, 3)$, $(3, 2)$, $(6, 1)$의 4가지이므로

구하는 확률은 $\frac{4}{36}=\frac{1}{9}$이다.

03 $(4, \bar{4}, \bar{8})=4+\cfrac{1}{4+\cfrac{1}{8+\cfrac{1}{4+\cfrac{1}{8+\cfrac{1}{\cdots}}}}}$

이므로 이 값은 4보다 크고 5보다 작은 무리수이다.

$\sqrt{18}=4+(\sqrt{18}-4)$, $\sqrt{18}-4=\frac{2}{\sqrt{18}+4}$이므로

$\sqrt{18}=4+\frac{2}{\sqrt{18}+4}=4+\cfrac{1}{\cfrac{\sqrt{18}+4}{2}}$

$=4+\cfrac{1}{\cfrac{4+(\sqrt{18}-4)+4}{2}}$

$=4+\cfrac{1}{\cfrac{8+(\sqrt{18}-4)}{2}}=4+\cfrac{1}{4+\cfrac{\sqrt{18}-4}{2}}$

$=4+\cfrac{1}{4+\cfrac{2}{\cfrac{\sqrt{18}+4}{2}}}=4+\cfrac{1}{4+\cfrac{1}{\sqrt{18}+4}}$

$=4+\cfrac{1}{4+\cfrac{1}{8+(\sqrt{18}-4)}}=4+\cfrac{1}{4+\cfrac{1}{8+\cfrac{2}{\sqrt{18}+4}}}$

$=4+\cfrac{1}{4+\cfrac{1}{8+\cfrac{1}{4+\cfrac{1}{8+\cfrac{1}{\cdots}}}}}=(4, \bar{4}, \bar{8})$

이므로 $\sqrt{18}$ 또는 $3\sqrt{2}$이다.

04 $(\sqrt{2}+1)^n=a$, $(\sqrt{2}-1)^n=b$라 할 때

$ab=1$이므로 $X=\left(\frac{a+b}{2}\right)^2$,

$X-1=\left(\frac{a+b}{2}\right)^2-1=\left(\frac{a-b}{2}\right)^2$에서 $a>b>0$이므로

$(\sqrt{X}-\sqrt{X-1})^{\frac{1}{n}}=b^{\frac{1}{n}}=\{(\sqrt{2}-1)^n\}^{\frac{1}{n}}=\sqrt{2}-1$

05 $\frac{(1-\sqrt{3})^2+2\sqrt{3}}{\sqrt{3}}=\frac{4}{\sqrt{3}}$, $\frac{(1+\sqrt{3})^2-4}{3}=\frac{2\sqrt{3}}{3}$,

$f(3)=f(\sqrt{3})+f(\sqrt{3})$이므로

(주어진 식)$=f\left(\frac{4}{\sqrt{3}}\right)-f\left(\frac{2\sqrt{3}}{3}\right)$

$=f(4)-f(\sqrt{3})-f(2)-f(\sqrt{3})+f(3)$

$=f(4)-f(2)$

$f(2\times2)=f(2)+f(2)$에서 $f(4)=4+4=8$이므로

$f(4)-f(2)=8-4=4$

$\therefore$ (주어진 식)$=4$

06 $xy=u$, $yz=v$, $zx=w$라 하면

$\sqrt{uw}+\sqrt{uv}=39-u$ … ㉠

$\sqrt{uv}+\sqrt{wv}=52-v$ … ㉡

$\sqrt{uw}+\sqrt{wv}=78-w$ … ㉢

㉠+㉡+㉢에서

$2(\sqrt{uw}+\sqrt{uv}+\sqrt{wv})=169-(u+v+w)$,

$\sqrt{u^2}+\sqrt{v^2}+\sqrt{w^2}+2(\sqrt{uw}+\sqrt{uv}+\sqrt{wv})=169$,

$(\sqrt{u}+\sqrt{v}+\sqrt{w})^2=169$이므로

$\sqrt{u}+\sqrt{v}+\sqrt{w}=13$ … ㉣

㉠에서 $u+\sqrt{uw}+\sqrt{uv}=\sqrt{u}(\sqrt{u}+\sqrt{w}+\sqrt{v})=39$

$\therefore u=9$

같은 방법으로 ㉡에서 $v=16$, ㉢에서 $w=36$

즉, $xy=9$, $yz=16$, $zx=36$에서 $xyz=72$

$\therefore x=\frac{9}{2}$, $y=2$, $z=8$

07 연속하는 네 홀수 a, b, c, d를 각각

$2n-3$, $2n-1$, $2n+1$, $2n+3$(n은 2 이상의 자연수)

이라 하면

$10.5\le\sqrt{a+b+c+d}<11.5$이므로

$10.5\le\sqrt{(2n-3)+(2n-1)+(2n+1)+(2n+3)}<11.5$

$\frac{21}{2}\le\sqrt{8n}<\frac{23}{2}$

각 변을 제곱하면

$\frac{441}{4}\le 8n<\frac{529}{4}$, $\frac{441}{32}\le n<\frac{529}{32}$

$\therefore 13.7\cdots\le n<16.5\cdots$

이 식을 만족시키는 자연수 n의 값은 14, 15, 16이다.

따라서 가능한 순서쌍 (a, b, c, d)의 개수는

$(25, 27, 29, 31)$, $(27, 29, 31, 33)$, $(29, 31, 33, 35)$

의 3개이다.

08 $\overline{B_1C}=3\sqrt{5}-\sqrt{5}=2\sqrt{5}$, $\triangle ABC\backsim\triangle A_1B_1C$(AA 닮음)이고,

닮음비가 $3:2$이므로 $\overline{A_1B_1}=\frac{2}{3}\sqrt{5}$

같은 방법으로 $\triangle A_nB_nC\backsim A_{n+1}B_{n+1}C$이고 닮음비가 $3:2$

이므로 모든 정삼각형의 둘레의 길이의 합은

$x=3\sqrt{5}+\frac{2}{3}(3\sqrt{5})+\left(\frac{2}{3}\right)^2(3\sqrt{5})+\left(\frac{2}{3}\right)^3(3\sqrt{5})+\cdots$ (㉠)

$\frac{2}{3}x=\frac{2}{3}(3\sqrt{5})+\left(\frac{2}{3}\right)^2(3\sqrt{5})+\left(\frac{2}{3}\right)^3(3\sqrt{5})+\cdots$ (㉡)

㉠−㉡에서 $\left(1-\frac{2}{3}\right)x=3\sqrt{5}$이므로

$x=9\sqrt{5}$ $\quad\therefore x^2=405$

09 A_i, B_i($i=0, 1, 2, 3, \cdots$)들은 모두 닮은 직사각형들이므로

A_i용지의 긴 변을 x_i, 짧은 변을 y_1라 하면 $x_i:y_i=y_i:\frac{x_i}{2}$이

성립한다.

즉 $x_i:y_i=\sqrt{2}:1$이고, 마찬가지로 B_i용지의 긴 변과 짧은 변의 길이의 비는 $\sqrt{2}:1$이다.

또, A_0용지와 B_0용지의 넓이비가 $1:\frac{3}{2}$이므로

A_i와 B_i용지의 길이의 닮음비는 $\sqrt{2}:\sqrt{3}$이다.

A_{i+1}, B_{i+1}용지의 넓이는 A_i, B_i용지 넓이의 $\frac{1}{2}$이므로

A_{i+1}, B_{i+1}용지와 A_i, B_i용지의 길이의 닮음비는 $1:\sqrt{2}$이다.

위의 사실을 종합하여 볼 때,

$A_5\rightarrow A_4$의 배율은 $\sqrt{2}$배

$B_4\rightarrow A_4$의 배율은 $\frac{\sqrt{2}}{\sqrt{3}}$배$=\frac{\sqrt{6}}{3}$배

$B_5\rightarrow A_4$의 배율은 $\sqrt{2}\cdot\frac{\sqrt{2}}{\sqrt{3}}=\frac{2\sqrt{3}}{3}$배이다.

Ⅱ. 다항식의 곱셈과 인수분해

1 다항식의 곱셈

핵심문제 01

32쪽

1 4 **2** 6 **3** ④ **4** ⑤ **5** ②

1 $(x^2+ax+2)(2x^2-x+b)$
$=2x^4+(2a-1)x^3+(b-a+4)x^2+(ab-2)x+2b$
$2a-1=1,\ b-a+4=6$
$\therefore a=1,\ b=3$
$\therefore a+b=4$

2 $(a+3\sqrt{3})(4-2\sqrt{3})$
$=(4a-18)+(12-2a)\sqrt{3}$
$12-2a=0 \quad \therefore a=6$

3 $(\sqrt{48}+5)(\sqrt{48}-5)+(\sqrt{12}-\sqrt{6})^2$
$=48-25+12+6-12\sqrt{2}$
$=41-12\sqrt{2}$
$=a+b\sqrt{2}$
$\therefore a+2b=41+2\times(-12)=17$

4 $x-3=A$로 놓으면
$(x-y-3)(x+y-3)$
$=(A-y)(A+y)$
$=A^2-y^2$
$=x^2-6x+9-y^2$

5 $\sqrt{3}-2<0$이므로
$x>\dfrac{(2\sqrt{3}-5)(\sqrt{3}+2)}{\sqrt{3}-2}$
(우변)$=-(2\sqrt{3}-5)(\sqrt{3}+2)^2$
$=-(2\sqrt{3}-5)(7+4\sqrt{3})$
$=-(-11-6\sqrt{3})$
$=11+6\sqrt{3}$
$\therefore x>11+6\sqrt{3}$
$6\sqrt{3}=\sqrt{108}$이므로
$10<6\sqrt{3}<11,\ 21<11+6\sqrt{3}<22$
$x>11+6\sqrt{3}=21.\cdots$이므로 주어진 부등식을 만족시키는 x의 값 중 가장 작은 정수는 22이다.

응용문제 01

33쪽

예제 ① $\sqrt{20}+5,\ 5+\sqrt{20},\ 5,\ 20,\ 4,\ 36,\ 24\ /\ 36+24\sqrt{5}$

1 $\dfrac{20}{9}$ **2** ② **3** 4 **4** 8 **5** -4

1 $A=(ax^2+2x-3)(x^2+bx+2)$
$=ax^4+(2+ab)x^3+(2a+2b-3)x^2+(4-3b)x-6$
(x^2의 계수)$=2a+2b-3=0$,
(x의 계수)$=4-3b=0$
이므로 $a=\dfrac{1}{6},\ b=\dfrac{4}{3}$
$\therefore$ (x^3의 계수)$=2+ab=\dfrac{20}{9}$

2 $\alpha+\beta=\dfrac{3(1-\sqrt{3})}{\sqrt{3}+1}=\dfrac{3(1-\sqrt{3})^2}{(\sqrt{3}+1)(1-\sqrt{3})}=\dfrac{12-6\sqrt{3}}{-2}$
$=-6+3\sqrt{3}$
$5<3\sqrt{3}<6$이므로 $-1<-6+3\sqrt{3}<0$
$\alpha=-1,\ \beta=3\sqrt{3}-5$
$\therefore \alpha-\beta=-1-(3\sqrt{3}-5)=4-3\sqrt{3}$

3 $\dfrac{1}{f(n)}=\dfrac{1}{\sqrt{n}+\sqrt{n+1}}$
$=\dfrac{\sqrt{n+1}-\sqrt{n}}{(\sqrt{n}+\sqrt{n+1})(-\sqrt{n}+\sqrt{n+1})}$
$=\sqrt{n+1}-\sqrt{n}$
(주어진 식)
$=(\sqrt{2}-1)+(\sqrt{3}-\sqrt{2})+(\sqrt{4}-\sqrt{3})+\cdots+(\sqrt{25}-\sqrt{24})$
$=-1+\sqrt{25}=4$

4 (주어진 식)$=\{1+(\sqrt{2}+\sqrt{3})\}\{-1+(\sqrt{2}+\sqrt{3})\}$
$\times\{1-(\sqrt{2}-\sqrt{3})\}\{1+(\sqrt{2}-\sqrt{3})\}$
$=\{-1+(\sqrt{2}+\sqrt{3})^2\}\{1-(\sqrt{2}-\sqrt{3})^2\}$
$=(5+2\sqrt{6}-1)(1-5+2\sqrt{6})$
$=(4+2\sqrt{6})(-4+2\sqrt{6})$
$=8$

5 $(\sqrt{5}-2)^n=A,\ (\sqrt{5}+2)^n=B$라고 놓으면
(주어진 식)$=(A-B)^2-(A+B)^2$
$=A^2-2AB+B^2-A^2-2AB-B^2$
$=-4AB$
$=-4(\sqrt{5}-2)^n(\sqrt{5}+2)^n$
$=-4\times1^n=-4$

핵심 문제 02

34쪽

1 ② **2** ⑤ **3** ③ **4** 88

1 $A=x^2-2xy+y^2$, $B=x^2-xy-6y^2$, $C=6x^2-7xy-5y^2$
$2A-[C-\{2B+(A-3B)\}]+2C$를 간단히 하면
$3A-B+C$
$3A-B+C$에 A, B, C를 각각 대입하면
$3(x^2-2xy+y^2)-(x^2-xy-6y^2)+6x^2-7xy-5y^2$
$=3x^2-6xy+3y^2-x^2+xy+6y^2+6x^2-7xy-5y^2$
$=8x^2-12xy+4y^2$
$\therefore$ (y^2의 계수)$-$(xy의 계수)$=4-(-12)=16$

2 $(x+1)(x+2)(x-5)(x-6)$
$=\{(x+1)(x-5)\}\{(x+2)(x-6)\}$
$=(x^2-4x-5)(x^2-4x-12)$
$=(x^2-4x)^2-17(x^2-4x)+60$
$=x^4-8x^3+16x^2-17x^2+68x+60$
$=x^4-8x^3-x^2+68x+60$
$A=-8$, $B=-1$, $C=68$
$\therefore A-B+C=-8-(-1)+68=61$

3 잘못 보고 전개한 식을 세우면
$(5x+Ay)(7x-2y)=35x^2+(7A-10)xy-2Ay^2$
$7A-10=-31$, $-2A=-B$에서
$A=-3$, $B=-6$
$(Ax+4)(Bx-1)=(-3x+4)(-6x-1)$
$=18x^2-21x-4$
x^2의 계수는 18, x의 계수는 -21이므로
$18+(-21)=-3$

4 $\overline{BH}=3y$($\because$ □ABHG는 정사각형)
$\overline{EF}=5x-3y$($\because$ □EFDG는 정사각형)
$\overline{CF}=3y-(5x-3y)=-5x+6y$
□EHCF$=(5x-3y)(-5x+6y)$
$=-25x^2+45x-18$
$A=-25$, $B=45$, $C=-18$
$\therefore |A-B+C|=|-25-45-18|$
$=|-88|=88$

응용 문제 02

35쪽

예제 2 3, 60, 3, 6, 3, 3, 7, 21, 3, 9, 9, 9 / ②, ⑤

1 99 **2** ⑤ **3** 20 **4** 85

1 $AB=(2^{99}-1)(5^{98}-1)$
$=2^{99}\times5^{98}-2^{99}-5^{98}+1$
$=2\times10^{98}-2^{99}-5^{98}+1$
따라서 AB의 자릿수는 2×10^{98}과 같으므로
AB는 $(98+1)$자리의 수이다.
$\therefore a=99$

2 $-x+y+z=6a+9$
$x-y+z=4a-1$
$x+y-z=-2a-3$
(주어진 식)$=(6a+9)^2+(4a-1)(-2a-3)$
$=36a^2+108a+81+(-8a^2-10a+3)$
$=28a^2+98a+84$

3 $\{(2x+1)(2x+3)\}\{(2x-3)(2x+7)\}+100$
$=(4x^2+8x+3)(4x^2+8x-21)+100$
$=(1+3)(1-21)+100$($\because 4x^2+8x=1$)
$=4\times(-20)+100$
$=20$

4 $A=(\sqrt{2})^3+(1+2+3)\times(\sqrt{2})^2+(2+6+3)\times\sqrt{2}+6$
$=2\sqrt{2}+12+11\sqrt{2}+6$
$=18+13\sqrt{2}$
$B=(\sqrt{2}-\sqrt{3})(2\sqrt{2}+4\sqrt{3})(\sqrt{2}-3\sqrt{3})$
$=2(\sqrt{2}-\sqrt{3})(\sqrt{2}+2\sqrt{3})(\sqrt{2}-3\sqrt{3})$
$=2(2\sqrt{2}-4\sqrt{3}-15\sqrt{2}+18\sqrt{3})$
$=-26\sqrt{2}+28\sqrt{3}$
$A-B=18+13\sqrt{2}-(-26\sqrt{2}+28\sqrt{3})$
$=39\sqrt{2}-28\sqrt{3}+18$
따라서 $m=39$, $n=-28$, $k=18$이므로 $m-n+k=85$

핵심 문제 03

36쪽

1 $-2\sqrt{11}$ **2** ④ **3** 386 **4** $\frac{13}{4}$
5 8 **6** 5

1 $a^2+b^2=(a+b)^2-2ab$에서 $10=9-2ab$ $\quad \therefore ab=-\frac{1}{2}$

$(a-b)^2=(a+b)^2-4ab=11$

$a-b=-\sqrt{11}$ ($\because a<b$)

$\therefore \frac{1}{a}-\frac{1}{b}=\frac{b-a}{ab}=\frac{-(a-b)}{ab}=\frac{\sqrt{11}}{-\frac{1}{2}}=-2\sqrt{11}$

2 $\frac{y-3}{x}+\frac{x-3}{y}=\frac{y(y-3)+x(x-3)}{xy}$

$=\frac{x^2+y^2-3(x+y)}{xy}$

$=\frac{(x+y)^2-2xy-3(x+y)}{xy}$

$=\frac{8^2-2\times13-3\times8}{13}=\frac{14}{13}$

3 $x^2+y^2=(x+y)^2-2xy$

$=36-14=22$

$x^4+y^4=(x^2+y^2)^2-2x^2y^2$

$=22^2-2\times49=386$

4 $2x-\frac{2}{x}=2\left(x-\frac{1}{x}\right)=\sqrt{5}$에서

$x-\frac{1}{x}=\frac{\sqrt{5}}{2}$

$x^2+\frac{1}{x^2}=\left(x-\frac{1}{x}\right)^2+2=\frac{5}{4}+2=\frac{13}{4}$

5 $x^2-5x+1=0$에 $x=0$을 대입하면 $1=0$이 되어 모순이다.

즉, $x\neq0$이므로 $x^2-5x+1=0$을 x로 나누면

$x-5+\frac{1}{x}=0$ $\quad \therefore x+\frac{1}{x}=5$

$x^2+\frac{1}{x^2}=\left(x+\frac{1}{x}\right)^2-2=25-2=23$

$x^2-3x+\frac{1}{x^2}-\frac{3}{x}=x^2+\frac{1}{x^2}-3\left(x+\frac{1}{x}\right)$

$=23-3\times5=8$

6 $2\sqrt{7}=\sqrt{28}$이고 $5<\sqrt{28}<6$이므로

$2\sqrt{7}$의 정수 부분은 5이고, 소수 부분은 $2\sqrt{7}-5$이다.

$\therefore x=2\sqrt{7}-5$

$x=2\sqrt{7}-5$에서 $x+5=2\sqrt{7}$

양변을 제곱하면 $x^2+10x+25=28$

$\therefore x^2+10x=3$

$\therefore \sqrt{3x^2+30x+16}=\sqrt{3(x^2+10x)+16}$

$=\sqrt{9+16}=5$

응용문제 03

37쪽

예제 3 4, 4, 8, 8, 9, 9, 17, 19, 36 / 36

1 ① **2** 4 **3** $-846+376\sqrt{2}$ **4** 0

1 $x-\sqrt{x^2-4}=\left(a+\frac{1}{a}\right)-\sqrt{\left(a+\frac{1}{a}\right)^2-4}$

$=\left(a+\frac{1}{a}\right)-\sqrt{a^2+\frac{1}{a^2}-2}$

$=\left(a+\frac{1}{a}\right)-\sqrt{\left(a-\frac{1}{a}\right)^2}$

$=\left(a+\frac{1}{a}\right)+\left(a-\frac{1}{a}\right)$ $\left(\because a<\frac{1}{a}\right)$

$=2a$

2 $(x-2)(y-2)=1$에서

$xy-2(x+y)+4=1$ $\quad \therefore x+y=3$

(주어진 식)$=\left(\frac{x^2+x+y^2+y}{xy}\right)^2$

$=\left\{\frac{(x+y)^2-2xy+x+y}{xy}\right\}^2$

$=\left(\frac{9-6+3}{3}\right)^2=4$

3 $\sqrt{x}=\frac{4-\sqrt{2}}{\sqrt{2}}$의 양변을 각각 제곱하면

$x=\frac{18-8\sqrt{2}}{2}=9-4\sqrt{2}$

$x-9=-4\sqrt{2}$의 양변을 각각 제곱하면

$(x-9)^2=(-4\sqrt{2})^2$

$x^2-18x+81=32$ $\quad \therefore x^2-18x=-49$

$\therefore 4x-36x^2+2x^3=2x(2-18x+x^2)$

$=2(9-4\sqrt{2})(2-49)$

$=-94(9-4\sqrt{2})$

$=-846+376\sqrt{2}$

4 $x^2+x+1=0$이므로 $x^2=-x-1$

$x^3=-x^2-x=-(x^2+x)=-(-1)=1$

$x^{101}=(x^3)^{33}\times x^2=1\times x^2=x^2$

$x^{100}=(x^3)^{33}\times x=1\times x=x$

$\therefore x^{101}+x^{100}+1=x^2+x+1=0$

핵심문제 04

38쪽

1 ㄱ **2** (1) 5 (2) 63 (3) 65 **3** ②
4 ③ **5** ③

1 ㄱ. $(x-4)^3=x^3-3\times x^2\times4+3x\times4^2-4^3$

$=x^3-12x^2\underline{+48x}-64$

ㄴ. $(-x-2)^3=(-1)^3(x+2)^3$

$=-(x^3+6x^2+12x+8)$

$=-x^3-6x^2\underline{-12x}-8$

ㄷ. $(x+y-3)^2=x^2+y^2+9+2(xy-3x-3y)$

$=x^2+y^2+9+2xy\underline{-6x}-6y$

ㄹ. $(2x-y+5)^2=4x^2+y^2+25+2(-2xy+10x-5y)$

$=4x^2+y^2-4xy\underline{+20x}-10y+25$

2 (1) $(x+y)^2=(x-y)^2+4xy$

$=9+16=25$

$\therefore x+y=5(\because x+y>0)$

(2) $x^3-y^3=(x-y)^3+3xy(x-y)$

$=3^3+3\times4\times3=63$

(3) $x^3+y^3=(x+y)^3-3xy(x+y)$

$=5^3-3\times4\times5=65$

3 $a^2+b^2+c^2+ab+bc+ca$

$=\frac{1}{2}(2a^2+2b^2+2c^2+2ab+2bc+2ca)$

$=\frac{1}{2}\{(a+b)^2+(b+c)^2+(c+a)^2\}$

$=\frac{1}{2}(4+16+16)$

$=18$

4 모든 모서리의 길이의 합이 48 cm이므로

$4(a+b+c)=48 \qquad \therefore a+b+c=12$

$2(ab+bc+ca)=94$

$a^2+b^2+c^2=(a+b+c)^2-2(ab+bc+ca)$

$=12^2-94=50$

5
$$\begin{array}{r} a-b=5 \\ +\underline{)\ b-c=-7} \\ a-c=-2 \end{array}$$

$a^2+b^2+c^2-ab-bc-ca$

$=\frac{1}{2}\{(a-b)^2+(b-c)^2+(c-a)^2\}$

$=\frac{1}{2}\{5^2+(-7)^2+2^2\}=\frac{1}{2}\times78=39$

응용문제 04

39쪽

예제 4 $2-\sqrt{3}$, $2-\sqrt{3}$, 6, 27, 3, 3, 3, 3, 9, -3 / -3

1 $18\sqrt{3}$ **2** $30\sqrt{3}$ **3** 0 **4** 18
5 (1) 48 (2) 64

1 $\left[\frac{1}{3}x^3-x\right]_{3-\sqrt{3}}^{3+\sqrt{3}}$

$=\left\{\frac{1}{3}(3+\sqrt{3})^3-(3+\sqrt{3})\right\}-\left\{\frac{1}{3}(3-\sqrt{3})^3-(3-\sqrt{3})\right\}$

$=\left\{\frac{1}{3}(27+27\sqrt{3}+27+3\sqrt{3})-(3+\sqrt{3})\right\}$

$\quad-\left\{\frac{1}{3}(27-27\sqrt{3}+27-3\sqrt{3})-(3-\sqrt{3})\right\}$

$=\{(18+10\sqrt{3})-(3+\sqrt{3})\}-\{(18-10\sqrt{3})-(3-\sqrt{3})\}$

$=15+9\sqrt{3}-(15-9\sqrt{3})$

$=18\sqrt{3}$

2 $x+\frac{1}{x}=-4$이므로

$\left(x-\frac{1}{x}\right)^2=\left(x+\frac{1}{x}\right)^2-4=(-4)^2-4=12$

$\therefore x-\frac{1}{x}=2\sqrt{3}(\because -1<x<0)$

$x^3-\frac{1}{x^3}=\left(x-\frac{1}{x}\right)^3+3\left(x-\frac{1}{x}\right)$

$=(2\sqrt{3})^3+3\times2\sqrt{3}$

$=24\sqrt{3}+6\sqrt{3}=30\sqrt{3}$

3 $\frac{y}{x}=t$라 하면 $\frac{y^2}{x^2}+\frac{x^2}{y^2}=t^2+\frac{1}{t^2}=1$이므로

$\left(t+\frac{1}{t}\right)^2=t^2+\frac{1}{t^2}+2=3$

$\frac{y^3}{x^3}+\frac{x^3}{y^3}=t^3+\frac{1}{t^3}=\left(t+\frac{1}{t}\right)^3-3\cdot t\cdot\frac{1}{t}\left(t+\frac{1}{t}\right)$

$=\left(t+\frac{1}{t}\right)\left\{\left(t+\frac{1}{t}\right)^2-3\right\}=0$

4 $(a+b+c)^2=a^2+b^2+c^2+2(ab+bc+ca)$이므로

$2^2=6+2(ab+bc+ca)$

$\therefore ab+bc+ca=-1$

$(ab+bc+ca)^2=a^2b^2+b^2c^2+c^2a^2+2abc(a+b+c)$

이므로

$a^2b^2+b^2c^2+c^2a^2=(ab+bc+ca)^2-2abc(a+b+c)$

$=(-1)^2-2\times(-2)\times2=9$

$a^4+b^4+c^4=(a^2+b^2+c^2)^2-2(a^2b^2+b^2c^2+c^2a^2)$

$=6^2-2\times9=36-18=18$

5 (1) $a^2+b^2+c^2=48$, $a+b+c=12$이므로

$2(ab+bc+ca)=(a+b+c)^2-(a^2+b^2+c^2)$

$=12^2-48=96$

$\therefore ab+bc+ca=48$

(2) $a^2+b^2+c^2=ab+bc+ca=48$이므로

$a^2+b^2+c^2-ab-bc-ca=0$

$\frac{1}{2}\{(a-b)^2+(b-c)^2+(c-a)^2\}=0$이어야 하므로

$a-b=0$, $b-c=0$, $c-a=0$이다.

$\therefore a=b=c$이고 $a+b+c=12$이므로 $a=b=c=4$

$\therefore abc=4\times4\times4=64$

심화 문제

40~45쪽

01 36	**02** 2^{n+2}	**03** 1	**04** $2\sqrt{6}$
05 1	**06** -3	**07** -32	**08** 2, 3, 4
09 $\left(-x^2+3xy-\frac{3}{2}y^2\right)\text{cm}^2$			**10** 5
11 -1	**12** 6	**13** 17	**14** $\frac{1}{3}$, -1
15 16	**16** 0	**17** 민정	**18** 6

01 xy항이 나오는 부분을 전개하면 다음과 같다.

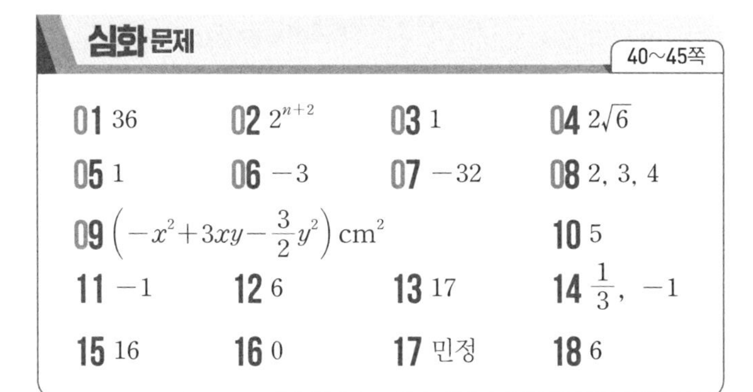

①+②+③+④+⑤+⑥

$=6xy+6xy+6xy+6xy+6xy+6xy=36xy$

따라서 xy의 계수는 36이다.

02 $(a+b)^n=A$, $(a-b)^n=B$라 하면

(주어진 식)$=(A+B)^2-(A-B)^2=4AB$

$=4(a+b)^n(a-b)^n=4\{(a+b)(a-b)\}^n$

$=4(a^2-b^2)^n=4\times2^n=2^2\times2^n=2^{n+2}$

03 $x^2-x+1=0$의 양변에 $x+1$을 곱하면

$(x+1)(x^2-x+1)=0$에서 $x^3+1=0$ $\therefore x^3=-1$

$x^{101}+\frac{1}{x^{101}}=(x^3)^{33}\cdot x^2+\frac{1}{(x^3)^{33}\cdot x^2}$

$=-x^2-\frac{1}{x^2}=-\left(x+\frac{1}{x}\right)^2+2$

$x^2-x+1=0$의 양변에 $\frac{1}{x}$을 곱하면

$x-1+\frac{1}{x}=0$이므로 $x+\frac{1}{x}=1$

$\therefore x^{101}+\frac{1}{x^{101}}=-1+2=1$

04 $xy=(2^{100}+1)(5^{97}+1)$

$=2^{100}\times5^{97}+2^{100}+5^{97}+1$

$=2^3\times2^{97}\times5^{97}+2^{100}+5^{97}+1$

$=2^3\times10^{97}+2^{100}+5^{97}+1$

$=8\times10^{97}+2^{100}+5^{97}+1$

따라서 xy는 98자리의 수이다.

$n=98$이고 $9<\sqrt{98}<10$이므로 $x=\sqrt{98}-9$

$(x+9)^2=98$, $x^2+18x+81=98$ $\therefore x^2+18x=17$

$\therefore \sqrt{5(x+19)(x-1)+34}$

$=\sqrt{5(x^2+18x-19)+34}$

$=\sqrt{5(17-19)+34}$

$=\sqrt{24}=2\sqrt{6}$

05 $123456790=x$라 하면

(주어진 식)$=\frac{x-1}{x(x+3)-(x+1)^2}$

$=\frac{x-1}{x^2+3x-x^2-2x-1}$

$=\frac{x-1}{x-1}=1$

06 $\left(\frac{1}{a}+\frac{1}{b}+\frac{1}{c}\right)^2=\frac{1}{a^2}+\frac{1}{b^2}+\frac{1}{c^2}-2\left(\frac{1}{ab}+\frac{1}{bc}+\frac{1}{ca}\right)$

$\frac{1}{a^2}+\frac{1}{b^2}+\frac{1}{c^2}=\left(\frac{1}{a}+\frac{1}{b}+\frac{1}{c}\right)^2$에서

$\frac{1}{ab}+\frac{1}{bc}+\frac{1}{ca}=\frac{a+b+c}{abc}=0$,

$abc\neq0$이므로 $a+b+c=0$

(주어진 식)$=\frac{a}{b}+\frac{a}{c}+\frac{b}{c}+\frac{b}{a}+\frac{c}{a}+\frac{c}{b}$

$=\frac{a+c}{b}+\frac{a+b}{c}+\frac{b+c}{a}$

$=\frac{-b}{b}+\frac{-c}{c}+\frac{-a}{a}=-3$

07 $a-c=d-b$에서 $a+b=c+d$

$(a+b+c-d)(a-b+c+d)(a+b-c+d)(a-b-c-d)$

$=(c+d+c-d)(a-b+a+b)(c+d-c+d)(a-b-a-b)$

$=2c\cdot2a\cdot2d\cdot(-2b)$

$=-16abcd=-32$

08 연속하는 세 정수를 $x-1$, x, $x+1$이라 하면

$(x+1)^2=x(x-1)+10$

$x^2+2x+1=x^2-x+10$

$3x=9$ $\therefore x=3$

따라서 연속하는 세 정수는 2, 3, 4이다.

09 $\overline{DG}=y$ cm, $\overline{BF}=\overline{EH}=\overline{AE}=x-y$ (cm)이므로

$\overline{EB}=\overline{AB}-\overline{AE}=\overline{AB}-\overline{EH}$

$=y-(x-y)=2y-x$(cm)

$\therefore$ (색칠한 부분의 넓이)$=(2y-x)(x-y)+\frac{1}{2}y^2$

$=-2y^2+3xy-x^2+\frac{1}{2}y^2$

$=-x^2+3xy-\frac{3}{2}y^2(\text{cm}^2)$

10 $(x+a)(x+b)=x^2+(a+b)x+ab$에서 $a+b=8$이므로

(i) $(a, b)=(2, 6), (6, 2)$일 때, $x^2+8x+12$

(ii) $(a, b)=(3, 5), (5, 3)$일 때, $x^2+8x+15$

(iii) $(a, b)=(4, 4)$일 때, $x^2+8x+16$

따라서 x의 계수가 8인 다항식이 나올 경우의 수는 5이다.

11 $x+y+z=1$에서 $x+y=1-z$, $y+z=1-x$, $z+x=1-y$ 이므로

(주어진 식)$=(1-z)(1-x)(1-y)$

$=(1-x-z+zx)(1-y)$

$=1-y-x+xy-z+yz+zx-xyz$

$=1-(x+y+z)+(xy+yz+zx)-xyz$

$=1-1+3-4=-1$

12 $(3x+2y)^{12}=3^{12}x^{12}+\cdots+2^{12}y^{12}$의 계수의 총합은 $x=y=1$일 때의 식의 값과 같다.

$\therefore A=(3\times1+2\times1)^{12}=5^{12}$

같은 방법으로 $B=(3\times1-2\times1)^{12}=1$

$\therefore A^{\frac{1}{12}}+B=(5^{12})^{\frac{1}{12}}+1=6$

13 $a^2+ab+b^2=32$ $\cdots$ ㉠

$a^2-ab+b^2=22$ $\cdots$ ㉡

이라 하면

㉠$+$㉡에서 $2(a^2+b^2)=54$이므로 $a^2+b^2=27$

㉠$-$㉡에서 $2ab=10$이므로 $ab=5$

$\therefore (a-b)^2=a^2-2ab+b^2=27-10=17$

14 $\frac{a}{b+c+d}=\frac{b}{c+d+a}=\frac{c}{d+a+b}=\frac{d}{a+b+c}=\frac{1}{k}$

이라 하면

$b+c+d=ak$ $\cdots$ ㉠, $c+d+a=bk$ $\cdots$ ㉡

$d+a+b=ck$ $\cdots$ ㉢, $a+b+c=dk$ $\cdots$ ㉣

㉠$+$㉡$+$㉢$+$㉣을 하면

$(k-3)(a+b+c+d)=0$

$3(a+b+c+d)=(a+b+c+d)k$

$\therefore k=3$ 또는 $a+b+c+d=0$

(i) $k=3$일 때, 식의 값은 $\frac{1}{3}$

(ii) $a+b+c+d=0$일 때, $b+c+d=-a$이므로
㉠에 대입하면 $k=-1$이고, 식의 값은 -1

따라서 (i), (ii)에 의해 식의 값은 $\frac{1}{3}$, -1

15 $5=2^3-3$이므로

(좌변)$=(2^3-3)(2^3+3)(2^6+3^2)(2^{12}+3^4)$

$=(2^6-3^2)(2^6+3^2)(2^{12}+3^4)$

$=(2^{12}-3^4)(2^{12}+3^4)$

$=2^{24}-3^8$

$\therefore a-b=24-8=16$

16 $f(y, x, z)+f(z, x, y)=-3$에서

$\frac{y}{x}+\frac{x}{z}+\frac{z}{y}+\frac{z}{x}+\frac{x}{y}+\frac{y}{z}=-3$,

$\left(\frac{y}{x}+\frac{z}{x}+1\right)+\left(\frac{z}{y}+\frac{x}{y}+1\right)+\left(\frac{x}{z}+\frac{y}{z}+1\right)=0$

$\frac{x+y+z}{x}+\frac{x+y+z}{y}+\frac{x+y+z}{z}=0$이므로

$(x+y+z)\left(\frac{1}{x}+\frac{1}{y}+\frac{1}{z}\right)=0$

$x+y+z\neq0$이므로 $\frac{1}{x}+\frac{1}{y}+\frac{1}{z}=0$에서

$\frac{xy+yz+zx}{xyz}=0$

$\therefore xy+yz+zx=0$

17 $9999^{100}=(10^4-1)^{100}=10^{400}+\cdots$이고,

$999^{200}=(10^3-1)^{200}=10^{600}+\cdots$이므로 999^{200}이 더 크다.

따라서 민정이가 이겼다.

18 $x^3-x^2+ax+b=(x^2+x+3)(x-p)+(x+2)$

가 성립하므로

$x^3-x^2+ax+b-x-2=(x^2+x+3)(x-p)$

$x^3-x^2+(a-1)x+(b-2)$

$=x^3+(1-p)x^2+(3-p)x-3p$

양변의 계수와 상수항을 비교하면

$-1=1-p$, $a-1=3-p$, $b-2=-3p$

$\therefore p=2$, $a=2$, $b=-4$

$\therefore a-b=6$

최상위 문제

46~51쪽

01 5	02 3	03 $\frac{9}{2}$	04 3
05 20	06 321	07 -6	08 1
09 70	10 1	11 2660	12 $12-2\sqrt{7}$
13 1	14 701	15 $\frac{13}{9}$	
16 $e=\frac{bf-af+cd-bd}{c-a}$		17 -15	18 200개

01 $xy=(\sqrt{3}-\sqrt{2})(\sqrt{3}+\sqrt{2})=1$

$x^2y^2+2xyz+z^2=1+2z+z^2$

$=(1+z)^2$

$=(\sqrt{5})^2=5$

02 $(a+b)(a-b)=a^2-b^2$을 이용하면 다음이 성립함을 알 수 있다.

$1\cdot(2+1)(2^2+1)(2^4+1)(2^8+1)(2^{16}+1)$

$=(2-1)(2+1)(2^2+1)(2^4+1)(2^8+1)(2^{16}+1)$

$=(2^2-1)(2^2+1)(2^4+1)(2^8+1)(2^{16}+1)$

$=(2^4-1)(2^4+1)(2^8+1)(2^{16}+1)$

$=(2^8-1)(2^8+1)(2^{16}+1)$

$=(2^{16}-1)(2^{16}+1)$

$=2^{32}-1$

2^k-1	2^1-1	2^2-1	2^3-1	2^4-1	2^5-1	2^6-1
나머지	1	3	7	4	9	8

2^k-1	2^7-1	2^8-1	2^9-1	$2^{10}-1$	$2^{11}-1$	$2^{12}-1$
나머지	6	2	5	0	1	3

나머지가 1, 3, 7, 4, 9, 8, 6, 2, 5, 0으로 반복됨을 알 수 있다.

따라서 $2^{32}-1$을 11로 나눈 나머지는 3이다.

03 $(x+2y)^2-(x-2y)^2=16$에서

$(x^2+4xy+4y^2)-(x^2-4xy+4y^2)=16$

$8xy=16$이므로 $xy=2$

$(x-5)(y-5)=12$에서 $xy-5(x+y)+25=12$

$2-5(x+y)+25=12$이므로 $x+y=3$

$\therefore \frac{y^2}{x}+\frac{x^2}{y}=\frac{x^3+y^3}{xy}=\frac{(x+y)^3-3xy(x+y)}{xy}=\frac{9}{2}$

04 $x=1-\sqrt{2}$에서 $x-1=-\sqrt{2}$의 양변을 제곱하면

$x^2-2x+1=2$

$x^2-2x=1 \qquad \therefore x^2=2x+1$

(주어진 식)$=(1+1)^2(2x+1-x-2)^2-5\times1^2$

$=4(x-1)^2-5$

$=4(-\sqrt{2})^2-5$

$=8-5=3$

05 $(y+z)^3=5$이므로 $x^3=5$

(주어진 식)$=x^3+3\{(y+z)^3-3yz(y+z)\}+9xyz$

$=x^3+3(x^3-3xyz)+9xyz$

$=x^3+3x^3-9xyz+9xyz$

$=4x^3=20$

06 $\left(\frac{1+\sqrt{5}}{2}\right)^2=\frac{3+\sqrt{5}}{2}$

$\left(\frac{1+\sqrt{5}}{2}\right)^4=\left(\frac{3+\sqrt{5}}{2}\right)^2=\frac{7+3\sqrt{5}}{2}$

$\left(\frac{1+\sqrt{5}}{2}\right)^8=\left(\frac{7+\sqrt{5}}{2}\right)^2=\frac{47+21\sqrt{5}}{2}$

$\left(\frac{1+\sqrt{5}}{2}\right)^{12}=\left(\frac{1+\sqrt{5}}{2}\right)^4\times\left(\frac{1+\sqrt{5}}{2}\right)^8$

$=\frac{7+3\sqrt{5}}{2}\times\frac{47+21\sqrt{5}}{2}$

$=161+72\sqrt{5}$

$160<72\sqrt{5}<161$이므로 $321<161+72\sqrt{5}<322$

따라서 구하는 값은 321이다.

07 $\frac{1}{x}+\frac{1}{y}+\frac{1}{z}=\frac{1}{2}$에서 $\frac{xy+yz+zx}{xyz}=\frac{1}{2}$이므로

$xyz=2(xy+yz+zx)$

$\therefore$ (주어진 식)

$=(xy-2x-2y+4)(z-2)$

$=xyz-2(xy+yz+zx)+4(x+y+z)-8$

$=2(xy+yz+zx)-2(xy+yz+zx)+4\times\frac{1}{2}-8=-6$

08 $(a+b+c)^2=a^2+b^2+c^2+2(ab+bc+ca)$이므로

$1=\frac{1}{3}+2(ab+bc+ca) \qquad \therefore ab+bc+ca=\frac{1}{3}$

$a^2+b^2+c^2=ab+bc+ca$이므로

$a^2+b^2+c^2-ab-bc-ca=0$

$a^2+b^2+c^2-ab-bc-ca$

$=\frac{1}{2}\{(a-b)^2+(b-c)^2+(c-a)^2\}=0$

$\therefore a=b=c$

$a+b+c=1$이므로 $a=b=c=\frac{1}{3}$

$\therefore \frac{a}{3bc}=1$

09 $a^2+b^2=(a+b)^2-2ab=9-4=5$

$x^2+y^2=(x+y)^2-2xy=16-10=6$

$m^2+n^2=(ax+by)^2+(bx+ay)^2$
$=a^2x^2+2abxy+b^2y^2+b^2x^2+2abxy+a^2y^2$
$=(a^2+b^2)x^2+4abxy+(a^2+b^2)y^2$
$=5x^2+5y^2+40$
$=5(x^2+y^2)+40=70$

10 $abcd=1$이므로

$$\frac{1}{abc+ab+a+1}+\frac{1}{bcd+bc+b+1}+\frac{1}{cda+cd+c+1}+\frac{1}{dab+da+d+1}$$
$$=\frac{1}{abc+ab+a+1}+\frac{1}{\frac{1}{a}+bc+b+1}+\frac{1}{\frac{1}{b}+\frac{1}{ab}+c+1}+\frac{1}{\frac{1}{c}+\frac{1}{bc}+\frac{1}{abc}+1}$$
$$=\frac{1}{abc+ab+a+1}+\frac{1}{\frac{1+abc+ab+a}{a}}+\frac{1}{\frac{a+1+abc+ab}{ab}}+\frac{1}{\frac{ab+a+1+abc}{abc}}$$
$$=\frac{1}{abc+ab+a+1}+\frac{a}{abc+ab+a+1}+\frac{ab}{abc+ab+a+1}+\frac{abc}{abc+ab+a+1}$$
$$=\frac{1+a+ab+abc}{abc+ab+a+1}=1$$

11 $(n-1)^3=n^3-3n^2+3n-1$에서
$3n^2-3n=n^3-(n-1)^3-1$
$3n^2-3n=3n(n-1)=3f(n)$이므로
$3f(n)=n^3-(n-1)^3-1$
$3S=3f(1)+3f(2)+3f(3)+\cdots+3f(20)$
$=(1^3-0^3-1)+(2^3-1^3-1)+(3^3-2^3-1)+\cdots+(20^3-19^3-1)$
$=20^3+(-1)\times20=7980$
$\therefore S=2660$

12 $\overline{OC}=x$, $\overline{OE}=y$라 하면 $\overline{CE}=\overline{OD}$이므로
$\overline{AC}+\overline{CE}+\overline{BE}=(4-x)+4+(4-y)$
$=12-(x+y)$
$xy=6$, $\triangle OCE$에서 $x^2+y^2=4^2=16$이므로
$(x+y)^2=x^2+y^2+2xy=28$
$x>0$, $y>0$이므로 $x+y=2\sqrt{7}$
$\therefore \overline{AC}+\overline{CE}+\overline{BE}=12-(x+y)=12-2\sqrt{7}$

13 $1+x+x^2+x^3=t$라 하면
$(1+x+x^2+x^3+x^4)^2$
$=(t+x^4)^2$
$=t^2+2tx^4+x^8$
$=(1+x+x^2+x^3)^2+2(1+x+x^2+x^3)x^4+x^8$
여기서 x^3의 계수는 $(1+x+x^2+x^3)^2$에서만 나타나므로 두 다항식의 x^3의 계수는 같다.
$\therefore \frac{b}{a}=1$

14 연속하는 네 자연수를 a, $a+1$, $a+2$, $a+3$이라 하면
$a(a+1)(a+2)(a+3)+1$
$=a(a+3)\{(a+1)(a+2)\}+1$
$=(a^2+3a)(a^2+3a+2)+1$
$a^2+3a=A$라 하면
$A(A+2)+1=(A+1)^2=(a^2+3a+1)^2$
$\therefore (25\times26\times27\times28)+1=(25^2+3\times25+1)^2$
$=701^2$
$\therefore N=701$

15 세 수를 a, b, c라 하면
$a+b+c=-2$, $a^2+b^2+c^2=2$, $\frac{1}{a}+\frac{1}{b}+\frac{1}{c}=\frac{1}{3}$
$(a+b+c)^2=a^2+b^2+c^2+2(ab+bc+ca)$이므로
$ab+bc+ca=1$
$\frac{1}{a}+\frac{1}{b}+\frac{1}{c}=\frac{1}{3}$에서 $\frac{ab+bc+ca}{abc}=\frac{1}{3}$이므로
$abc=3$
$\therefore \frac{1}{a^2}+\frac{1}{b^2}+\frac{1}{c^2}=\left(\frac{1}{a}+\frac{1}{b}+\frac{1}{c}\right)^2-2\left(\frac{1}{ab}+\frac{1}{bc}+\frac{1}{ca}\right)$
$=\left(\frac{1}{3}\right)^2-2\left(\frac{a+b+c}{abc}\right)=\frac{13}{9}$

16 $\triangle AGB \backsim \triangle DGE$, $\triangle BGC \backsim \triangle EGF$이므로
$(b-a):(c-b)=(d-e):(e-f)$
$(b-a)(e-f)=(c-b)(d-e)$
$(b-a)f-(b-a)e=(c-b)e-(c-b)d$
$(c-b)e+(b-a)e=(b-a)f+(c-b)d$
$(c-a)e=bf-af+cd-bd$
$\therefore e=\frac{bf-af+cd-bd}{c-a}$

17 $\square ABCD=xy$, $\square ABEF=x^2$
$\square FGHD=(y-x)^2=y^2-2xy+x^2$
$\overline{GE}=\overline{FE}-\overline{FG}=x-(y-x)=2x-y$이므로
$\square GEMN=(2x-y)^2=4x^2-4xy+y^2$

$\therefore$ □NMCH$=xy-x^2-(y^2-2xy+x^2)-(4x^2-4xy+y^2)$

$=-6x^2+7xy-2y^2$

$a=-6$, $b=7$, $c=-2$이므로 $a-b+c=-15$

18 10 이하의 자연수 중에서 $4^2=16$, $6^2=36$이므로 4와 6의 두 수만이 그 제곱의 십의 자리 숫자가 홀수이다.
p는 0 또는 자연수라고 하면 $1<n<10$인 수 n에 대하여 $(10p+n)^2=100p^2+20pn+n^2$에서 $(100p^2+20pn)$의 부분은 십의 자리 숫자가 반드시 짝수이므로 $(10p+n)^2$의 십의 자리 숫자는 n^2의 십의 자리의 숫자가 홀수일 때만 홀수이다.
따라서 1000 이하의 자연수 중에서 일의 자리 숫자가 4와 6일 때만 답이 될 수 있다.
$\therefore 100\times2=200$(개)

2 인수분해

핵심문제 01

52쪽

1 $5x+2$ **2** $\sqrt{2}$ **3** $2(b+c)(b-c)$
4 $(x-4)$ m **5** (1) 12가지 (2) 118

1 $6x^2+7x-3=(2x+3)(3x-1)$이므로
$2x+3+3x-1=5x+2$

2 $a+b=1+\sqrt{2}+1-\sqrt{2}=2$
$a-b=1+\sqrt{2}-1+\sqrt{2}=2\sqrt{2}$

$$\frac{a^2-2ab+b^2}{a^2-b^2}=\frac{(a-b)^2}{(a+b)(a-b)}=\frac{a-b}{a+b}=\frac{2\sqrt{2}}{2}=\sqrt{2}$$

3 $[a,\ -2b,\ -c]+[b,\ 2c,\ a]-[c,\ 4a,\ b]$
$=(a^2-c^2-2abc)+(b^2-a^2-2abc)-(c^2-b^2-4abc)$
$=2b^2-2c^2=2(b+c)(b-c)$

4 (꽃밭의 넓이)$=x^2-4^2=(x+4)(x-4)(\text{m}^2)$
직사각형 모양의 잔디밭의 가로의 길이가 $(x+4)$ m이므로 세로의 길이는 $(x-4)$ m이다.

5 (1) (i) $\begin{cases} x \\ 12x \end{cases}$ ╳ $\begin{matrix} 5 & -5 & 1 & -1 \\ -1 & 1 & -5 & 5 \end{matrix}$

(ii) $\begin{cases} 2x \\ 6x \end{cases}$ ╳ $\begin{matrix} 5 & -5 & 1 & -1 \\ -1 & 1 & -5 & 5 \end{matrix}$

(iii) $\begin{cases} 3x \\ 4x \end{cases}$ ╳ $\begin{matrix} 5 & -5 & 1 & -1 \\ -1 & 1 & -5 & 5 \end{matrix}$

$4\times3=12$(가지)

(2) $(12x-1)(x+5)=12x^2+59x-5$일 때,
$m=59$(최댓값)
$(12x+1)(x-5)=12x^2-59x-5$일 때,
$m=-59$(최솟값)
$\therefore 59-(-59)=118$

응용문제 01

53쪽

예제 ① $2a+3b$, $3a-b$, $9b^2$, $2a+3b$, 3, 6, 9/ ㄱ, ㄹ, ㅁ

1 4 **2** 486 **3** 1 **4** 65

5 $\frac{37}{55}$

1 $\sqrt{x}=a-2$의 양변을 제곱하면 $x=(a-2)^2=a^2-4a+4$

$\sqrt{x+6a-3}+\sqrt{x-2a+5}$

$=\sqrt{a^2-4a+4+6a-3}+\sqrt{a^2-4a+4-2a+5}$

$=\sqrt{a^2+2a+1}+\sqrt{a^2-6a+9}$

$=\sqrt{(a+1)^2}+\sqrt{(a-3)^2}$

$=a+1-(a-3)$ ($\because a-3<0$)

$=4$

2 $3^{40}-1=(3^{20}+1)(3^{20}-1)$

$=(3^{20}+1)(3^{10}+1)(3^{10}-1)$

$=(3^{20}+1)(3^{10}+1)(3^5+1)(3^5-1)$

자연수 $3^{40}-1$의 약수 중 200과 300 사이의 두 자연수는

$3^5+1=244$와 $3^5-1=242$

따라서 두 자연수의 합은 $244+242=486$

3 (주어진 식)$=(x+1)(x+4)(x+2)(x+3)+k$

$=(x^2+5x+4)(x^2+5x+6)+k$

$=A(A+2)+k$ ← $x^2+5x+4=A$로 치환

$=A^2+2A+k$

$=(A+1)^2+k-1$

완전제곱식이 되려면 $k-1=0$ $\therefore k=1$

4 $8\times\sqrt{66+\frac{1}{64}}=8\times\sqrt{64+2+\frac{1}{64}}$

$=8\times\sqrt{8^2+2\times8\times\frac{1}{8}+\left(\frac{1}{8}\right)^2}$

$=8\times\sqrt{\left(8+\frac{1}{8}\right)^2}$

$=8\times\left(8+\frac{1}{8}\right)=65$

5 $\frac{(2^3-1)}{(2^3+1)}=\frac{(2-1)(2^2+2+1)}{(2+1)(2^2-2+1)}=\frac{1}{3}\times\frac{7}{3}$

$\frac{(3^3-1)}{(3^3+1)}=\frac{2}{4}\times\frac{13}{7}$, $\frac{(4^3-1)}{(4^3+1)}=\frac{3}{5}\times\frac{21}{13}$, $\cdots$,

$\frac{(9^3-1)}{(9^3+1)}=\frac{8}{10}\times\frac{91}{73}$, $\frac{(10^3-1)}{(10^3+1)}=\frac{9}{11}\times\frac{111}{91}$

(주어진 식)

$=\frac{(1\times2\times3\times\cdots\times8\times9)(7\times13\times21\times\cdots\times91\times111)}{(3\times4\times5\times\cdots\times10\times11)(3\times7\times13\times\cdots\times73\times91)}$

$=\frac{1\times2\times111}{10\times11\times3}=\frac{37}{55}$

핵심문제 02

54쪽

1 (1) $(x-1)(x-3)(x+3)$

(2) $(a+b+10)(a-b-10)$

(3) $(x+y+4z)(x-y+4z)$

2 (1) $(a+4)(a-4)(a^2+2)$

(2) $(a-1)(a^2+a+1)(a+2)(a^2-2a+4)$

(3) $(x^2-x+2)(x^2+x+2)$

3 4 **4** $2\sqrt{5}+6$

5 (1) $(x-2)(y-3)=5$ (2) 4개

1 (1) $x^3-x^2-9x+9=x^2(x-1)-9(x-1)$

$=(x-1)(x^2-9)$

$=(x-1)(x-3)(x+3)$

(2) $a^2-(b^2+20b+100)=a^2-(b+10)^2$

$=(a+b+10)(a-b-10)$

(3) $(x^2+8xz+16z^2)-y^2=(x+4z)^2-y^2$

$=(x+y+4z)(x-y+4z)$

2 (1) a^4-14a^2-32에서 $a^2=t$로 치환하면

$t^2-14t-32=(t-16)(t+2)$

$=(a^2-16)(a^2+2)$

$=(a+4)(a-4)(a^2+2)$

(2) a^6+7a^3-8에서 $a^3=t$로 치환하면

$t^2+7t-8=(t-1)(t+8)$

$=(a^3-1)(a^3+8)$

$=(a-1)(a^2+a+1)(a+2)(a^2-2a+4)$

(3) $x^4+3x^2+4=x^4+4x^2+4-x^2$

$=(x^2+2)^2-x^2$

$=(x^2-x+2)(x^2+x+2)$

3 x, y의 분모를 각각 유리화하면

$x=\frac{1}{2+\sqrt{3}}=2-\sqrt{3}$

$y=\frac{1}{2-\sqrt{3}}=2+\sqrt{3}$

$x^4y^4+2x^2y^2+1=(x^2y^2+1)^2$

$=[\{(2-\sqrt{3})(2+\sqrt{3})\}^2+1]^2$

$=(1+1)^2=2^2=4$

4 $x^2-y^2-6x+9=(x^2-6x+9)-y^2$

$=(x-3)^2-y^2$

$=(x+y-3)(x-y-3)$

$(x+y-3)(x-y-3)=11$이므로

$(2\sqrt{5}-3)(x-y-3)=11$

$x-y-3=\frac{11}{2\sqrt{5}-3}=\frac{11(2\sqrt{5}+3)}{11}=2\sqrt{5}+3$

$\therefore x-y=2\sqrt{5}+3+3=2\sqrt{5}+6$

5 (1) $xy-3x-2y+1+5=5$

$xy-3x-2y+6=5$

(좌변)$=y(x-2)-3(x-2)$

$=(x-2)(y-3)$

$\therefore (x-2)(y-3)=5$

(2)

$x-2$	1	5	-1	-5
$y-3$	5	1	-5	-1

➡

x	3	7	1	-3
y	8	4	-2	2

$\therefore (3, 8), (7, 4), (1, -2), (-3, 2)$의 4개

응용문제 02 (55쪽)

예제 2 x^2, x^2, $2x^2$, x^2-x+1, x^2-x+1 / $(x^2+x+1)(x^2-x+1)(x-1)$

1 ① **2** $(x-2y+3)(x+2y+3)$ **3** 1080

4 (1) $-4y^2+8$ (2) $(y-1)(y+1)(17y^2-18)$ (3) 5

1 $n^4+n^2+1=(n^4+2n^2+1)-n^2$

$=(n^2+1)^2-n^2$

$=(n^2+n+1)(n^2-n+1)$

따라서 n^4+n^2+1이 소수가 되려면

$n^2+n+1=1$ 또는 $n^2-n+1=1$

(i) $n^2+n+1=1$에서 $n=0$ 또는 $n=-1$

➡ n이 자연수라는 조건에 맞지 않는다.

(ii) $n^2-n+1=1$에서 $n=0$ 또는 $n=1$

$\therefore n=1$ ($\because n$은 자연수)

$n=1$을 대입하면 $p=3$

$\therefore n+p=1+3=4$

2 $x^2-4y^2+bx+9=(x+ay+3)(x+cy+3)$이라 하면

(우변)$=x^2+axy+3x+cxy+acy^2+3cy+3x+3ay+9$

$=x^2+acy^2+6x+(a+c)xy+(3c+3a)y+9$

x의 계수를 비교하면 $b=6$

y^2의 계수를 비교하면 $ac=-4$

xy의 계수를 비교하면 $a+c=0$ $\therefore c=-a$

$ac=-a^2=-4$, $a^2=4$ $\therefore a=-2$ ($\because a<0$), $c=2$

$x^2-4y^2+6x+9=(x-2y+3)(x+2y+3)$

3 $(a+2)(b+2)=ab+2(a+b)+4=20$ ⋯ ㉠

㉠에 $ab=-4$를 대입하면 $a+b=10$

한편 $a^2+b^2=(a+b)^2-2ab=10^2-2\times(-4)=108$

$\therefore a^3+b^3+a^2b+ab^2=a^2(a+b)+b^2(a+b)$

$=(a+b)(a^2+b^2)$

$=10\times108=1080$

4 (1) ㉠−㉡을 하면 $2x^2+8y^2-16=0$

$\therefore x^2=-4y^2+8$

(2) (나)$=16y^4-64y^2+64+y^4+16y^2-32+3y^2-4$

$=17y^4-45y^2+28$

$=(y^2-1)(17y^2-28)$

$=(y-1)(y+1)(17y^2-18)$

(3) $(y-1)(y+1)(17y^2-18)=0$에서 y는 정수이므로

$y=1$이면 $x^2=-4\times1^2+8=4$

$y=-1$이면 $x^2=-4\times(-1)^2+8=4$

$\therefore x^2=4$, $y^2=1$이므로 $x^2+y^2=5$

핵심문제 03 (56쪽)

1 ② **2** -2 **3** $2x-y-3$ **4** 5

5 $-\frac{1}{2}$ **6** 16

1 $xyz-xy+xz-x-yz+y-z+1$

$=x(yz-y+z-1)-(yz-y+z-1)$

$=(x-1)(yz-y+z-1)$

$=(x-1)\{y(z-1)+(z-1)\}$

$=(x-1)(y+1)(z-1)$

2 $(x-2)^2+(x-2)+y(y+3)-2xy$

$=x^2-4x+4+x-2+y^2+3y-2xy$

x에 대하여 내림차순으로 정리하면

$x^2-(2y+3)x+y^2+3y+2$

$x \quad -(y+1) \rightarrow -xy-x$

$x \quad -(y+2) \rightarrow -xy-2x$ (+)

$-(2xy+3x)$

➡ $(x-y-1)(x-y-2)$

$\therefore a=-1$, $b=-1$, $c=-2$이므로 $a-b+c=-2$

3 $x^2-xy-6y^2-3x+9y$

$=(x-3y)(x+2y)-3(x-3y)$

$=(x-3y)(x+2y-3)$

따라서 두 일차식의 합은

$(x-3y)+(x+2y-3)=2x-y-3$

4 $4x^2+4xy-4x-(2y-y^2-1)$

$=4x^2+4(y-1)x+y^2-2y+1$

$=(2x)^2+2\cdot2\cdot(y-1)x+(y-1)^2$

$=(2x+y-1)^2$

$a=2$, $b=1$이므로 $a^2+b^2=5$

5 (주어진 식)$=\dfrac{x+y+1}{(x+y)(x+2y)+(x+2y)}$

$=\dfrac{x+y+1}{(x+y+1)(x+2y)}=\dfrac{1}{x+2y}$

$=\dfrac{1}{4-2\sqrt{3}+2(\sqrt{3}-3)}=-\dfrac{1}{2}$

6 $f(a,\ b,\ c)=a^2+b^2+c^2+2ab-2bc-2ac$

$=(a^2+b^2+2ab)-2(a+b)c+c^2$

$=(a+b)^2-2(a+b)c+c^2$

$=(a+b-c)^2$

$f(132,\ 128,\ 256)=(132+128-256)^2=16$

응용 문제 03

57쪽

예제 3 xy, xy, z, 2, yz, xy, 0, $1/1$

1 $(a+b)(b+c)(c+a)$ **2** ④ **3** -64

4 $(x+y+z)(xy+yz+zx)$ **5** ③

1 $a(b^2+c^2)+b(c^2+a^2)+c(a^2+b^2)+2abc$

$=\underline{(b+c)a^2+(b^2+2bc+c^2)a+bc(b+c)}$ → a에 관한 내림차순

$=(b+c)\{a^2+(b+c)a+bc\}$

$=(b+c)(a+b)(a+c)$

$=(a+b)(b+c)(c+a)$

2 $2x^2-2y^2+3xy+4x+3y+2$를 x에 대하여 내림차순으로 정리하면

$2x^2+(3y+4)x-(2y^2-3y-2)$

$=2x^2+(3y+4)x-(2y+1)(y-2)$

$x \quad (2y+1) \ \rightarrow \ 4xy+2x$

$2x \quad -(y-2) \ \rightarrow \ +)\ -xy+2x$

$\qquad\qquad\qquad\qquad 3xy+4x$

➡ $(x+2y+1)(2x-y+2)$

$\therefore a=1$, $b=2$, $c=2$, $d=-1$이므로 $a+b+c-d=6$

3 $a^2-4ab+4b^2-(9c^2+6c+1)$

$=(a-2b)^2-(3c+1)^2$

$=(a-2b+3c+1)(a-2b-3c-1)$ ⋯ ㉠

이때 $(a-2b)^2=(a+2b)^2-8ab=4+32=36$

$\therefore a-2b=6$ ($\because a-2b>0$)

㉠에 $a-2b=6$, $c=3$을 대입하면

$(6+9+1)\times(6-9-1)=16\times(-4)=-64$

4 $x+y+z=A$라 하면

$xyz+(x+y)(y+z)(z+x)$

$=xyz+(A-z)(A-x)(A-y)$

$=xyz+A^3-(x+y+z)A^2+(xy+yz+zx)A-xyz$

$=A^3-A^3+(xy+yz+zx)A$ ($\because x+y+z=A$)

$=(x+y+z)(xy+yz+zx)$

5 $a^4-b^4+(a-b)c^3-(a^2-b^2)c^2-(a^3-a^2b+ab^2-b^3)c=0$

$(a^2+b^2)(a+b)(a-b)+(a-b)c^3$

$\qquad -(a+b)(a-b)c^2-(a^2+b^2)(a-b)c=0$

$(a+b)(a-b)(a^2+b^2-c^2)+c(a-b)(c^2-a^2-b^2)=0$

$(a+b-c)(a-b)(a^2+b^2-c^2)=0$

이때 $a\neq b$, $a+b>c$이므로 $a^2+b^2-c^2=0$

$\therefore a^2+b^2=c^2$

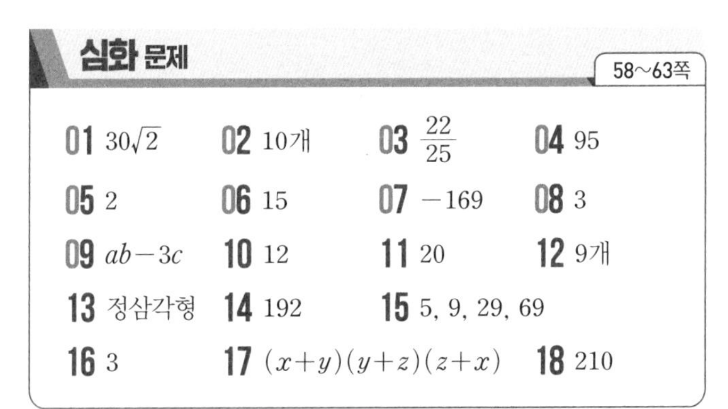
심화 문제

58~63쪽

01 $30\sqrt{2}$	**02** 10개	**03** $\dfrac{22}{25}$	**04** 95
05 2	**06** 15	**07** -169	**08** 3
09 $ab-3c$	**10** 12	**11** 20	**12** 9개
13 정삼각형	**14** 192	**15** 5, 9, 29, 69	
16 3	**17** $(x+y)(y+z)(z+x)$		**18** 210

01 (주어진 식)$=(x^3+x^2y)+(xy^2+y^3)$

$=x^2(x+y)+y^2(x+y)$

$=(x+y)(x^2+y^2)$

$(x+y)^2=x^2+y^2+2xy=18$

$x>0$, $y>0$이므로 $x+y=\sqrt{18}=3\sqrt{2}$

$\therefore$ (주어진 식)$=3\sqrt{2}\times10=30\sqrt{2}$

02 $x^2-4ax+5b+6ax-b=x^2+2ax+4b$

이 식이 완전제곱식이 되려면

$4b=\left(\frac{2a}{2}\right)^2=a^2$

따라서 100 이하의 자연수 a, b의 순서쌍 (a, b)의 개수는

(2, 1), (4, 4), (6, 9), (8, 16), (10, 25), (12, 36), (14, 49), (16, 64), (18, 81), (20, 100)의 10개이다.

03 $f(5)\times f(6)\times f(7)\times\cdots\times f(10)$

$=\left(1-\frac{1}{5^2}\right)\left(1-\frac{1}{6^2}\right)\times\cdots\times\left(1-\frac{1}{10^2}\right)$

$=\left(1-\frac{1}{5}\right)\left(1+\frac{1}{5}\right)\left(1-\frac{1}{6}\right)\left(1+\frac{1}{6}\right)\times\cdots\times\left(1-\frac{1}{10}\right)\left(1+\frac{1}{10}\right)$

$=\frac{4}{5}\times\frac{6}{5}\times\frac{5}{6}\times\frac{7}{6}\times\cdots\times\frac{9}{10}\times\frac{11}{10}$

$=\frac{4}{5}\times\frac{11}{10}=\frac{22}{25}$

04 $n^3+25=n^3+5^3-100$

$=(n+5)(n^2-5n+25)-100$

n^3+25가 $n+5$의 배수가 되려면 100이 $n+5$의 배수가 되어야 한다.

즉, 100이 $n+5$로 나누어떨어져야 한다.

따라서 가장 큰 자연수 n은 $100-5=95$이다.

05 $100=a$라 하면

$\frac{1}{a(a+2)}+1=\frac{a^2+2a+1}{a(a+2)}=\frac{(a+1)^2}{a(a+2)}$이므로

(주어진 식)$=\frac{(a+1)^2}{a(a+2)}\times\frac{a^2}{(a-1)(a+1)}\times\frac{(a-1)^2}{(a-2)a}\times\frac{(a-2)^2}{(a-3)(a-1)}$

$=\frac{(a+1)(a-2)}{(a+2)(a-3)}$

$=\frac{101\times98}{102\times97}=\frac{4949}{4947}$

$\therefore 4949-4947=2$

06 $6a^2+19a+15=(3a+5)(2a+3)$

$12a^2+23a+5=(3a+5)(4a+1)$

$\therefore$ (세로의 길이)$=3a+5$,

(가로의 길이)$=2a+3+4a+1=6a+4$

$\therefore k=5$, $p=6$, $q=4$이므로 $k+p+q=15$

07 $x^2+mx+12=x^2+(a+b)x+ab$에서 $a+b=m$, $ab=12$이므로 $ab=12$인 (a, b)의 순서쌍은

(1, 12), (2, 6), (3, 4), (4, 3), (6, 2), (12, 1), (−1, −12), (−2, −6), (−3, −4), (−4, −3), (−6, −2), (−12, −1)이다.

m의 최댓값은 13, m의 최솟값은 -13

$\therefore 13\times(-13)=-169$

08 $a-b=-1$, $b-c=-1$의 두 식을 더하면 $c-a=2$이므로

(주어진 식)$=\frac{1}{2}(2a^2+2b^2+2c^2-2ab-2bc-2ca)$

$=\frac{1}{2}\{(a-b)^2+(b-c)^2+(c-a)^2\}$

$=\frac{1}{2}(1+1+4)=3$

09 $x+y+z=a$에서 $y+z=a-x$, $z+x=a-y$, $x+y=a-z$이므로

(주어진 식)$=yz(y+z)+zx(z+x)+xy(x+y)$

$=yz(a-x)+zx(a-y)+xy(a-z)$

$=a(xy+yz+zx)-3xyz$

$=ab-3c$

10 $x^2-5x+1=0$의 양변을 x로 나누면

$x-5+\frac{1}{x}=0$이므로 $x+\frac{1}{x}=5$

(주어진 식)$=x^2\left(x^2-3x+4-\frac{3}{x}+\frac{1}{x^2}\right)$

$=x^2\left\{x^2+\frac{1}{x^2}-3\left(x+\frac{1}{x}\right)+4\right\}$

$=x^2\left\{\left(x+\frac{1}{x}\right)^2-2-3\left(x+\frac{1}{x}\right)+4\right\}$

$=x^2(5^2-2-3\times5+4)=12x^2$

$\therefore a=12$

11 $(a+b)^3=A$, $(a-b)^3=B$라 하면

(주어진 식)$=(A+B)^2-(A-B)^2$

$=4AB=4(a+b)^3(a-b)^3$

$=4(a^2-b^2)^3=2^8\times5^3$

$(a^2-b^2)^3=2^6\times5^3$이므로 $(a^2-b^2)^3=(2^2\times5)^3$

$\therefore a^2-b^2=2^2\times5=20$

12 $(x+a)(x+b)=x^2+(a+b)x+ab$이고,

주어진 이차식에서 $a+b=-1$이므로

ab의 절댓값은 연속하는 두 자연수의 곱으로 나타난다.

즉, $1\cdot2$, $2\cdot3$, $3\cdot4$, $4\cdot5$, $5\cdot6$, $6\cdot7$, $7\cdot8$, $8\cdot9$, $9\cdot10$

따라서 $(x+a)(x+b)$의 꼴로 인수분해되는 이차식은 9개이다.

13 $<a, b, c>+<b, c, a>+<c, a, b>=0$에서

$(a-b)(a-c)+(b-c)(b-a)+(c-a)(c-b)$

$=a^2-ac-ab+bc+b^2-ab-bc+ac+c^2-bc-ac+ab$

$=a^2+b^2+c^2-ac-ab-bc$

$=\frac{1}{2}\{(a-b)^2+(b-c)^2+(c-a)^2\}=0$이므로

$a-b=0,\ b-c=0,\ c-a=0 \qquad \therefore a=b=c$

따라서 삼각형 ABC는 정삼각형이다.

14 $x=\frac{(\sqrt{3}-2)^2}{3-4}=-(7-4\sqrt{3})=-7+4\sqrt{3}$

$y=\frac{(\sqrt{3}+2)^2}{3-4}=-(7+4\sqrt{3})=-7-4\sqrt{3}$

$x+y=-14,\ xy=49-48=1$

$\therefore$ (주어진 식)$=\frac{(x+y)^3-3xy(x+y)+14xy}{x+y}$

$=\frac{(-14)^3-3\times1\times(-14)+14\times1}{-14}$

$=14^2-3-1$

$=192$

15 $\frac{n^2+6n+25}{n+11}=\frac{(n+11)(n-5)+80}{n+11}=n-5+\frac{80}{n+11}$

이 자연수이므로 $n+11$은 80의 약수이다. (단, $n+11\geq12$)

따라서 $n+11=16,\ 20,\ 40,\ 80$이므로 $n=5,\ 9,\ 29,\ 69$이다.

16 (주어진 식)$=\frac{(a-b)^3+(b-c)^3+(c-a)^3}{(a-b)(b-c)(c-a)}$

$=\frac{-3\{(b-c)a^2-(b^2-c^2)a+bc(b-c)\}}{(a-b)(b-c)(c-a)}$

$=\frac{-3(b-c)\{a^2-(b+c)a+bc\}}{(a-b)(b-c)(c-a)}$

$=\frac{-3(b-c)(a-b)(a-c)}{(a-b)(b-c)(c-a)}=3$

17 $x(y+z)^2+y(z+x)^2+z(x+y)^2-4xyz$

$=x(y^2+2yz+z^2)+y(z^2+2zx+x^2)$
$\quad+z(x^2+2xy+y^2)-4xyz$

$=xy^2+2xyz+xz^2+yz^2+2xyz+x^2y$
$\quad+x^2z+2xyz+y^2z-4xyz$

$=xy^2+xz^2+yz^2+x^2y+x^2z+y^2z+2xyz$

$=(x^2y+x^2z)+(xy^2+2xyz+xz^2)+y^2z+yz^2$

$=(y+z)x^2+(y^2+2yz+z^2)x+(y+z)yz$

$=(y+z)\{x^2+(y+z)x+yz\}$

$=(y+z)(x+y)(x+z)=(x+y)(y+z)(z+x)$

18 직사각형의 가로의 길이를 m, 세로의 길이를 n이라 하자. $(m>n)$

직사각형의 가장자리에 놓인 색종이의 넓이는 전체 색종이 넓이의 $\frac{1}{3}$이므로

$2m+2n-4=\frac{1}{3}mn$

양변에 3을 곱하고 정리하면 $mn-6m-6n+12=0$

$(m-6)(n-6)-24=0$

$(m-6)(n-6)=24 \cdots ㉠$

㉠을 만족하는 $m,\ n$은 다음 표와 같다.

$m-6$	$n-6$
24	1
12	2
8	3
6	4

➡

m	n	mn
30	7	210
18	8	144
14	9	126
12	10	120

따라서 가장 큰 넓이는 210이다.

최상위 문제

64~69쪽

01 $-4,\ 2$ **02** $(a+b+c)(a^2+b^2+c^2)$ **03** 4049개
04 $b<a<c$ **05** $\frac{b(2a+b)}{4}\pi$ **06** 267
07 $k=1,\ x+y+z=0$ **08** -3 **09** 7, 14
10 $\frac{9}{8}$ **11** (3, 7) **12** 10가지 **13** 1
14 $-51+27\sqrt{5}$ **15** 풀이 참조 **16** 1
17 25 **18** 24

01 $x^2+2x+8=k^2$(k는 정수)라 하면 $(x+1)^2+7=k^2$

$k^2-(x+1)^2=7$이므로 $(k+x+1)(k-x-1)=7$

$k,\ x$는 모두 정수이므로 $k+x+1,\ k-x-1$의 값은 다음 표와 같다.

	①	②	③	④
$k+x+1$	1	-1	7	-7
$k-x-1$	7	-7	1	-1

각각을 연립하여 풀면 ①, ④에서 $x=-4$

②, ③에서 $x=2$

02 (주어진 식)

$=(a^3+b^3+c^3-3abc)+\{abc+bc(b+c)\}$
$\quad+\{abc+ca(c+a)\}+\{abc+ab(a+b)\}$

$=(a+b+c)(a^2+b^2+c^2-ab-bc-ca)$
$\quad+bc(a+b+c)+ca(a+b+c)+ab(a+b+c)$

$=(a+b+c)(a^2+b^2+c^2-ab-bc-ca+bc+ca+ab)$

$=(a+b+c)(a^2+b^2+c^2)$

03 $\frac{1}{1+\sqrt{2}}+\frac{1}{\sqrt{2}+\sqrt{3}}+\frac{1}{\sqrt{3}+2}+\cdots+\frac{1}{\sqrt{n}+\sqrt{n+1}}$

$=\frac{\sqrt{2}-1}{(\sqrt{2}+1)(\sqrt{2}-1)}+\frac{\sqrt{3}-\sqrt{2}}{(\sqrt{3}+\sqrt{2})(\sqrt{3}-\sqrt{2})}$

$$+\frac{\sqrt{4}-\sqrt{3}}{(\sqrt{4}+\sqrt{3})(\sqrt{4}-\sqrt{3})}$$

$$+\cdots+\frac{\sqrt{n+1}-\sqrt{n}}{(\sqrt{n+1}+\sqrt{n})(\sqrt{n+1}-\sqrt{n})}$$

$=(\sqrt{2}-1)+(\sqrt{3}-\sqrt{2})+(\sqrt{4}-\sqrt{3})+\cdots+(\sqrt{n+1}-\sqrt{n})$

$=\sqrt{n+1}-1$

$2023\leq\sqrt{n+1}-1<2024$, $2024\leq\sqrt{n+1}<2025$

$\therefore 2024^2-1\leq n<2025^2-1$

따라서 구하는 자연수 n의 개수는

$(2025^2-1)-(2024^2-1)=(2025+2024)(2025-2024)$

$=4049$(개)

04 $a^2-a-2b-2c=0$ ⋯ ㉠

$a+2b-2c+3=0$ ⋯ ㉡

㉠+㉡을 하면 $4c=a^2+3$

양쪽에 $-4a$를 더하여 인수분해하면

$4c-4a=a^2-4a+3$이므로

$4(c-a)=(a-3)(a-1)$ ⋯ ㉢

㉠−㉡을 하면 $a^2-2a-3=4b$ ⋯ ㉣

$b>0$이므로 $a^2-2a-3>0$, $(a-3)(a+1)>0$에서

$a+1>0$이므로 $a>3$

㉢에서 $4(c-a)>0$이므로 $a<c$

㉣의 양변에 $-4a$를 더하여 식을 변형하면

$4(b-a)=a^2-2a-3-4a$

$=a^2-6a-3$

$=(a-3)^2-12<0$

이므로 $b<a$

$\therefore b<a<c$

05 색칠한 부분의 넓이는 지름의 길이가 $a+b$인 원의 넓이에서 지름의 길이가 a인 원의 넓이를 빼면 된다.

(색칠한 부분의 넓이)$=\pi\left(\frac{a+b}{2}\right)^2-\pi\left(\frac{a}{2}\right)^2$

$=\pi\left(\frac{a+b}{2}-\frac{a}{2}\right)\left(\frac{a+b}{2}+\frac{a}{2}\right)$

$=\pi\left(\frac{b}{2}\times\frac{2a+b}{2}\right)=\frac{b(2a+b)}{4}\pi$

06 (나)와 (다)에서

$ab+a+b+1=(a+1)(b+1)=195=13\times15$

$bc+b+c+1=(b+1)(c+1)=255=15\times17$

이므로 $b+1=15$이다.

그러므로 $b=14$, $a=12$, $c=16$이다.

$\therefore d=\frac{2^7\times3^3\times5^2\times7}{abc}=\frac{2^7\times3^3\times5^2\times7}{2^7\times3\times7}=3^2\times5^2=225$

$\therefore a+b+c+d=267$

07 $x^2-kyz=y^2-kzx$에서 $(x-y)(x+y)+kz(x-y)=0$

이므로 $(x-y)(x+y+kz)=0$

$x-y\neq0$이므로 $x+y+kz=0$ ⋯ ㉠

같은 방법으로 $y^2-kzx=z^2-kxy$에서

$(y-z)(y+z+kx)=0$

$y-z\neq0$이므로 $y+z+kx=0$ ⋯ ㉡

㉠−㉡을 하면 $x-z+k(z-x)=0$이므로

$(x-z)(1-k)=0$

$x-z\neq0$이므로 $k=1$

따라서 $k=1$을 ㉠에 대입하면 $x+y+z=0$

08 $x^2+3y^2+z^2+3yz-zx-3xy=0$에서

$x^2-(3y+z)x+3y^2+3yz+z^2=0$이고

$\left(x-\frac{3y+z}{2}\right)^2-\frac{(3y+z)^2}{4}+3y^2+3yz+z^2=0$

양변에 4를 곱하여 정리하면 $(2x-3y-z)^2+3(y+z)^2=0$

이므로 $2x-3y-z=0$, $y+z=0$이고,

두 식을 연립하여 풀면 $x=-z$, $y=-z$

$\therefore \frac{3x^2-y^2+4z^2}{2yz+zx+xy}=-\frac{6z^2}{2z^2}=-3$

09 $n+2$명이 서로 가위바위보를 한 총 횟수는

$\frac{(n+1)(n+2)}{2}$번

한 번의 게임에서 서로 얻는 점수의 합이 1점이므로 $n+2$명의 점수의 총합도 $\frac{(n+1)(n+2)}{2}$

갑과 을을 제외한 n명이 받은 점수를 각각 k점이라 하면

$\frac{(n+1)(n+2)}{2}-8=nk$에서 $n(n-2k+3)=14=2\times7$

$(n, k)=(1, -5)$, $(2, -1)$, $(7, 4)$, $(14, 8)$

$\therefore k>0$이므로 $n=7$ 또는 $n=14$

10 x^3-4x^2+2x+1을 $2x-1$로 나눈 몫을 $Q(x)$, 나머지를 R이라 하면 $x^3-4x^2+2x+1-R$는 $(2x-1)$을 인수로 가지므로

$x^3-4x^2+2x+1-R=(2x-1)Q(x)$

양변에 $x=\frac{1}{2}$을 대입하면

$\left(\frac{1}{2}\right)^3-4\left(\frac{1}{2}\right)^2+2\left(\frac{1}{2}\right)+1-R=\left(2\times\frac{1}{2}-1\right)Q\left(\frac{1}{2}\right)=0$

$\therefore R=\frac{9}{8}$

11 $6x^2-xy-y^2+20x-44=0$에서 x에 대하여 내림차순을 하면

$6x^2+(20-y)x-y^2=44$

x의 일차항의 계수가 $(20-y)$이므로 인수분해가 되도록 양변에 16을 더하면 $6x^2+(20-y)x-(y^2-16)=60$

$6x^2+(20-y)x-(y+4)(y-4)=60$

$(2x-y+4)(3x+y+4)=60$

x, y가 양의 정수이므로 $3x+y+4\geq 8$

60의 약수 중 8보다 큰 것은 10, 12, 15, 20, 30, 60이므로

	①	②	③	④	⑤	⑥
$3x+y+4$	10	12	15	20	30	60
$2x-y+4$	6	5	4	3	2	1

각 경우를 연립하여 풀면

①일 때 $x=\frac{8}{5}$, $y=\frac{6}{5}$, ②일 때 $x=\frac{9}{5}$, $y=\frac{13}{5}$

③일 때 $x=\frac{11}{5}$, $y=\frac{22}{5}$, ④일 때 $x=3$, $y=7$

⑤일 때 $x=\frac{24}{5}$, $y=\frac{58}{5}$, ⑥일 때 $x=\frac{53}{5}$, $y=\frac{121}{5}$

따라서 조건에 맞는 순서쌍은 $(x, y)=(3, 7)$이다.

12 $ax^2+bx+c=a\left(x^2+\frac{b}{a}x+\frac{c}{a}\right)=a\left(x+\frac{b}{2a}\right)^2$

에서 $\left(\frac{b}{2a}\right)^2=\frac{c}{a}$, $b^2=2^2ac$이므로 b는 짝수이다.

(i) $b=2$일 때, $ac=1$이므로 $(a, c)=(1, 1)$

(ii) $b=4$일 때, $ac=4$이므로
$(a, c)=(1, 4), (2, 2), (4, 1)$

(iii) $b=6$일 때, $ac=9$이므로
$(a, c)=(1, 9), (3, 3), (9, 1)$

(iv) $b=8$일 때, $ac=16$이므로
$(a, c)=(2, 8), (4, 4), (8, 2)$

따라서 ax^2+bx+c가 완전제곱식이 되는 경우의 수는 10가지이다.

13 $k\neq 0$이므로 $a\neq 1$, $b\neq 1$, $c\neq 1$

$a(1-b)=k$ ⋯ ㉠, $b(1-c)=k$ ⋯ ㉡,

$c(1-a)k$ ⋯ ㉢

㉠에서 $b=1-\frac{k}{a}$, ㉢에서 $c=\frac{k}{1-a}$이므로 ㉡에 대입하면

$\left(1-\frac{k}{a}\right)\left(1-\frac{k}{1-a}\right)=k$에서

$k^2+(a^2-a-1)k-(a^2-a)=0$이고

좌변을 인수분해하면 $(k-1)(a^2-a+k)=0$

$\therefore$ $k=1$ 또는 $k=a-a^2$

$k=a-a^2$을 ①에 대입하면 $a-b$이므로 $a^2-a+k\neq 0$

$\therefore$ $k=1$

14 $2\sqrt{3}=\sqrt{12}$이고 $3<\sqrt{12}<4$이므로 $a=3$

$2<\sqrt{5}<3$이므로 $b=\sqrt{5}-2$

$$(\text{주어진 식})=\frac{a^4-a^3b-11a^2b^2+9ab^3+18b^4}{(a-3b)(a+b)}$$
$$=\frac{4^4-11a^2b^2+18b^4-a^3b+9ab^3}{(a-3b)(a+b)}$$
$$=\frac{(a^2-2b^2)(a^2-9b^2)-ab(a^2-9b^2)}{(a-3b)(a+b)}$$
$$=\frac{(a^2-9b^2)(a^2-ab-2b^2)}{(a-3b)(a+b)}$$
$$=\frac{(a+3b)(a-3b)(a+b)(a-2b)}{(a-3b)(a+b)}$$
$$=(a+3b)(a-2b)$$
$$=\{3+3(\sqrt{5}-2)\}\{3-2(\sqrt{5}-2)\}$$
$$=(-3+3\sqrt{5})(7-2\sqrt{5})$$
$$=-51+27\sqrt{5}$$

15 $x_1+y_1=x_2+y_2=\cdots=x_{30}+y_{30}=29$,

$x_1+x_2+\cdots+x_{30}=y_1+y_2+\cdots+y_{30}$

$(x_1^2+x_2^2+\cdots+x_{30}^2)-(y_1^2+y_2^2+\cdots+y_{30}^2)$

$=(x_1^2-y_1^2)+(x_2^2-y_2^2)+\cdots+(x_{30}^2-y_{30}^2)$

$=(x_1+y_1)(x_1-y_1)+(x_2+y_2)(x_2-y_2)+\cdots$
$+(x_{30}+y_{30})(x_{30}-y_{30})$

$=29\{(x_1+x_2+\cdots+x_{30})-(y_1+y_2+\cdots+y_{30})\}=0$

$\therefore$ $x_1^2+x_2^2+\cdots+x_{30}^2=y_1^2+y_2^2+\cdots+y_{30}^2$

16 $x-1=a^2$, $y-2=b^2$, $z-3=c^2$이라고 할 때, 주어진 식은

$a^2+1+b^2+2+c^2+3+8=2(a+2b+3c)$

$a^2-2a+1+b^2-2\cdot 2b+4+c^2-2\cdot 3c+9=0$

$(a-1)^2+(b-2)^2+(c-3)^2=0$이므로

$a=1$, $b=2$, $c=3$

따라서 $x=2$, $y=6$, $z=12$이므로 $\frac{xy}{z}=1$

17 $x^2\left(\frac{1}{y}+\frac{1}{z}\right)+y^2\left(\frac{1}{z}+\frac{1}{x}\right)+z^2\left(\frac{1}{x}+\frac{1}{y}\right)+5=0$

조건 (가)에 의해서

➡ $x^2\left(\frac{1}{y}+\frac{1}{z}\right)+y^2\left(\frac{1}{z}+\frac{1}{x}\right)+z^2\left(\frac{1}{x}+\frac{1}{y}\right)+x+y+z=0$

➡ $x^2\left(\frac{1}{x}+\frac{1}{y}+\frac{1}{z}\right)+y^2\left(\frac{1}{x}+\frac{1}{y}+\frac{1}{z}\right)$
$+z^2\left(\frac{1}{x}+\frac{1}{y}+\frac{1}{z}\right)=0$

➡ $\left(\frac{1}{x}+\frac{1}{y}+\frac{1}{z}\right)(x^2+y^2+z^2)=0$

➡ $\left(\frac{xy+yz+zx}{xyz}\right)(x^2+y^2+z^2)=0$

$xyz\neq 0$이므로 $x^2+y^2+z^2\neq 0$

따라서 $xy+yz+zx=0$이다.

이 값을 아래의 인수분해공식에 대입하면

$x^2+y^2+z^2+2(xy+yz+zx)=(x+y+z)^2$

➡ $x^2+y^2+z^2=(x+y+z)^2$

➡ $x^2+y^2+z^2=25$

18 $(x-p)(x-q)=x^2-(p+q)x+pq$

$a=-(p+q)$, $6a=pq$이므로

$pq=-6(p+q)$

$pq+6(p+q)=0$, $(p+6)(q+6)=36$

$p \ge q$이라 하면

$(p+6, q+6)$	(p, q)	$a=-(p+q)$
(36, 1)	(30, −5)	−25
(18, 2)	(12, −4)	−8
(12, 3)	(6, −3)	−3
(9, 4)	(3, −2)	−1
(6, 6)	(0, 0)	0
(−6, −6)	(−12, −12)	24
(−4, −9)	(−10, −15)	25
(−3, −12)	(−9, −18)	27
(−2, −18)	(−8, −24)	32
(−1, −36)	(−7, −42)	49

따라서 a의 최댓값은 49이고, 최솟값은 −25이므로 두 수의 합은 24이다.

특목고 / 경시대회 실전문제

70~72쪽

01 $a=8$, $b=7$, $c=4$ **02** 64 **03** 7 cm^2
04 8192 **05** 66개 **06** 100 **07** $a:b$
08 813 **09** 1개

01 $(aa)^2=bbcc$이므로 전개식으로 나타내면

$(10a+a)^2=10^3b+10^2b+10c+c$

$(10+1)^2a^2=10^2(10+1)b+(10+1)c$에서

$a^2=\dfrac{100b+c}{11}=9b+\dfrac{b+c}{11}$

a, b, c는 10보다 작은 자연수이고, $b+c$는 11의 배수가 되어야 하므로 $b+c=11$

$a^2=9b+1$에서 $b=\dfrac{1}{9}(a+1)(a-1)$

b는 자연수이고 $0<a<10$이므로 $a+1=9$

$\therefore a=8$, $b=7$, $c=4$

02 $\sqrt{n+10\sqrt{n}}=k$(k는 자연수)이면 $n+10\sqrt{n}=k^2$이므로

$\sqrt{n}$도 자연수이다.

또, $\sqrt{n}=a$로 놓으면 $a^2+10a=k^2$이다.

그런데 $a^2<a^2+10a<(a+5)^2$이므로

$k=a+1$, $k=a+2$, $k=a+3$, $k=a+4$이다.

(i) $k=a+1$일 때

$a^2+10a=(a+1)^2=a^2+2a+1$이므로

$a=\dfrac{1}{8}$이고, $n=\dfrac{1}{64}$이다.

(ii) $k=a+2$일 때

$a^2+10a=(a+2)^2=a^2+4a+4$이므로

$a=\dfrac{2}{3}$이고, $n=\dfrac{4}{9}$이다.

(iii) $k=a+3$일 때

$a^2+10a=(a+3)^2=a^2+6a+9$이므로

$a=\dfrac{9}{4}$이고, $n=\dfrac{81}{16}$이다.

(iv) $k=a+4$일 때

$a^2+10a=(a+4)^2=a^2+8a+16$이므로

$a=8$이고, $n=64$이다.

따라서 $\sqrt{n+10\sqrt{n}}$이 자연수가 되는 자연수 n은 64뿐이다.

03 오른쪽 그림에서 $\overline{CP}=y$, $\overline{AQ}=x$라 하면

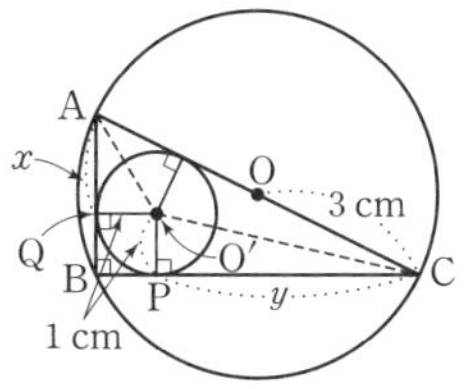

(△ABC의 넓이)

$=\dfrac{1}{2}(x+1)(y+1)$

$=\dfrac{1}{2}\times1\times(6+y+1+x+1)$ ⋯ ㉠

또, △ABC가 직각삼각형이므로

$(x+1)^2+(y+1)^2=(3+3)^2$ ⋯ ㉡

㉠에서 $xy+x+y+1=x+y+8$이므로 $xy=7$이다.

㉡에서 $x^2+y^2+2(x+y)=34$ ⋯ ㉢

그런데 $(x+y)^2=x^2+y^2+2xy$이므로

여기에 ㉢을 대입하면

$(x+y)^2=34-2(x+y)+2\times7$

$x+y=t$라 하면 $t^2+2t-48=0$에서 $t=6(\because t>0)$

따라서 $x+y=6$

㉠에서 (넓이)$=\dfrac{1}{2}(xy+x+y+1)$

$=\dfrac{1}{2}(7+6+1)=7(\text{cm}^2)$

04 $\{(1+a)(1+2a^5)(1+4a^{25})(1+8a^{125})(1+16a^{625})\}^2$

$=(1+a)^2(1+2a^5)^2(1+4a^{25})^2(1+8a^{125})^2(1+16a^{625})^2$

$=(1+2a+a^2)(1+4a^5+4a^{10})(1+8a^{25}+16a^{50})$

$(1+16a^{125}+64a^{250})(1+32a^{625}+256a^{1250})$

이 식을 전개하면 각 항의 a의 지수는 모두 다르게 나타난다.

각 다항식에서 하나의 항을 꺼내어 곱했을 때, a의 지수가 306인 것을 찾는다.

$250+50+5+1=306$이므로 a^{306}의 계수는

$2\times4\times16\times64\times1=2^{13}=8192$이다.

05 주어진 식의 양변을 제곱하면

$4m^2n=n^2(4m+3n)$, $4m^2=4mn+3n^2$

$4m^2-4mn-3n^2=0$, $(2m-3n)(2m+n)=0$

$2m+n\neq0$이므로 $2m-3n=0$ $\quad\therefore n=\frac{2}{3}m$

따라서 $\left(m, \frac{2}{3}m\right)$ 꼴의 순서쌍은 주어진 방정식의 해이므로

200보다 작은 자연수로 이루어진 것은 모두 66개이다.

06 세 자리 자연수 중에서 가장 작은 것은 100이므로 $11^{10}-1$이 100의 배수인지 확인해 보면

$11^{10}-1=(11^5-1)(11^5+1)$

$=(11-1)(11^4+11^3+11^2+11+1)(11^5+1)$

위 식에서 $11-1=10$이고, 11^4, 11^3, 11^2, 11, 1의 일의 자리는 모두 1이므로 $11^4+11^3+11^2+11+1=10k+5$(단, k는 자연수)의 꼴로 나타낼 수 있다.

이때 $11^4+11^3+11^2+11+1$은 5의 배수이고, 11^5+1은 짝수이므로 $(11^4+11^3+11^2+11+1)(11^3+1)$은 10의 배수이다.

그러므로 $11^{10}-1$은 100의 배수임을 알 수 있다.

따라서 $11^{10}-1$의 약수 중 가장 작은 세 자리 자연수는 100이다.

07 $(A\text{의 넓이})=\frac{(a+b)^2\pi}{2}+\frac{a^2\pi}{2}-\frac{b^2\pi}{2}$

$=\frac{\pi}{2}\{(a+b)^2+a^2-b^2\}$

$=\frac{\pi}{2}(2a^2+2ab)=a(a+b)\pi$

$(B\text{의 넓이})=\frac{(a+b)^2\pi}{2}+\frac{b^2\pi}{2}-\frac{a^2\pi}{2}$

$=\frac{\pi}{2}\{(a+b)^2+b^2-a^2\}$

$=\frac{\pi}{2}(2ab+2b^2)=b(a+b)\pi$

따라서

$(A\text{의 넓이}):(B\text{의 넓이})=a(a+b)\pi:b(a+b)\pi=a:b$

08 $100a+10b+c$의 최댓값을 구하므로 $a\geq b$라고 할 때 5 이하의 소수는 2, 3, 5이므로 각 경우에 대하여 알아보면

(i) $c=2$인 경우

$3(a+1)(b+1)=6ab$, $(a+1)(b+1)=2ab$이므로

$ab-a-b=1$, $(a-1)(b-1)=2$

$(a-1, b-1)=(2, 1)$

$\therefore (a, b)=(3, 2)$

(ii) $c=3$인 경우

$4(a+1)(b+1)=9ab$이므로

$4ab+4a+4b+4=9ab$, $5ab-4a-4b=4$

$25ab-20a-20b=20$, $(5a-4)(5b-4)=36$

$(5a-4, 5b-4)=(6, 6)$ 또는 $(36, 1)$

$\therefore (a, b)=(2, 2)$ 또는 $(8, 1)$

(iii) $c=5$인 경우

$6(a+1)(b+1)=15ab$이므로

$6ab+6a+6b+6=15ab$, $9ab-6a-6b=6$,

$(3a-2)(3b-2)=10$

$(3a-2, 3b-2)=(10, 1)$

$\therefore (a, b)=(4, 1)$

따라서 $a=8$, $b=1$, $c=3$일 때 최댓값을 가지므로

$100a+10b+c=813$이다.

09 $\frac{a^2+14ab+b^2}{a^3+b^3}=\frac{(a+b)^2+12ab}{(a+b)(a^2-ab+b^2)}$에서

$(a+b)^2+12ab$는 $(a+b)$로 나누어떨어져야 하므로

$12ab$도 $(a+b)$로 나누어떨어져야 한다.

a와 b는 서로소이므로 a와 $a+b$는 서로소, b와 $a+b$도 서로소, ab와 $a+b$도 서로소이다.

따라서 12는 $a+b$로 나누어 떨어지므로

(i) $a+b=2$인 경우 $a=b=1$이므로

$\frac{a^2+14ab+b^2}{a^3+b^3}=\frac{16}{2}=8$ $\quad\therefore k=8$

(ii) $a+b=3$인 경우 $a=2$, $b=1$ 또는 $a=1$, $b=2$이므로

$\frac{a^2+14ab+b^2}{a^3+b^3}=\frac{33}{9}=\frac{11}{3}$

(iii) $a+b=4$인 경우 $a=3$, $b=1$ 또는 $a=1$, $b=3$이므로

$\frac{a^2+14ab+b^2}{a^3+b^3}=\frac{52}{28}=\frac{13}{7}$

(iv) $a+b=6$인 경우 $a=5$, $b=1$ 또는 $a=1$, $b=5$이므로

$\frac{a^2+14ab+b^2}{a^3+b^3}=\frac{96}{126}=\frac{16}{21}$

➡ (ii)~(iv)에서 k가 자연수이어야 하므로 모순

(v) $a+b=12$인 경우

$\frac{a^2+14ab+b^2}{a^3+b^3}=\frac{(a+b)^2+12ab}{(a+b)\{(a+b)^2-3ab\}}$에서

$a+b=12$이고,

$\frac{(a+b)^2+12ab}{(a+b)\{(a+b)^2-3ab\}}=\frac{144+12ab}{36(48-ab)}$

이므로 분모는 36의 배수이다.

분모가 36의 배수이면 분자도 36의 배수이어야 하므로 $12ab$는 36의 배수이다. 즉 ab는 3의 배수이어야 한다.

ab와 $a+b$는 서로소이므로 조건에 맞지 않는다.

따라서 조건을 만족시키는 자연수 k는 1개이다.

III. 이차방정식

1 이차방정식과 그 활용

핵심문제 01

74쪽

1 $x=-\sqrt{5}$ 또는 $x=\sqrt{5}+2$ **2** $x=-\frac{4}{5}$

3 7, 1, -1, -7 **4** ① **5** $a<1$ **6** 8

1 $(\sqrt{5}-2)x^2-2(\sqrt{5}-2)x-\sqrt{5}=0$

양변에 $\sqrt{5}+2$를 곱하면

$x^2-2x-\sqrt{5}(\sqrt{5}+2)=0$

$(x+\sqrt{5})(x-\sqrt{5}-2)=0$

$\therefore x=-\sqrt{5}$ 또는 $x=\sqrt{5}+2$

2 주어진 방정식이 이차방정식이므로 $a-2\neq0$ $\therefore a\neq2$

$x=-1$을 이차방정식에 대입하면

$(a-2)=-a^2+4$

$a^2+a-6=0$

$(a+3)(a-2)=0$ $\therefore a=-3(\because a\neq2)$

$a=-3$을 이차방정식에 대입하면

$-5x^2=9x+4$, $5x^2+9x+4=0$, $(5x+4)(x+1)=0$

$\therefore x=-\frac{4}{5}$ 또는 $x=-1$

따라서 다른 한 근은 $x=-\frac{4}{5}$

3 $x^2+2ax-15=0$의 좌변에서 상수항이 -15가 되도록 두 일차식의 곱으로 인수분해한 경우는

$(x-1)(x+15)=0$, $(x-3)(x+5)=0$,

$(x+3)(x-5)=0$, $(x+1)(x-15)=0$의 4가지이다.

따라서 $2a$의 값이 14, 2, -2, -14이므로

a의 값은 7, 1, -1, -7이다.

4 $3a^2-10ab-8b^2=0$에서 $(3a+2b)(a-4b)=0$

$\therefore a=-\frac{2}{3}b$ 또는 $a=4b$

그런데 $ab>0$에서 a, b는 같은 부호이므로 $a=4b$

따라서 $a=4b$를 주어진 식에 대입하면

$\frac{a^2+ab+b^2}{a^2-ab+b^2}=\frac{(4b)^2+4b\cdot b+b^2}{(4b)^2-4b\cdot b+b^2}=\frac{21b^2}{13b^2}=\frac{21}{13}$

5 $\left(x+\frac{1}{2}\right)^2=\frac{a-1}{3}$이 해를 갖지 않으려면

$\frac{a-1}{3}<0$ $\therefore a<1$

6 $(x^2-4x)^2=9$, $x^2-4x=\pm3$

(i) $x^2-4x=3$, $x^2-4x+4=3+4$, $(x-2)^2=7$

$\therefore x=2\pm\sqrt{7}$

(ii) $x^2-4x=-3$, $x^2-4x+3=0$, $(x-1)(x-3)=0$

$\therefore x=1$ 또는 $x=3$

따라서 모든 실수 x의 값의 합은 $2+\sqrt{7}+2-\sqrt{7}+1+3=8$

응용문제 01

75쪽

예제 ① $x-y$, 2, -2, -2, -2 / -2

1 $x=4\pm\sqrt{2}$ **2** $\frac{1}{2}$ **3** $(-1+\sqrt{5})$ cm **4** 7개

1 $a\cdot b=ab-a-b-3=(a-1)(b-1)-4$

(좌변)$=(4x-3-2x-4)\cdot(3x-5-2x+2)$

$=(2x-7)\cdot(x-3)$

$=(2x-7-1)(x-3-1)-4$

$=2(x-4)(x-4)-4$

따라서 $2(x-4)(x-4)-4=0$

$2(x-4)^2=4$

$\therefore x=4\pm\sqrt{2}$

2 $4x^2+2x-2=0$에서 $2x^2+x-1=0$, $(x+1)(2x-1)=0$

$\therefore x=-1$ 또는 $x=\frac{1}{2}$

따라서 $x=4$는 이차방정식 $2x^2-(2a-1)x+a-1=0$의 해이다.

$x=4$를 $2x^2-(2a-1)x+a-1=0$에 대입하면

$32-4(2a-1)+a-1=0$, $-7a=-35$ $\therefore a=5$

$2x^2-9x+4=0$에서 $(2x-1)(x-4)=0$

$\therefore x=\frac{1}{2}$ 또는 $x=4$

따라서 두 이차방정식의 공통인 근은 $x=\frac{1}{2}$

3 $\triangle BCA\backsim\triangle FBA$(AA 닮음)

$(x+2):2=2:x$

$x(x+2)=4$

$x^2+2x+1=5$, $(x+1)^2=5$, $x=-1\pm\sqrt{5}$

$\therefore \overline{AF}=-1+\sqrt{5}$(cm)($\because \overline{AF}>0$)

4 주어진 방정식에 $x=-2$를 대입하면
$(-2)^2-4(a-b)-3(a-b)^2=0$
$3(a-b)^2+4(a-b)-4=0 \leftarrow a-b=A$로 치환
$3A^2+4A-4=0$, $(A+2)(3A-2)=0$,
$A=-2$ 또는 $A=\frac{2}{3}$
$\therefore a-b=-2$ ($\because a, b$는 자연수)
따라서 $a-b=-2$를 만족시키는 한 자리의 자연수 a, b의 순서쌍 (a, b)는 $(1, 3)$, $(2, 4)$, $(3, 5)$, $(4, 6)$, $(5, 7)$, $(6, 8)$, $(7, 9)$이므로 모두 7개이다.

핵심 문제 02

76쪽

1 $\sqrt{2}$ **2** 1 **3** (1) $k\le\frac{7}{5}$ (2) 1 **4** -10

1 $x^2-2x-7=0$의 해를 근의 공식을 이용하여 구하면
$x=1\pm2\sqrt{2}$
이때 양수인 근은 $1+2\sqrt{2}$이다.
$2<2\sqrt{2}<3$이므로 $3<1+2\sqrt{2}<4$
$\therefore a=3$, $b=1+2\sqrt{2}-3=2\sqrt{2}-2$
$\therefore \frac{a}{3}+\frac{b}{2}=1+\sqrt{2}-1=\sqrt{2}$

2 $\frac{3}{4}x^2-\frac{1}{2}x-\frac{5}{6}=0$의 양변에 12를 곱하면
$9x^2-6x-10=0$
근의 공식에 의하여 $x=\frac{1\pm\sqrt{11}}{3}$
이때 양수인 근 t는 $\frac{1+\sqrt{11}}{3}$이다.
$3<\sqrt{11}<4$, $4<1+\sqrt{11}<5$, $\frac{4}{3}<\frac{1+\sqrt{11}}{3}<\frac{5}{3}$
따라서 $1<\frac{1+\sqrt{11}}{3}<2$이므로 $n=1$

3 (1) 이차방정식 $ax^2+bx+c=0(a\neq0)$이 해를 가질 조건은
$b^2-4ac\ge0$
$(-6k)^2-4\times1\times(9k^2+5k-7)\ge0$
$36k^2-36k^2-20k+28\ge0$
$\therefore k\le\frac{7}{5}$
(2) 정수 k의 최댓값은 1이다.

4 중근을 가지려면 $a^2-4(-a+15)=0$
$a^2+4a-60=0$
$(a-6)(a+10)=0$
$a=6$ 또는 $a=-10$
(i) $a=6$일 때 $4x^2-12x+9=0$, $(2x-3)^2=0$
$\therefore x=\frac{3}{2}$(중근) ➡ 음수인 중근이 아니므로 $a\neq6$
(ii) $a=-10$일 때 $4x^2+20x+25=0$, $(2x+5)^2=0$
$\therefore x=-\frac{5}{2}$(중근) ➡ 음수인 중근이다.
따라서 조건을 만족시키는 상수 a의 값은 -10이다.

응용 문제 02

77쪽

예제 ② $ab+bc+ca$, $\frac{2}{3}$, $\frac{1}{9}$, 3, c, ab, $c-a$, c, 정삼각형 / $a=b=c$, △ABC는 정삼각형

1 (1) $(16-x)$ cm (2) $(-8+8\sqrt{3})$ cm **2** ② **3** 81 **4** ⑤

1 (1) 작은 정삼각형의 한 변의 길이가 x cm이므로 남은 길이는 $(48-3x)$ cm
따라서 큰 정삼각형의 한 변의 길이는 $(16-x)$ cm이다.
(2) 두 정삼각형의 넓이의 비가 1 : 3이므로
$x^2 : (16-x)^2=1 : 3$
$(16-x)^2=3x^2$, $x^2+16x-128=0$
$x=-8\pm8\sqrt{3}$
$\therefore x=-8+8\sqrt{3}$ ($\because x>0$)

2 이차방정식이 되어야 하므로 $a-2\neq0$ $\therefore a\neq2$
또, 서로 다른 두 개의 근을 가지려면
$(a+1)^2-(a-2)\times(-3a)>0$이어야 한다.
$a^2+2a+1+3a^2-6a>0$
$4a^2-4a+1=(2a-1)^2>0$
즉, $a\neq2$이고 $a\neq\frac{1}{2}$일 때 주어진 이차방정식은 서로 다른 2개의 근을 갖는다.

3 중근을 가지려면 $(2a)^2-4\times9b=0$
$4a^2=36b$, $a^2=9b$ $\therefore a=3\sqrt{b}$
a는 자연수이므로 b는 제곱수이다. 즉
$b=4^2, 5^2, 6^2, \cdots, 9^2$ ($\because b$는 두 자리의 자연수)
따라서 a의 값이 최대가 되는 b의 값은 81이다.

4 주어진 이차방정식이 실근을 가져야 하므로
$4(a+1)^2-8(a^2+4a+3)=-4a^2-24a-20\ge0$
$(a+1)(a+5)\le0$ $\therefore -5\le a\le-1$
그런데 $a=-1$ 또는 $a=-3$인 경우는 주어진 방정식이 이차방정식이 아니므로 $a=-1$와 $a=-3$을 주어진 식에 각각 대

입해보면

(i) $a=-1$일 때, 주어진 식은 $2=0$가 되어 근을 갖지 않는다.

(ii) $a=-3$일 때, 주어진 방정식은 $-4x+2=0$이 되므로

근 $x=\frac{1}{2}$을 갖는다.

따라서 만족하는 a의 값의 범위는 $-5\le a<-1$

핵심 문제 03

78쪽

1 3 **2** ④ **3** $-2x^2-6x-4=0$ **4** ② **5** 8

1 다른 한 근은 $-2\sqrt{5}-3$

이차방정식의 해가 $x=-3\pm2\sqrt{5}$이므로

$x+3=\pm2\sqrt{5}$, $(x+3)^2=20$

$x^2+6x-11=0$, $3x^2+18x-33=0$

$3a=18$, $11b=-33$ $\therefore a=6, b=-3$

$\therefore a+b=6-3=3$

2 근과 계수의 관계에 의하여 $\alpha+\beta=-3$, $\alpha\beta=-3$

④ $\frac{\beta}{\alpha}+\frac{\alpha}{\beta}=\frac{\alpha^2+\beta^2}{\alpha\beta}=\frac{(-3)^2-2\times(-3)}{-3}=-5$

3 $(x-4)(x+a)=b$

$x^2+(a-4)x-4a-b=0$

중근 $x=3$을 갖고 이차항의 계수가 1인 이차방정식은

$(x-3)^2=0$

$x^2+(a-4)x-4a-b=x^2-6x+9=0$

$a-4=-6$, $-4a-b=9$에서 $a=-2$, $b=-1$

따라서 $x=-2$ 또는 $x=-1$을 두 근으로 하고

x^2의 계수가 -2인 이차방정식을 구하면

$-2(x+2)(x+1)=0$ 즉, $-2x^2-6x-4=0$

4 $(\alpha-1)+(\beta-1)=6$이므로 $\alpha+\beta=8$

$(\alpha-1)(\beta-1)=-9$, $\alpha\beta-(\alpha+\beta)+1=-9$

$\alpha\beta-8+1=-9$ $\therefore \alpha\beta=-2$

$x^2+2ax-3b=0$에서

(두 근의 합)$=\alpha+\beta=-2a=8$ $\therefore a=-4$

(두 근의 곱)$=\alpha\beta=-3b=-2$ $\therefore b=\frac{2}{3}$

$\therefore ab=-4\times\frac{2}{3}=-\frac{8}{3}$

5 $x^2-6x+9=12$, $x^2-6x-3=0$의 두 근이 α, β이므로

$\alpha+\beta=6$, $\alpha\beta=-3$

$\left(\alpha+\frac{1}{\beta}\right)+\left(\beta+\frac{1}{\alpha}\right)=\alpha+\beta+\frac{\alpha+\beta}{\alpha\beta}=6-\frac{6}{3}=4$

$\left(\alpha+\frac{1}{\beta}\right)\left(\beta+\frac{1}{\alpha}\right)=\alpha\beta+1+1+\frac{1}{\alpha\beta}=-3+2-\frac{1}{3}=-\frac{4}{3}$

따라서 $\alpha+\frac{1}{\beta}$, $\beta+\frac{1}{\alpha}$을 두 근으로 하고

x^2의 계수가 3인 이차방정식은 $3\left(x^2-4x-\frac{4}{3}\right)=0$

즉, $3x^2-12x-4=0$

$\therefore a=12$, $b=-4$이므로 $a+b=8$

응용 문제 03

79쪽

예제 3 $\frac{c}{a}$, $-\frac{b}{c}$, c, c, c, $a-c$, c, c / $a=c$

1 3 **2** -8 **3** $\frac{1}{8}$

4 (1) 2 (2) $a=1$, $b=-2$ (3) $x=1$ 또는 $x=2$

1 $x^2+(a+1)x+2a-2=0$을 인수분해하여 풀면

$(x+2)(x+a-1)=0$

$\therefore x=-2$ 또는 $x=1-a$

$x^2-(a+4)x+4a=0$을 인수분해하여 풀면

$(x-4)(x-a)=0$

$\therefore x=4$ 또는 $x=a$

공통근을 가지기 위해서는 $a=-2$ 또는 $1-a=4$

또는 $1-a=a$를 만족해야 한다.

따라서 $a=-2$ 또는 $a=-3$ 또는 $a=\frac{1}{2}$이므로

$(-2)\times(-3)\times\frac{1}{2}=3$

2 $x^2-(k+2)x+4=0$이 중근을 가지므로

$(k+2)^2-16=0$, $(k+2-4)(k+2+4)=0$

$\therefore k=2$ 또는 $k=-6$

k의 값이 $x^2+ax+b=0$의 두 근이므로

근과 계수와의 관계에 의해

$-a=2+(-6)$ $\therefore a=4$

$b=2\times(-6)$ $\therefore b=-12$

$\therefore a+b=4+(-12)=-8$

3 $\frac{-b+\sqrt{b^2-ac}}{a}+\frac{-b-\sqrt{b^2-ac}}{a}=-4+2=-2$에서

$-\frac{2b}{a}=-2$ $\therefore b=a$

$\frac{-b+\sqrt{b^2-ac}}{a}\times\frac{-b-\sqrt{b^2-ac}}{a}=-4\times2=-8$

$b^2-b^2+ac=-8a^2 \quad \therefore c=-8a$

$ax^2+ax-8a=0$, $x^2+x-8=0$

근과 계수의 관계에 의하여 $\alpha+\beta=-1$, $\alpha\beta=-8$이므로

$\frac{1}{\alpha}+\frac{1}{\beta}=\frac{\alpha+\beta}{\alpha\beta}=\frac{1}{8}$

4 (1) $f(x)=ax^2+bx+c$에서

$f(0)=c=2$

(2) $f(x+2)-f(x)=4x$이므로

$a(x+2)^2+b(x+2)+c-(ax^2+bx+c)$

$=4ax+4a+2b$

$4ax+4a+2b=4x$에서 $4a=4$, $4a+2b=0$이므로

$a=1$, $b=-2$

(3) $f(x)=x^2-2x+2$이다.

$f(x)=x$ 즉, $x^2-2x+2=x$의 해를 구하면

$x^2-3x+2=0$, $(x-2)(x-1)=0$

$\therefore x=1$ 또는 $x=2$

핵심문제 04

80쪽

1 $x=3$ 또는 $x=-3$ **2** $x=\frac{1}{3}$ 또는 $x=1$

3 8개 **4** -44 **5** $p=-25$, $q=156$

1 $x\ge0$일 때, $x^2+x-12=0$

$(x-3)(x+4)=0$, $x=3(\because x\ge0)$

$x<0$일 때, $x^2-x-12=0$

$(x+3)(x-4)=0$

$\therefore x=-3(\because x<0)$

2 $0<x<2$이므로

(i) $0<x<1$일 때, $[x]=0$

$3x^2=x+0$, $3x^2-x=0$, $x(3x-1)=0$

$\therefore x=\frac{1}{3}\ (\because 0<x<1)$

(ii) $1\le x<2$일 때, $[x]=1$

$3x^2=x+2$, $3x^2-x-2=0$, $(x-1)(3x+2)=0$

$\therefore x=1\ (\because 1\le x<2)$

3 $<x>^2+<x>-6=0$

$(<x>-2)(<x>+3)=0$

$\therefore <x>=2\ (\because <x>$는 자연수)

약수의 개수가 2개인 것은 소수이므로 20 이하의 소수는

2, 3, 5, 7, 11, 13, 17, 19의 8개이다.

4 작은 근을 t라 하면 큰 근은 $4t$로 놓는다.

두 근의 차가 12이므로

$4t-t=12$, $3t=12 \quad \therefore t=4$

$\therefore$ 두 근은 4와 16이다.

4와 16을 근으로 갖고 x^2의 계수가 -1인 이차방정식은

$-(x-4)(x-16)=0$

$-x^2+20x-64=0$

$\therefore a=20$, $b=-64$이므로 $a+b=-44$

5 연속한 두 자연수를 a, $a+1$이라 하면 두 근의 각각의 제곱의 차가 25이므로

$(a+1)^2-a^2=25$

$2a+1=25 \quad \therefore a=12$

따라서 두 근은 12, 13이다.

$(x-12)(x-13)=0$, $x^2-25x+156=0$

$\therefore p=-25$, $q=156$

응용문제 04

81쪽

예제 4 8, 8, 4, 4, 1, -1, 4, 4, $2\pm\sqrt{3}$, -1, $2\pm\sqrt{3}$

/ $x=-1$(중근) 또는 $x=2\pm\sqrt{3}$

1 $\frac{5}{2}\le x<\frac{7}{2}$ **2** $a=\pm15$, $b=50$

3 3 또는 7 **4** $-\frac{5}{12}$

1 $\left[x+\frac{3}{2}\right]=a$라 하면 $\left[x-\frac{3}{2}\right]=a-3(\because a$는 정수)

$a^2-8(a-3)=8$, $a^2-8a+16=0$, $(a-4)^2=0$

$\therefore a=4$

$\left[x+\frac{3}{2}\right]=4$에서 $4\le x+\frac{3}{2}<5$

$\therefore \frac{5}{2}\le x<\frac{7}{2}$

2 $x=-2$를 $x^2-23x-b=0$에 대입하면

$4+46-b=0 \quad \therefore b=50$

$x^2+ax+50=0$의 두 근이 k, $2k$이어야 하므로

$k\cdot2k=50$, $k^2=25$, $k=\pm5$

$\therefore a=-(k+2k)=\pm15$

3 $x^2-(m-1)x+2m-5=0$에서

$m(x-2)-(x^2+x-5)=0$

$m=\frac{x^2+x-5}{x-2}=\frac{(x-2)(x+3)+1}{x-2}$

$=x+3+\frac{1}{x-2}$

m이 정수이려면 $x-2=\pm1$이어야 하므로

$x=3$ 또는 $x=1$

따라서 $x=1$이면 $m=3$, $x=3$이면 $m=7$

4 $x^2-2kx-1=0$의 두 근은 α, β라 하면

$\alpha+\beta=2k$, $\alpha\beta=-1$

$\alpha+\frac{1}{\alpha}=2k+3$에 $\alpha+\beta=2k$를 대입하면

$\alpha+\frac{1}{\alpha}=\alpha+\beta+3$, $\alpha\beta+3\alpha-1=0$

$-1+3\alpha-1=0$

$\therefore \alpha=\frac{2}{3}$, $\beta=-\frac{3}{2}$

$\therefore k=\frac{\alpha+\beta}{2}=-\frac{5}{12}$

핵심 문제 05

82쪽

1 $\frac{5+\sqrt{35}}{2}$ **2** 56 **3** 8초

4 3 cm 또는 6 cm **5** 9 cm

1 $x^2+y^2=30$ $\cdots$ ㉠

$0\le y<1$, $0\le y^2<1$ $\cdots$ ㉡

㉠, ㉡에서 $x^2=30-y^2$, $29<30-y^2\le30$,

$5^2<29<x^2\le30<6^2$

$\therefore 5<x<6$ ($\because x>0$)

따라서 $y=x-5$

$x^2+(x-5)^2=30$, $2x^2-10x-5=0$

$\therefore x=\frac{5+\sqrt{35}}{2}$($\because x>0$)

2 $a=x-4$, $b=x-2$, $c=x$, $d=x+2$라 하면

$bd=(x-2)(x+2)$, $ac=(x-4)x$이다.

$(x-2)(x+2)=2(x-4)x-109$

$x^2-8x-105=0$, $(x-15)(x+7)=0$

$\therefore x=15$($\because x>2$)

$\therefore a=11$, $b=13$, $c=15$, $d=17$

따라서 연속하는 네 홀수의 합은 $11+13+15+17=56$

3 $80t-5t^2=240$

$t^2-16t+48=0$, $(t-4)(t-12)=0$

$\therefore t=4$ 또는 $t=12$

즉, 4초 또는 12초일 때 공이 지면으로부터 240 m인 지점에 있으므로 240 m 이상인 높이에서 머무는 것은 4초부터 12초까지 8초 동안이다.

4 접어야 하는 길이를 x cm라 하면

$x(18-2x)=36$에서 $2x^2-18x+36=0$

$2(x-3)(x-6)=0$이므로 $x=3$ 또는 $x=6$

따라서 양쪽을 3 cm 또는 6 cm를 접어야 한다.

5 $\overline{BD}=x$ cm라 하면

$\frac{1}{2}\times12\times12-\left\{\frac{1}{2}\times x^2+\frac{1}{2}\times(12-x)^2\right\}=27$

$x^2-12x+27=0$, $(x-3)(x-9)=0$

$x=9$($\because \overline{BD}>\overline{AD}$)

따라서 $\overline{BD}$의 길이는 9 cm이다.

응용 문제 05

83쪽

예제 5 16, 160, 320, 80, 80 / 80 g

1 15번째 항

2 A의 세로의 길이 : $\frac{1}{2}$ m, B의 세로의 길이 : $\frac{3}{2}$ m

3 $3-\sqrt{5}$ **4** A : 15시간, B : 18시간, C : $\frac{45}{2}$시간

1 $a_n=(n-1)(n+1)+n$이므로

$(n-1)(n+1)+n=239$

$n^2+n-1=239$, $n^2+n-240=0$

$(n-15)(n+16)=0$

n은 자연수이므로 $n=15$

2 A의 세로, 가로의 길이를 x m, $2x$ m

B의 세로, 가로의 길이를 $3y$ m, $2y$ m라고 하면

$6x=10y-2$, $3x=5y-1$

$x=\frac{5}{3}y-\frac{1}{3}$ $\cdots$ ㉠

또한 $2x^2=(3y-1)\times2y$, $2x^2=6y^2-2y$

$x^2=3y^2-y$ $\cdots$ ㉡

㉠을 ㉡에 대입하면 $\left(\frac{5}{3}y-\frac{1}{3}\right)^2=3y^2-y$

$2y^2+y-1=0$, $(y+1)(2y-1)=0$ $\therefore y=\frac{1}{2}$($\because y>0$)

㉠에 $y=\frac{1}{2}$을 대입하면 $x=\frac{1}{2}$

따라서 A의 세로는 $\frac{1}{2}$ m, B의 세로는 $3y=3\times\frac{1}{2}=\frac{3}{2}$(m)

3 직선 AB를 나타내는 일차함수의 식은

$y=\frac{1}{2}x+3$이므로

점 P를 $\left(a,\ \frac{1}{2}a+3\right)$이라고 하면 (단, $-6<a<0$)

$\square OAPQ=\frac{1}{2}(-a+6)\left(\frac{1}{2}a+3\right)=-\frac{1}{4}a^2+9$

$-\frac{1}{4}a^2+9=4$에서 $a^2-20=0$ $\quad\therefore a=\pm2\sqrt{5}$

$-6<a<0$이므로 $a=-2\sqrt{5}$

따라서 구하는 y좌표는 $y=\frac{1}{2}\times(-2\sqrt{5})+3=3-\sqrt{5}$

4 수도꼭지 A, B, C에서 시간당 나오는 물의 양을 각각 x, y, z라 하고, 물탱크의 용량을 1이라 하면

$x+y+z=\frac{1}{6}$ ⋯ ㉠, $x+z=\frac{1}{9}$ ⋯ ㉡, $y+z=\frac{1}{10}$ ⋯ ㉢

㉠, ㉡, ㉢을 연립하여 풀면 $x=\frac{1}{15}$, $y=\frac{1}{18}$, $z=\frac{2}{45}$

∴ A는 15시간, B는 18시간, C는 $\frac{45}{2}$시간이 걸린다.

심화 문제

84~89쪽

01 -1, 4 **02** $\sqrt{5}$, $-\sqrt{5}$ **03** 89개 **04** 1 또는 5

05 $\frac{1}{36}$ **06** $\frac{5}{2}$ **07** 17 **08** 1

09 $-\frac{27}{4}$ **10** $x=\frac{2}{3}$ 또는 $x=1$

11 $\left(\frac{2+\sqrt{14}}{2},\ \frac{-2+\sqrt{14}}{2}\right)$, $\left(\frac{2-\sqrt{14}}{2},\ \frac{-2-\sqrt{14}}{2}\right)$

12 $x=\frac{1+\sqrt{5}}{2}$ **13** $a=1$, $b=-2$, $c=1$, $d=-2$

14 3 **15** $\frac{1}{2}\le M\le1$ **16** $x=7$ 또는 $x=8$

17 90분 후 **18** 1 : 1

01 $x^2-(4y-1)x+4y^2-2y-6=0$에서

$x^2-(4y-1)x+2(2y-3)(y+1)=0$

$(x-2y+3)(x-2y-2)=0$ ⋯ ㉠

$x-2y=(a-4\sqrt{3})-2(1-2\sqrt{3})=a-2$이므로

$x-2y=a-2$를 ㉠에 대입하면

$(a-2+3)(a-2-2)=0$

$\therefore a=-1$ 또는 $a=4$

02 $x^2+x+\frac{1}{x}+\frac{1}{x^2}=10$에서 $\left(x+\frac{1}{x}\right)^2+\left(x+\frac{1}{x}\right)-12=0$

$\left(x+\frac{1}{x}+4\right)\left(x+\frac{1}{x}-3\right)=0$, $x>0$이므로 $x+\frac{1}{x}=3$

$\left(x-\frac{1}{x}\right)^2=\left(x+\frac{1}{x}\right)^2-4=9-4=5$

$\therefore x-\frac{1}{x}=\sqrt{5}$ 또는 $x-\frac{1}{x}=-\sqrt{5}$

03 (i) $x^2+y^2\ge100$인 경우

$x^2+y^2-100=2xy$, $(x-y)^2=100$, $x-y=\pm10$

이때 $x>y$인 경우, $x=y+10$이므로 순서쌍 (x, y)는

$(11, 1)$, $(12, 2)$, $(13, 3)$, ⋯, $(50, 40)$의 40개이고

마찬가지로 $x<y$인 경우에도 구하는 순서쌍 (x, y)의 개수는 40개이다. $\quad\therefore 40+40=80$(개)

(ii) $x^2+y^2<100$인 경우

$100-x^2-y^2=2xy$, $(x+y)^2=100$

$\therefore x+y=10$($\because x$, y는 자연수)

이때 $x+y=10$을 만족시키는 순서쌍 (x, y)는

$(9, 1)$, $(8, 2)$, $(7, 3)$, ⋯, $(1, 9)$

로 9개이다.

따라서 구하는 순서쌍의 개수는 89개이다.

04 주어진 이차방정식의 정수인 두 근을 α, β라 하면

$\alpha+\beta=-m-1$ ⋯ ㉠, $\alpha\beta=2m-1$ ⋯ ㉡

㉠$\times2+$㉡을 하면 $2\alpha+2\beta+\alpha\beta=-3$

$\alpha(\beta+2)+2(\beta+2)=1$

$(\alpha+2)(\beta+2)=1$

(i) $\alpha+2=1$, $\beta+2=1$인 경우

$\alpha=-1$, $\beta=-1$이므로

㉠에 대입하여 풀면 $m=1$

(ii) $\alpha+2=-1$, $\beta+2=-1$인 경우

$\alpha=-3$, $\beta=-3$이므로

㉠에 대입하여 풀면 $m=5$

따라서 (i), (ii)에 의해 m의 값은 1 또는 5이다.

05 $x^2+ax+b=0$에서 $\left(x+\frac{a}{2}\right)^2-\frac{a^2}{4}+b=0$

$x=-2$가 중근이 되려면

$\frac{a}{2}=2$, $-\frac{a^2}{4}+b=0$이므로 $a=4$, $b=4$

따라서 주사위를 두 번 던져서 두 눈이 모두 4가 나올 확률은 $\frac{1}{36}$

06 공통근을 $x=p$라 하면

$p^2+2p+a=0$ ⋯ ㉠, $2p^2+ap-1=0$ ⋯ ㉡,

$ap^2-p-2=0$ ⋯ ㉢

㉠에서 $a=-p^2-2p$를 ㉡에 대입하여 정리하면

$p^3+1=0$, $(p+1)(p^2-p+1)=0$

$\therefore$ $p^2-p+1>0$이므로 $p=-1$, $a=1$

$x^2+2x+1=0$에서 $(x+1)^2=0$이므로 $x=-1$(중근)

$2x^2+x-1=0$에서 $(2x-1)(x+1)=0$이므로

$x=-1$ 또는 $x=\frac{1}{2}$

$x^2-x-2=0$에서 $(x+1)(x-2)=0$이므로

$x=-1$ 또는 $x=2$

$\therefore$ (공통근이 아닌 다른 근의 합)$=\frac{1}{2}+2=\frac{5}{2}$

07 $19p+1=a^2$이라 하면 $a^2-1=19p$

$(a+1)(a-1)=19p$

p가 소수이므로

$a+1=19$, $a-1=p$ 또는 $a+1=p$, $a-1=19$

(i) $a+1=19$, $a-1=p$이면 $a=18$, $p=17$

(ii) $a+1=p$, $a-1=19$이면 $a=20$, $p=21$

그런데, 21은 소수가 아니므로 $p\neq 21$

$\therefore$ $p=17$

08 주어진 연립방정식의 해가 없을 조건은

$\frac{a^2+5a+6}{-6}=\frac{-5}{5}\neq\frac{a-7}{12}$

$a^2+5a+6=6$에서 $a(a+5)=0$이므로 $a=0$ 또는 $a=-5$

$a-7\neq-12$에서 $a\neq-5$

따라서 $a=0$이므로 $a^2+a+1=1$

09 $\begin{vmatrix} 3x & -9 \\ -x & x^2+x \end{vmatrix}=3x(x^2+x)-(-9)(-x)$이므로

$3x^3+3x^2-9x=3x^3+p$를 정리하면 $3x^2-9x-p=0$

이때 두 근의 곱은 $-\frac{p}{3}=\frac{9}{4}$이므로 $p=-\frac{27}{4}$

10 $f(x)=ax^2+bx+c\,(a\neq0)$이라 하면 $f(0)=1$이므로 $c=1$

$f(x+1)-f(x)=3x$에서

$a\{(x+1)^2-x^2\}+b\{(x+1)-x\}=3x$

$2ax+(a+b)=3x$이므로 $2a=3$, $a+b=0$

$\therefore$ $a=\frac{3}{2}$, $b=-\frac{3}{2}$

$f(x)=\frac{3}{2}x^2-\frac{3}{2}x+1=x$에서 $3x^2-5x+2=0$이므로

$(3x-2)(x-1)=0$

$\therefore$ $x=\frac{2}{3}$ 또는 $x=1$

11 $x^3-y^3=23$ ⋯ ㉠, $x^2y-xy^2=5$ ⋯ ㉡라 하면

㉠$-$㉡$\times3$을 하면 $(x-y)^3=2^3$이므로 $y=x-2$ ⋯ ㉢

㉢을 ㉠에 대입하여 정리하면 $2x^2-4x-5=0$

$\therefore$ $x=\frac{2+\sqrt{14}}{2}$, $y=\frac{-2+\sqrt{14}}{2}$

또는 $x=\frac{2-\sqrt{14}}{2}$, $y=\frac{-2-\sqrt{14}}{2}$

12 $1<x<2$이므로 $1<x^2<4$

(i) $1<x^2<2$일 때

$1<x<\sqrt{2}$이므로 $[x]=1$, $[x^2]=1$

$x-1=x^2-1$

$x^2-x=0$, $x(x-1)=0$

$\therefore$ $x=0$ 또는 $x=1$ ➡ 해가 없다.

(ii) $2\le x^2<3$일 때

$\sqrt{2}\le x<\sqrt{3}$이므로 $[x]=1$, $[x^2]=2$

$x-1=x^2-2$, $x^2-x-1=0$

$\therefore$ $x=\frac{1\pm\sqrt{5}}{2}$ ➡ $x=\frac{1+\sqrt{5}}{2}$

(iii) $3\le x^2<4$일 때

$\sqrt{3}\le x<2$이므로 $[x]=1$, $[x^2]=3$

$x-1=x^2-3$, $x^2-x-2=0$

$(x+1)(x-2)=0$

$\therefore$ $x=-1$ 또는 $x=2$ ➡ 해가 없다.

따라서 (i)~(iii)에 의해 $x=\frac{1+\sqrt{5}}{2}$

13 $x^2+cx+d=0$에서 $a+b=-c$ ⋯ ㉠, $ab=d$ ⋯ ㉡

$x^2+ax+b=0$에서 $c+d=-a$ ⋯ ㉢, $cd=b$ ⋯ ㉣

㉡, ㉣에 의해서 $abcd=bd$이므로 $ac=1$

a, c가 0이 아닌 정수이므로

$(a, c)=(1, 1)$ 또는 $(a, c)=(-1, -1)$

(i) $(a, c)=(1, 1)$일 때, $b=d=-2$

(ii) $(a, c)=(-1, -1)$일 때, $(b, d)=(2, -2)$

$b+d=0$이므로 모순

$\therefore$ $a=1$, $b=-2$, $c=1$, $d=-2$

14 (파란색의 페인트의 양)$=x-x\times\frac{7}{12}+x=12\times\frac{7}{16}$

$x^2-24x+63=0$, $(x-3)(x-21)=0$

$x=3$ 또는 $x=21$

$\therefore$ $0<x<12$이므로 $x=3$

15 $x^2-ax+2b-1=0$이 실근을 가지므로

$a^2-4(2b-1)\ge0$

b에 대하여 정리하면

$b\le\frac{a^2+4}{8}$이므로 $M=\frac{a^2+4}{8}$

$-1 \le a \le 2$에서 M은 $a=0$일 때 최솟값 $\frac{1}{2}$,

$a=2$일 때 최댓값 1을 갖는다. $\therefore \frac{1}{2} \le M \le 1$

16 $\overline{AB}=x$, $\overline{AE}=y$, $\overline{ED}=z$라 하면

$3x+2y+3z=45 \cdots$ ㉠

$\square ABFE=\frac{1}{3}\square ABCD$이므로

$xy=\frac{1}{3}x(y+z)$에서 $z=2y \cdots$ ㉡

$3xy=63$이므로 $xy=21 \cdots$ ㉢

㉡을 ㉠에 대입하면 $3x+8y=45$에서 $y=\frac{45-3x}{8} \cdots$ ㉣

㉣을 ㉢에 대입하면 $\frac{x(45-3x)}{8}=21$이므로

$x^2-15x+56=0 \qquad \therefore x=7$ 또는 $x=8$

17 버스가 처음 위치를 기준으로 출발한 지 t분 후 버스와 열차의 위치를 t에 관한 식으로 나타내면 버스의 위치는 αt km, 열차의 위치는 (βt^2+5)km(단, α, β는 비례상수)

10분 후와 40분 후의 버스와 열차의 위치가 같으므로

$10\alpha=10^2\beta+5 \cdots$ ㉠

$40\alpha=40^2\beta+5 \cdots$ ㉡

㉠, ㉡을 연립하여 풀면 $\alpha=\frac{5}{8}$, $\beta=\frac{1}{80}$

즉, t분 후 버스의 위치는 $\frac{5}{8}t$ km,

열차의 위치는 $\left(\frac{1}{80}t^2+5\right)$ km이므로

$\frac{1}{80}t^2+5-\frac{5}{8}t=50$에서 $t^2-50t-3600=0$

$(t-90)(t+40)=0 \qquad \therefore t=90(\because t>0)$

따라서 출발한 지 90분 후에 열차가 버스보다 50 km 앞서 달리게 된다.

18 △ABD와 △ADC의 높이가 같으므로 넓이의 비는 밑변의 길이인 $\overline{BD}$와 $\overline{DC}$의 길이의 비와 같다.

$\overline{BD}=a$라 하면 $\overline{DC}=8-a$이므로

$\overline{AB} : \overline{AC}=\overline{BD} : \overline{DC}$에서 $5 : (a+1)=a : (8-a)$

$a^2+6a-40=0$, $(a+10)(a-4)=0$

$a>0$이므로 $a=4$

$\therefore$ △ABD : △ADC$=\overline{BD} : \overline{DC}=1 : 1$

최상위 문제

90~95쪽

01 $2+\sqrt{7}$ **02** 0 **03** $\frac{7}{2} \le x < \frac{9}{2}$ 또는 $-\frac{5}{2} \le x < -\frac{3}{2}$

04 $(-2, 0)$, $(1, -3)$

05 $x=-5$ 또는 $x=-2$ 또는 $x=-1$ 또는 $x=2$

06 ± 7 **07** 0개 **08** $p=-1$, 최댓값 : 9

09 7개 **10** $x=1$

11 $a=1$일 때 $x=1$, $a \ne 1$일 때 $x=1$ 또는 $\frac{1}{1-a}$

12 $k=-2$, $x=\frac{-1 \pm \sqrt{5}}{2}$ **13** 91개 **14** 6

15 1 **16** $a<-2$ **17** $\sqrt{6}$ **18** 30 km/h

01 $4+\cfrac{3}{4+\cfrac{3}{4+\cfrac{3}{4+\cdots}}}=x$라 하면 $4+\frac{3}{x}=x$에서

$(x-2)^2=7$이므로 $x=2\pm\sqrt{7}$

$\therefore x>0$이므로 $x=2+\sqrt{7}$

02 α, β는 이차방정식 $x^2+x+1=0$의 근이므로

$\alpha^2+\alpha+1=0$, $\beta^2+\beta+1=0$

$(\alpha^n+\beta^n)+(\alpha^{n+1}+\beta^{n+1})+(\alpha^{n+2}+\beta^{n+2})$

$=\alpha^n(1+\alpha+\alpha^2)+\beta^n(1+\beta+\beta^2)=0$

03 $\left[x+\frac{1}{2}\right]=n$($n$은 정수)라 하면 $\left[x-\frac{1}{2}\right]=n-1$

$\left[x+\frac{1}{2}\right]^2-2\left[x-\frac{1}{2}\right]-10=0$에서 $n^2-2n-8=0$,

$(n-4)(n+2)=0$이므로 $n=4$ 또는 $n=-2$

$\therefore \left[x+\frac{1}{2}\right]=4$일 때 $\frac{7}{2} \le x < \frac{9}{2}$,

$\left[x+\frac{1}{2}\right]=-2$일 때 $-\frac{5}{2} \le x < -\frac{3}{2}$

04 $a+b=x$, $a-b=y$라 하면

$x^2-3x-10=0$에서 $x=5$ 또는 $x=-2$

$y^2-2y-8=0$에서 $y=-2$ 또는 $y=4$

(i) $\begin{cases} a+b=5 \\ a-b=-2 \end{cases}$ 일 때, $a=\frac{3}{2}$, $b=\frac{7}{2}$

(ii) $\begin{cases} a+b=-2 \\ a-b=-2 \end{cases}$ 일 때, $a=-2$, $b=0$

(iii) $\begin{cases} a+b=5 \\ a-b=4 \end{cases}$ 일 때, $a=\frac{9}{2}$, $b=\frac{1}{2}$

(iv) $\begin{cases} a+b=-2 \\ a-b=4 \end{cases}$ 일 때, $a=1$, $b=-3$

따라서 a, b는 정수이므로 $(a, b)=(-2, 0)$, $(1, -3)$

05 $x^4+6x^3+x^2-24x-20=(x^2+3x)^2-8x^2-24x-20$
$=(x^2+3x)^2-8(x^2+3x)-20$
$(x^2+3x)^2-8(x^2+3x)-20=0$에서 $x^2+3x=A$라 하면
$A^2-8A-20=0$, $(A+2)(A-10)=0$이므로
$A=-2$ 또는 $A=10$
(i) $x^2+3x=-2$에서 $(x+2)(x+1)=0$이므로
$x=-2$ 또는 $x=-1$
(ii) $x^2+3x=10$에서 $(x+5)(x-2)=0$이므로
$x=-5$ 또는 $x=2$
$\therefore x=-5$ 또는 $x=-2$ 또는 $x=-1$ 또는 $x=2$

06 x에 대한 내림차순으로 정리하여 이차방정식으로 생각한다.
$6x^2-yx-(2y^2-my+6)=0$에서
$x=\dfrac{y\pm\sqrt{y^2+24(2y^2-my+6)}}{12}$
여기서 근호 안이 완전제곱식이 되어야 주어진 식이 x, y에 대한 일차식으로 인수분해된다.
즉, $49y^2-24my+144=(7y)^2-2\times12\times m\times y+(12)^2$
이므로 $m=\pm7$
따라서 $m=\pm7$일 때 주어진 식은 일차식으로 인수분해된다.

07 $m^3+6m^2+5m=m(m+1)(m+2+3)$
$=m(m+1)(m+2)+3m(m+1)$에서
m, $m+1$, $m+2$는 연속하는 세 정수이므로 3의 배수이고, $3m(m+1)$도 3의 배수이므로 m^3+6m^2+5m은 3의 배수이다.
$27n^3+9n^2+9n+1=3(9n^3+3n^2+3n)+1$은 3으로 나누면 나머지가 1인 수이므로 3의 배수가 아니다.
따라서 등식이 성립하지 않으므로 만족하는 순서쌍 (m, n)은 없다.

08 $x=p$를 대입하면
$p^2+ap+b=0$ ⋯ ㉠, $p^2+cp+d=0$ ⋯ ㉡
㉠, ㉡에서 $b=-(p^2+ap)$, $d=-(p^2+cp)$,
$bd=p^2(p+a)(p+c)$
p^2은 6의 약수이고, $p^2\neq2$, $p^2\neq3$, $p^2\neq6$이므로 $p=\pm1$
$\therefore p=-1(\because p<0)$
㉠+㉡에서 $2p^2+(a+c)p+b+d=0$이므로
$a+c=b+d+2$
$bd=6$에서 (b, d)는 $(\pm1, \pm6)$, $(\pm6, \pm1)$,
$(\pm2, \pm3)$, $(\pm3, \pm2)$
따라서 $b+d$의 최댓값은 7이므로 $a+c$의 최댓값은 9

09 $f(f(x))=m$이라 하면 $f(f(x))=f(f(f(x)))$에서
$m=m^2-2$
$(m+1)(m-2)=0$이므로 $m=-1$ 또는 $m=2$
$m=-1$일 때, $f(f(x))=-1$에서 $\{f(x)\}^2=1$이므로
$f(x)=-1$ 또는 $f(x)=1$
(i) $f(x)=-1$일 때, $x^2-2=-1$이므로 $x=-1$ 또는 $x=1$
(ii) $f(x)=1$일 때, $x^2-2=1$이므로 $x=-\sqrt{3}$ 또는 $x=\sqrt{3}$
같은 방법으로 $m=2$일 때, $x=0$ 또는 $x=-2$ 또는 $x=2$
따라서 근의 개수는 -2, $-\sqrt{3}$, -1, 0, 1, $\sqrt{3}$, 2의 7개이다.

10 정수해를 $x=\alpha$라 하면 $\alpha^2-2p\alpha+q=0$에서
$\alpha(2p-\alpha)=q$ ⋯ ㉠
q는 소수이므로 ㉠에서
$\alpha=1$, $2p-\alpha=q$ 또는 $\alpha=q$, $2p-\alpha=1$
(i) $\alpha=1$, $2p-\alpha=q$에서 $q=2p-1$
(ii) $\alpha=q$, $2p-\alpha=1$에서 $2p-q=1$이므로 $q=2p-1$
$q=2p-1$을 방정식에 대입하면 $x^2-2px+2p-1=0$
$(x-2p+1)(x-1)=0$
따라서 p의 값에 관계없이 $x=1$을 근으로 갖는다.

11 $(a^2, (x-1)^2)\cdot(a, x^2-x)=0$에서
$a^2(x^2-x)-a(x^2-2x+1)=0$을 정리하면
$(a^2-a)x^2-(a^2-2a)x-a=0$
$a(x-1)\{(a-1)x+1\}=0$
따라서 $a=1$일 때 $x=1$, $a\neq1$일 때 $x=1$ 또는 $x=\dfrac{1}{1-a}$

12 이차방정식의 두 근을 a, b라 하면
양의 근이 음의 근의 절댓값보다 작으므로 $a+b<0$, $ab<0$
근과 계수의 관계에 의해서 $-(k+3)<0$, $2k+3<0$이므로
$-3<k<-\dfrac{3}{2}$ $\quad\therefore k=-2$
$k=-2$를 주어진 이차방정식에 대입하여 정리하면
$x^2+x-1=0$
$\therefore x=\dfrac{-1\pm\sqrt{5}}{2}$

13 $1+2+\cdots+n=\dfrac{n(n+1)}{2}=210$에서
$(n-20)(n+21)=0$이므로 $n=20$
1번부터 4번까지의 구슬이 나오면 $1+2+3+4=10$(개),
5번부터 20번까지 5개씩 구슬이 나오면 $16\times5=80$(개),
여기에서 아무거나 한 개의 구슬을 더 꺼내면 같은 번호의 구슬이 6개가 된다.
따라서 최대 $10+80+1=91$(개)의 구슬을 꺼내야 한다.

14 $(n-1)$개의 선분을 그으면 n개의 직사각형이 생기므로

$\{n+(n-1)+(n-2)+\cdots+1\}$

$\times\{n+(n-1)+(n-2)+\cdots+1\}=441$

$\left\{\frac{n(n+1)}{2}\right\}^2=21^2$ 이므로 $\frac{n(n+1)}{2}=21$

$n^2+n-42=0$에서 $(n+7)(n-6)=0$

$\therefore n>0$이므로 $n=6$

15 두 근을 α, β라 하면

(i) 두 근이 모두 양수일 때,

$\alpha+\beta=-a>0$, $\alpha\beta=a^2-4>0$, $a^2-4(a^2-4)\ge0$

이므로 $-\frac{4\sqrt{3}}{3}\le a<-2$

(ii) 한 근이 양수이고 한 근이 음수일 때,

$\alpha\beta=a^2-4<0$이므로 $-2<a<2$

(iii) 한 근이 양수이고 한 근이 0일 때,

$\alpha+\beta=-a>0$, $\alpha\beta=a^2-4=0$이므로 $a=-2$

따라서 (i)~(iii)에 의해서 $-\frac{4\sqrt{3}}{3}\le a<2$이므로

정수 a의 최댓값은 1

16 $x^2+x+a=0$ ⋯ ㉠, $x^2+ax+1=0$ ⋯ ㉡

㉠에서 $1-4a>0$이므로 $a<\frac{1}{4}$ ⋯ ㉢

㉡에서 $a^2-4>0$이므로 $a<-2$ 또는 $a>2$ ⋯ ㉣

㉠, ㉡이 공통근을 갖는 경우는

㉠－㉡을 하면 $(1-a)(x-1)=0$이므로 $a=1$ 또는 $x=1$

$x=1$일 때 $a=-2$이므로

$a=1$ 또는 $a=-2$일 때, 공통근을 갖는다.

공통근을 가지지 않을 조건은 $a\ne1$, $a\ne-2$ ⋯ ㉤

따라서 ㉢, ㉣, ㉤에 의해 $a<-2$

17 $\mathrm{P}(x, y)$라 하면 $\triangle\mathrm{BPR}\backsim\triangle\mathrm{BAO}$이고

닮음비가 $x:8$이므로 두 삼각형의 넓이의 비는

$a^2:\left(\frac{1}{2}\times6\times8\right)=x^2:8^2$

$x^2=\frac{8}{3}a^2$ $\quad\therefore x=\frac{2}{3}\sqrt{6}a$ ⋯ ㉠

이때 직선 AB의 방정식 $y=-\frac{3}{4}x+6$에 ㉠을 대입하면

$y=6-\frac{\sqrt{6}}{2}a$

$\therefore \mathrm{P}(x, y)=\mathrm{P}\left(\frac{2}{3}\sqrt{6}a,\ 6-\frac{\sqrt{6}}{2}a\right)$

따라서 $\triangle\mathrm{OPQ}=\frac{1}{2}\times\frac{2}{3}\sqrt{6}a\times\left(6-\frac{\sqrt{6}}{2}a\right)=2\sqrt{6}a-a^2$

$\triangle\mathrm{OPQ}$의 넓이가 6이므로 $2\sqrt{6}a-a^2=6$

$a^2-2\sqrt{6}a+6=0$, $(a-\sqrt{6})^2=0$

$\therefore a=\sqrt{6}$

18 서율이가 집에서 박물관으로 갈 때의 속력과 걸린 시간을 각각 v km/시, t시간이라 하면 박물관에서 집으로 올 때의 속력과 걸린 시간은 각각 $(v-10)$ km/시, $\left(t+\frac{1}{3}\right)$시간이다.

이때 집과 박물관 사이의 거리는 20 km로 일정하므로

$20=vt=(v-10)\left(t+\frac{1}{3}\right)$에서

$20=vt$ ⋯ ㉠

$vt=(v-10)\left(t+\frac{1}{3}\right)=vt+\frac{1}{3}v-10t-\frac{10}{3}$

$\therefore v=30t+10$ ⋯ ㉡

㉡을 ㉠에 대입하여 정리하면

$3t^2+t-2=0$, $(3t-2)(t+1)=0$

이때 $t>0$이므로 $t=\frac{2}{3}$

$\therefore v=30\times\frac{2}{3}+10=30$(km/시)

특목고 / 경시대회 실전문제

96~98쪽

01 공통근 $x=1$, 나머지 세 근의 곱 : 1	**02** 10쌍	
03 40 % 또는 60 %	**04** 175	**05** 267개
06 $\frac{a+b+2}{ab-1}$배	**07** $\frac{3}{2}$	**08** 40
09 64		

01 세 이차방정식의 공통근을 p라 하자.

$x=p$를 세 이차방정식에 대입하면 $ap^2+bp+c=0$,

$bp^2+cp+a=0$, $cp^2+ap+b=0$

세 식을 모두 더하면 $(a+b+c)(p^2+p+1)=0$

$\therefore a+b+c=0$($\because p^2+p+1\ne0$)

$b=-a-c$를 이차방정식 $ax^2+bx+c=0$에 대입하면

$ax^2-(a+c)x+c=0$

$(x-1)(ax-c)=0$ $\quad\therefore x=1$ 또는 $x=\frac{c}{a}$

$c=-a-b$를 이차방정식 $bx^2+cx+b=0$에 대입하면

$bx^2-(a+b)x+a=0$

$(x-1)(bx-a)=0$ $\quad\therefore x=1$ 또는 $x=\frac{a}{b}$

$a=-b-c$를 이차방정식 $cx^2+ax+b=0$에 대입하면

$cx^2-(c+b)x+b=0$

$(x-1)(cx-b)=0 \qquad \therefore x=1$ 또는 $x=\frac{b}{c}$

따라서 공통근은 $x=1$이고,

나머지 근들은 각각 $x=\frac{c}{a}$, $x=\frac{a}{b}$, $x=\frac{b}{c}$이다.

$\therefore$ 나머지 세 근의 곱은 $\frac{c}{a}\times\frac{a}{b}\times\frac{b}{c}=1$

02 우선, $l\le m\le n$이라 생각하고 푼 다음 l, m, n의 대소 관계를 바꾸어 생각하면 된다.

그러므로 일단 $l\le m\le n$이므로 $\frac{1}{l}\ge\frac{1}{m}\ge\frac{1}{n}\ge0$이 된다.

$\therefore \frac{1}{l}<\frac{1}{l}+\frac{1}{m}+\frac{1}{n}(=1)\le\frac{1}{l}+\frac{1}{l}+\frac{1}{l}=\frac{3}{l}$

따라서 가능한 정수 $l=2$, 3 뿐이다.

(i) $l=2$일 때 : $\frac{1}{2}+\frac{1}{m}+\frac{1}{n}=1 \qquad \therefore \frac{1}{m}+\frac{1}{n}=\frac{1}{2}$

또한 $\frac{1}{m}<\frac{1}{m}+\frac{1}{n}\left(=\frac{1}{2}\right)\le\frac{1}{m}+\frac{1}{m}=\frac{2}{m}$

$\therefore 2<m\le4$ 여기서 $m=3$, 4이다.

$m=3$일 때, $\frac{1}{3}+\frac{1}{n}=\frac{1}{2} \qquad \therefore n=6$

$m=4$일 때, $\frac{1}{4}+\frac{1}{n}=\frac{1}{2} \qquad \therefore n=4$

(ii) $l=3$일 때 : $\frac{1}{3}+\frac{1}{m}+\frac{1}{n}=1 \qquad \therefore \frac{1}{m}+\frac{1}{n}=\frac{2}{3}$

또한 $\frac{1}{m}<\frac{1}{m}+\frac{1}{n}\left(=\frac{2}{3}\right)\le\frac{1}{m}+\frac{1}{m}=\frac{2}{m}$

$\therefore \frac{3}{2}<m\le3$ 그런데 $3=l\le m$이므로 $m=3$이다.

$\therefore \frac{1}{3}+\frac{1}{n}=\frac{2}{3} \qquad \therefore n=3$

위 (i), (ii)의 결과와 l, m, n의 대소를 바꾸어 생각하면, 모든 가능한 자연수의 서로 다른 순서쌍은 다음과 같이 10쌍이다.

$(2, 3, 6)$, $(2, 4, 4)$, $(3, 3, 3)$, $(4, 2, 4)$, $(4, 4, 2)$,
$(2, 6, 3)$, $(3, 2, 6)$, $(3, 6, 2)$, $(6, 2, 3)$, $(6, 3, 2)$

03 원래의 요금을 a원, 승객 수를 b명이라 하면 인상 후 요금은

$a\left(1+\frac{x}{100}\right)$원

인상 후 승객 수는 $b\left(1-\frac{x}{200}\right)$명, 인상 후 수입액은

$ab\left(1+\frac{12}{100}\right)$원

$ab\left(1+\frac{x}{100}\right)\left(1-\frac{x}{200}\right)=ab\left(1+\frac{12}{100}\right)$에서

$1-\frac{x}{200}+\frac{x}{100}-\frac{x^2}{20000}=1+\frac{12}{100}$

$x^2-100x+2400=0$에서 $(x-40)(x-60)=0$

$\therefore x=40$ 또는 $x=60$

04 직사각형 A와 B의 세로의 길이를 각각 $2x$ cm, y cm라 하면, 조건 ㈎에 의해 가로의 길이는 각각 $3x$ cm, $4y$ cm이다.
그러므로 조건 ㈏에 의하여 $10y=10x-2$이고 다음이 성립한다.

$x=y+\frac{1}{5} \cdots$ ㉠

또, 조건 ㈐에 의하여 $(3x-1)(2x-1)=4y^2 \cdots$ ㉡

따라서 ㉠을 ㉡에 대입하고 정리하면 다음과 같다.

$4y^2=\left\{3\left(y+\frac{1}{5}\right)-1\right\}\left\{2\left(y+\frac{1}{5}\right)-1\right\}$

$50y^2-65y+6=0$, $(5y-6)(10y-1)=0$

$\therefore y=\frac{6}{5}$ 또는 $y=\frac{1}{10}$

이때 조건 ㈐에 의해 (세로의 길이)$=2x>1$이므로

$y+\frac{1}{5}>\frac{1}{2}(\because$ ㉠$)$

$\therefore y>\frac{3}{10}$이므로 $y=\frac{6}{5}$

따라서 $2x=2\left(y+\frac{1}{5}\right)=2\left(\frac{6}{5}+\frac{1}{5}\right)=\frac{14}{5}$이므로

$\frac{a}{b}=\frac{14}{5}-\frac{6}{5}=\frac{8}{5}$

$\therefore 20a+3b=175$

05 주어진 이차방정식의 근이 자연수이므로
$(6k+1)^2-4(9k^2-3)=12k+13$은
어떤 자연수의 제곱이어야 한다.
이때 $12k+13$는 홀수이므로 홀수의 제곱이어야 한다.
이제 2 이상 자연수 n에 대해

$12k+13=(2n+1)^2$, 즉 $k=\frac{n(n+1)}{3}-1$

그러면 주어진 방정식의 근은 다음과 같은 두 자연수이다.

$x=\frac{6k+1\pm\sqrt{12k+13}}{2}=\frac{2n^2+2n-5\pm(2n+1)}{2}$

$\therefore x=n^2+2n-2$ 또는 $x=n^2-3$

위의 두 자연수가 모두 세 자리 수이므로
$100\le n^2-3$이고 $n^2+2n-2<1000$이어야 한다.
즉 $103\le n^2$이고 $(n+1)^2<1003$이어야 한다.
따라서 $11\le n\le30$이므로 k의 범위는 다음과 같다.

$\frac{11\times12}{3}-1\le k\le\frac{30\times31}{3}-1$

그러므로 구하는 값은 $309-43+1=267$(개)이다.

06 갑, 을, 병이 혼자서 어떤 일을 하는 데 걸리는 시간을 각각 x, y, z라 하면

$a\times\frac{1}{x}=\frac{1}{y}+\frac{1}{z}$에서 $\frac{1}{z}=\frac{a}{x}-\frac{1}{y}$ $\cdots$ ㉠,

$b\times\frac{1}{y}=\frac{1}{x}+\frac{1}{z}$에서 $\frac{1}{z}=-\frac{1}{x}+\frac{b}{y}$ $\cdots$ ㉡

㉠$\times b+$㉡에서 $\frac{1}{x}=\frac{(b+1)}{(ab-1)}\times\frac{1}{z}$,

㉡$\times a+$㉠에서 $\frac{1}{y}=\frac{(a+1)}{(ab-1)}\times\frac{1}{z}$이므로

$\frac{1}{x}+\frac{1}{y}=\frac{a+b+2}{ab-1}\times\frac{1}{z}$

$\therefore \frac{a+b+2}{ab-1}$(배)

07 점 B를 $(0,\ 0)$으로 두고 주어진 도형을 좌표평면에 나타낼 때, 직선 AE의 방정식은 $y=-x+10$,

직선 CD의 방정식은 $y=-\frac{2}{3}x+8$,

직선 BD의 방정식은 $y=\frac{2}{3}x$이다.

점 H의 좌표를 $(a,\ 0)$라 하면 (즉, $\overline{\mathrm{BH}}=a$)

$\mathrm{P}\left(a,\ \frac{2}{3}a\right)$, $\mathrm{G}'\left(12-a,\ \frac{2}{3}a\right)$이다.

(색칠한 부분의 넓이)

=(직사각형 FBHG의 넓이)+(직사각형 PHJG′의 넓이)

이므로

$S=a(-a+10)+\frac{2}{3}a(12-2a)=\frac{87}{4}$

$28a^2-216a+261=0$

$(2a-3)(14a-87)=0$

$\therefore a=\frac{3}{2}(\because 0<a<6)$

08 주어진 식을 다음과 같이 변형해 보자.

$(m^4-2nm^2+n^2)-4m^2=52$

$(m^2-n)^2-(2m)^2=52$

$(m^2-n-2m)(m^2-n+2m)=2^2\times13$

위 식의 좌변의 두 인수의 차는 $4m$으로 4의 배수이므로 다음의 두 경우를 생각할 수 있다.

(i) $\begin{cases}(m^2-n)-2m=2\\(m^2-n)+2m=26\end{cases}$ 또는 (ii) $\begin{cases}(m^2-n)-2m=-26\\(m^2-n)+2m=-2\end{cases}$

먼저 (i)의 경우 $4m=24$에서 $m=6$이고 $n=22$이다.

같은 방법으로, (ii)의 경우에는 $m=6$이고 $n=50$이다.

그러므로 $15m-n$의 최솟값은 40이다.

09 (i) $x=1$일 때, $\{x\}=1$, $\{x^2\}=1$이므로 $1-1-6\neq0$

(ii) $x=p^a$(p는 소수, a는 자연수) 일 때,

$\{x\}=a+1$, $\{x^2\}=2a+1$이므로

$(2a+1)-(a+1)-6=0$ $\quad\therefore a=6$

$p=2$이면 $x=2^6<200$, $p\geq3$이면 $x>300$이므로

정수해는 $x=2^6$뿐이다.

(iii) $x=p^aq^b$(p, q는 소수, a, b는 자연수) 일 때,

$\{x\}=(a+1)(b+1)$, $\{x^2\}=(2a+1)(2b+1)$

$\{x^2\}-\{x\}-6=0$에 대입하면

$(2a+1)(2b+1)-(a+1)(b+1)-6=0$

$3ab+a+b=6$, $9ab+3a+3b=18$,

$(3a+1)(3b+1)=19$

19는 소수이므로 식을 만족하는 자연수 a, b는 존재하지 않는다.

따라서 $\{x^2\}-\{x\}-6=0$을 만족하는 200 이하의 자연수 x의 값은 $2^6=64$이다.

Ⅳ. 이차함수

1 이차함수의 그래프

핵심문제 01

100쪽

1 $k\neq-\frac{2}{3}$ **2** 3 **3** ② **4** $-\frac{1}{2}$

5 (1) -1, 3 (2) $-1<x<3$

1 $y=(x-3)(2x+1)-kx(4-3x)$
$=(2+3k)x^2-(5+4k)x-3$
이 함수가 이차함수가 되려면
$2+3k\neq0$ $\therefore k\neq-\frac{2}{3}$

2 $y=2(a+x)^2+4(a+x)+1$에 $(-4, -1)$을 대입하면
$2(a-4)^2+4(a-4)+1=-1$
$2a^2-16a+32+4a-16+1=-1$
$2a^2-12a+18=0$
$2(a-3)^2=0$ $\therefore a=3$

3 $y=-3(x-p)^2+23$에 $x=2$, $y=-4$를 대입하면
$-4=-3(2-p)^2+23$
$(2-p)^2=9$
$2-p=\pm3$
$\therefore p=-1(\because p<2)$
따라서 $x>-1$일 때, x의 값이 증가하면 y의 값은 감소한다.

4 점 O에서 $\overline{PQ}$에 내린 수선의 발을 H라 하고, △OPQ의 한 변의 길이를 x라 하자.
△OPH에서 $\overline{OP}=x$, $\overline{PH}=\frac{1}{2}x$이므로 피타고라스 정리에 의해 $\overline{OH}=\frac{\sqrt{3}}{2}x$
$\triangle OPQ=\frac{1}{2}\times x\times\frac{\sqrt{3}}{2}x=\frac{1}{2}\times x\times6$
$\sqrt{3}x^2=12x$, $\sqrt{3}x(x-4\sqrt{3})=0$ $\therefore x=4\sqrt{3}(\because x>0)$
점 $Q(2\sqrt{3}, -6)$이므로 $y=ax^2$에 대입하면
$-6=a\times(2\sqrt{3})^2$ $\therefore a=-\frac{1}{2}$

5 (1) $f(x)=g(x)$의 근은 두 그래프의 교점의 x좌표이므로
$x=-1$, $x=3$
(2) $f(x)>g(x)$의 해는 $f(x)$의 그래프가 $g(x)$의 그래프 위에 있는 부분이다. $\therefore -1<x<3$

응용문제 01

101쪽

예제 1 1, -2, 2, 101, 101, 10004, 4, 2501 / 2501

1 3 **2** $\left(-\frac{1}{2}, -\frac{9}{8}\right)$

3 $y=x^2-4x$ **4** $(2, 6)$, $(1+\sqrt{7}, -6)$

1 $\overline{AB}=2$이므로 $B(2, 4a)$
$\overline{BC}=a+1$이므로 $C\left(a+3, \frac{1}{3}(a+3)^2\right)$
점 B, C의 y좌표가 같으므로 $4a=\frac{1}{3}(a+3)^2$
$12a=a^2+6a+9$, $(a-3)^2=0$
$\therefore a=3$

2 $y=\frac{1}{2}x+1$에
$x=-2$를 대입하면 $y=0$이고
$x=2$를 대입하면 $y=2$이다.

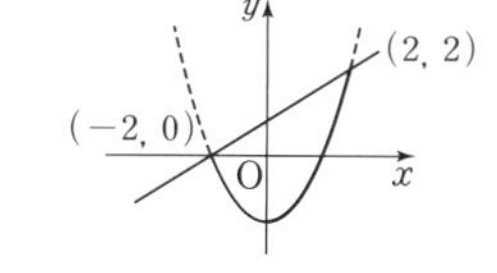

$y=\frac{1}{2}(x+a)^2+b$에 $(-2, 0)$, $(2, 2)$를 각각 대입하면
$0=\frac{1}{2}(-2+a)^2+b\cdots$ ㉠, $2=\frac{1}{2}(2+a)^2+b\cdots$ ㉡
㉡−㉠을 하면 $2=\frac{1}{2}\{(2+a)^2-(-2+a)^2\}$
위 식을 정리하여 풀면 $a=\frac{1}{2}$
$a=\frac{1}{2}$을 ㉠에 대입하여 풀면 $b=-\frac{9}{8}$
따라서 이차함수의 식은 $y=\frac{1}{2}\left(x+\frac{1}{2}\right)^2-\frac{9}{8}$이므로
꼭짓점의 좌표는 $\left(-\frac{1}{2}, -\frac{9}{8}\right)$

3 주어진 이차함수의 꼭짓점의 좌표는 $(2p, 4p^2-8p)$이므로
이 좌표를 정리하면 $4p^2-8p=(2p)^2-4\times2p$
따라서 $2p=x$를 $y=4p^2-8p$에 대입하면 $y=x^2-4x$이다.

4 $-2(x-1)^2+8=0$, $(x-1)^2=4$
$\therefore x=-1$ 또는 $x=3$
$\therefore \overline{AB}=4$
△PAB의 $\overline{AB}$에 대한 높이가 6이어야 한다.

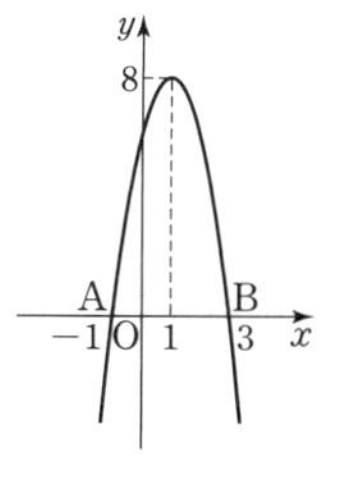

(i) $-2(x-1)^2+8=6$에서 $(x-1)^2=1$
$x>0$이므로 $x=2$
(ii) $-2(x-1)^2+8=-6$에서 $(x-1)^2=7$
$x>0$이므로 $x=1+\sqrt{7}$
따라서 구하는 점 P의 좌표는 $(2, 6)$ 또는 $(1+\sqrt{7}, -6)$이다.

핵심문제 02

102쪽

1 ④ **2** (2, 3) **3** ⑤ **4** $56-16\sqrt{10}$ **5** $-\frac{3}{2}$

1 $y=-3x^2+6x+1=-3(x-1)^2+4$

꼭짓점의 좌표는 (1, 4)

y절편은 $x=0$일 때의 y의 값이므로 $y=1$

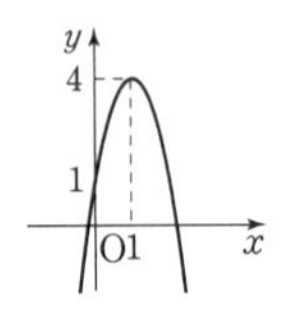

2 $y=-\frac{1}{2}x^2+mx+2m-3$

$=-\frac{1}{2}(x-m)^2+\frac{1}{2}m^2+2m-3$

이므로 꼭짓점의 좌표는 $\left(m, \frac{1}{2}m^2+2m-3\right)$이다.

$m=2$, $\frac{1}{2}m^2+2m-3=3$

따라서 주어진 이차함수의 꼭짓점의 좌표는 (2, 3)이다.

3 포물선 모양이 아래로 볼록하므로 $a>0$

축이 y축의 왼쪽에 있으므로 $ab>0$ $\quad\therefore b>0$

y절편이 x축 아래쪽이므로 $c<0$

④ $f(2)=4a+2b+c>f(1)>0$

⑤ $a^2-b^2+c^2+2ac$

$=a^2+2ac+c^2-b^2=(a+c)^2-b^2$

$=(a+b+c)(a-b+c)>0$ ($\because f(1)>0, f(-1)<0$)

4 $\overline{AB}=2k(k>0)$라 하면 $A(-2-k, 0)$, $B(-2+k, 0)$

점 C의 x좌표는 $-2+k$, y좌표는 $y=-\frac{1}{2}k^2+3$

$\overline{BC}=2k$이므로 $-\frac{1}{2}k^2+3=2k$에서 $k=-2+\sqrt{10}$

$\therefore \square ABCD=(2k)^2=4(-2+\sqrt{10})^2=56-16\sqrt{10}$

5 $y=x^2+2mx+n$의 그래프가 점 (1, -2)를 지나므로

$-2=1+2m+n$ $\quad\therefore n=-2m-3$

$y=x^2+2mx-2m-3=(x+m)^2-m^2-2m-3$

꼭짓점 $(-m, -m^2-2m-3)$이 직선 $4x+4y+3=0$

위에 있으므로 대입하면

$-4m-4m^2-8m-12+3=0$

$4m^2+12m+9=0$, $(2m+3)^2=0$

$\therefore m=-\frac{3}{2}$, $n=-2\times\left(-\frac{3}{2}\right)-3=0$

$\therefore m-n=-\frac{3}{2}-0=-\frac{3}{2}$

응용문제 02

103쪽

예제 ② 2, 2, <, >, 9 / 2 / $a>9$

1 제2사분면 **2** $-2a+2b$ **3** $\frac{13}{18}$ **4** 4

1 $y=ax+b$에서 $a<0$, $b>0$

$y=ax^2+abx+b$에서

$a<0$: 위로 볼록

$ab<0$: 축이 y축의 왼쪽

$b>0$: y절편이 양수

따라서 꼭짓점은 제2사분면에 있다.

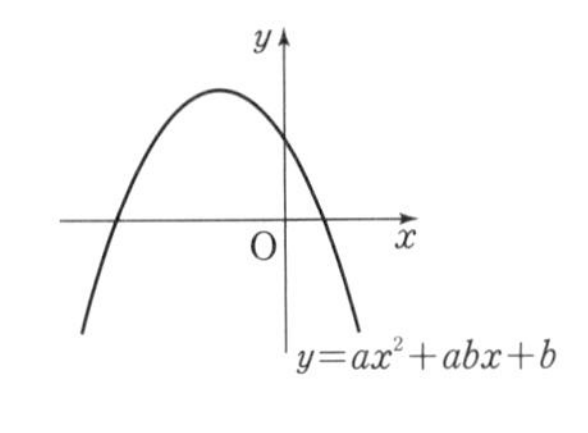

2 $y=x^2+2ax+b$에서 축이 y축의 오른쪽에 있으므로 $a<0$

또, y절편이 양수이므로 $b>0$

$a-b<0$, $b-a>0$

$\therefore \sqrt{(a-b)^2}+\sqrt{(b-a)^2}=(-a+b)+(b-a)$

$=-2a+2b$

3 $y=x^2-6x+a+b=(x-3)^2-9+a+b$에서

꼭짓점의 좌표가 $(3, -9+a+b)$이므로 꼭짓점이

제4사분면에 있으려면

(꼭짓점의 y좌표)$=-9+a+b<0$, $a+b<9$

(i) $a+b=9$인 경우

$(a, b)=(3, 6), (4, 5), (5, 4), (6, 3)$

(ii) $a+b=10$인 경우

$(a, b)=(4, 6), (5, 5), (6, 4)$

(iii) $a+b=11$인 경우

$(a, b)=(5, 6), (6, 5)$

(iv) $a+b=12$인 경우

$(a, b)=(6, 6)$

따라서 꼭짓점이 제4사분면에 있을 확률은 $1-\frac{10}{36}=\frac{13}{18}$

4 $y=x^2-2ax+3a^2+2b^2+8b+16$

$=(x-a)^2+2a^2+2b^2+8b+16$

이므로 꼭짓점의 좌표는 $(a, 2a^2+2b^2+8b+16)$

이 꼭짓점이 포물선 $y=x^2-4x+4$ 위에 있으므로

$2a^2+2b^2+8b+16=a^2-4a+4$

$a^2+4a+2b^2+8b+12=0$, $(a+2)^2+2(b+2)^2=0$

그런데, a, b가 실수이므로 $a+2=0$, $b+2=0$

$\therefore a=-2$, $b=-2$이므로 $ab=4$

핵심문제 03

104쪽

1 2 **2** $a=2$, $b=-3$ **3** 36 **4** $y=\frac{1}{2}(x+3)^2$ **5** 27

1 꼭짓점의 좌표가 $(-2, -1)$이므로

$y=a(x+2)^2-1$로 놓고 $(0, 1)$을 대입하면

$1=4a-1 \quad \therefore a=\frac{1}{2}$

$\therefore y=\frac{1}{2}(x+2)^2-1=\frac{1}{2}x^2+2x+1$

$\therefore ab+c=\frac{1}{2}\times2+1=2$

2 점 $(1, -2)$를 지나므로 $-2=-1+a+b$에서

$a+b=-1 \cdots$ ㉠

$y=-x^2+ax+b=-\left(x-\frac{a}{2}\right)^2+\frac{a^2}{4}+b$이므로

꼭짓점의 좌표는 $\left(\frac{a}{2}, \frac{a^2}{4}+b\right)$이고

$y=-3x+1$ 위에 있으므로 $\frac{a^2}{4}+b=-3\times\frac{a}{2}+1$에서

$a^2+6a+4b-4=0 \cdots$ ㉡

㉠에서 $b=-1-a$를 ㉡에 대입하여 정리하면

$a^2+2a-8=0$에서 $(a+4)(a-2)=0$

따라서 $a>0$이므로 $a=2$, $b=-3$

3 $y=a(x+6)(x-3)$라 놓고 $(4, -20)$을 대입하면

$-20=a(4+6)(4-3) \quad \therefore a=-2$

$y=-2(x+6)(x-3)$

$\therefore$ (y절편)$=-2(0+6)(0-3)=36$

4 $x=-3$에서 x축에 접하므로

$y=a(x+3)^2$라 놓고 $(-5, 2)$를 대입하면

$2=4a \quad \therefore a=\frac{1}{2}$

$\therefore y=\frac{1}{2}(x+3)^2$

5 [그림1]에서 꼭짓점의 좌표는 $(5, 4)$이므로

이차함수의 식은 $y=a(x-5)^2+4 \quad \cdots$ ㉠

㉠에 $(3, 0)$을 대입하면 $0=a(3-5)^2+4$, $a=-1$

$\therefore y=-(x-5)^2+4$

[그림2]의 그래프는 [그림 1]의 그래프를 y축의 방향으로 5만큼 평행이동한 것이므로 $y=-(x-5)^2+4+5$

$\therefore y=-(x-5)^2+9$

x절편 : $0=-(x-5)^2+9$, $(x-5)^2=9$

$\therefore x=2$ 또는 $x=8$

$\therefore$ A$(2, 0)$, B$(8, 0)$, C$(5, 9)$이므로

$\triangle ABC=\frac{1}{2}\times6\times9=27$

응용문제 03

105쪽

예제 ③ 3, -3, m, m, $-m$, 2, -2, 1, -2, 0, 1 / $(0, 1)$

1 $\frac{3}{4}$ **2** $\frac{11}{2}$ **3** $(1, 0)$ **4** ⑤

1 $y=-\frac{2}{3}x^2+8$을 꼭짓점을 중심으로 하여 180°만큼 회전한 그래프의 식은 $y=\frac{2}{3}x^2+8$

$y=\frac{2}{3}x^2+8$의 그래프가 점 $(2a, 2a-5)$를 지나므로 대입하면

$2a-5=\frac{8}{3}a^2+8 \quad \therefore 8a^2-6a+39=0$

따라서 근과 계수와의 관계에 의해 상수 a의 값들의 합은

$\frac{6}{8}=\frac{3}{4}$

2 (가)에 의해 $a=-\frac{1}{2}$이고 이차함수 $y=ax^2+bx+c$의 꼭짓점의 좌표를 (p, q)라 하면

$y=ax^2+bx+c=-\frac{1}{2}(x-p)^2+q \cdots$ ㉠

㉠의 그래프를 y축의 방향으로 -2만큼 평행이동시킨 그래프의 꼭짓점의 좌표는 $(p, q-2)=(-2, 4)$

$\therefore p=-2$, $q=6$

$y=-\frac{1}{2}(x+2)^2+6=-\frac{1}{2}x^2-2x+4$

$\therefore b=-2$, $c=4$

$y=-\frac{1}{2}(x+2)^2+4$는 $(-3, k)$를 지나므로

$k=-\frac{1}{2}(-3+2)^2+4=\frac{7}{2}$

$\therefore b+c+k=-2+4+\frac{7}{2}=\frac{11}{2}$

3 $y=x^2+4x+5=(x+2)^2+1$의

꼭짓점의 좌표는 $(-2, 1)$

$y=-x^2+8x-17=-(x-4)^2-1$의

꼭짓점의 좌표는 $(4, -1)$

두 포물선이 점 A에 대하여 대칭이므로 두 포물선의 꼭짓점에서 점 A에 이르는 거리가 각각 같다.

즉, 점 $(-2, 1)$과 점 $(4, -1)$의 중점을 구한다.

점 A의 좌표를 (a, b)라 하면

$a=\frac{-2+4}{2}=1$, $b=\frac{1+(-1)}{2}=0$

따라서 점 A의 좌표는 $(1, 0)$

4 $f(x)=-2(x-l)(x-n)$

$y=g(x)$의 기울기는 $\frac{g(m)}{m-l}$이고,

$g(m)=f(m)=-2(m-l)(m-n)$이므로

$(\text{기울기})=\frac{g(m)}{m-l}=\frac{f(m)}{m-l}=\frac{-2(m-l)(m-n)}{m-l}$

$=-2m+2n$

심화 문제

106~111쪽

01 -3 **02** 6 **03** $a<0$ 또는 $b<0$

04 -2 **05** $\mathrm{P}\left(\sqrt{7}, \frac{7}{2}\right)$ **06** $1+\sqrt{6}$

07 $y=\frac{4}{9}x^2-\frac{8}{3}x+4$ **08** 9 **09** 9

10 $y=x^2-2x(x\geq 0)$ **11** $\frac{1}{36}$ **12** 19

13 $\frac{3}{32}$ **14** $y=\frac{4}{3}x+\frac{4}{3}$ **15** 1

16 2 **17** $y=-2x^2+8x-4$ **18** $\frac{2}{3}$

01 $(1, m)$, $(-1, n)$이 이차함수 $y=ax^2+bx+c$의 그래프 위에 있으므로

$m=a+b+c$ ⋯ ㉠

$n=a-b+c$ ⋯ ㉡

㉠$-$㉡에서 $m-n=2b=-6$

$\therefore b=-3$

02 세 점의 좌표를 대입하면 $\begin{cases} 16=c \\ 10=a-b+c \\ -14=9a-3b+c \end{cases}$

연립하여 풀면 $a=-2$, $b=4$, $c=16$

$\therefore y=-2x^2+4x+16$

x축과의 두 교점 즉, x절편은 $-2(x+2)(x-4)=0$

$\therefore x=-2$ 또는 $x=4$

따라서 x축과의 두 교점 사이의 거리는 $4-(-2)=6$

03 (i) 이차함수 $y=ax^2+bx$는 $(0, 0)$을 지나므로 제4사분면을 지나려면 그래프는 다음과 같은 형태이어야 한다.

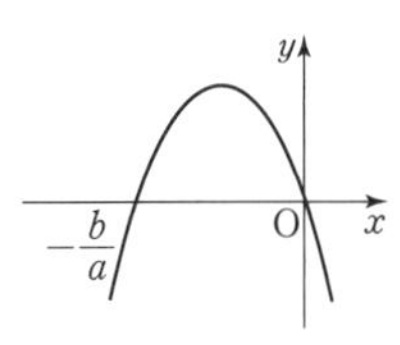

➡ $a<0$, $b<0$

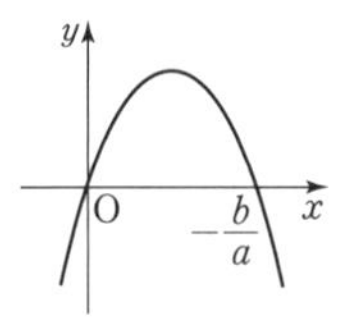

➡ $a<0$, $b>0$

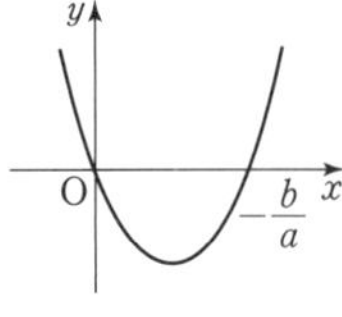

➡ $a>0$, $b<0$

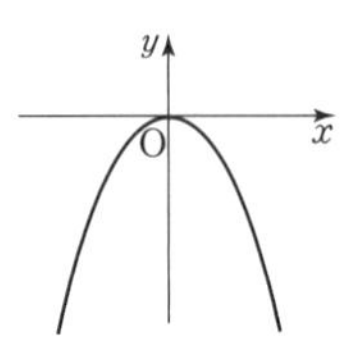

➡ $a<0$, $b=0$

(ii) 다음과 같은 형태일 때, 함수 $y=ax^2+bx$의 그래프는 제4사분면을 지나지 않는다.

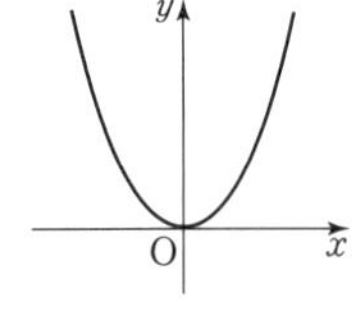

➡ $a>0$, $b=0$

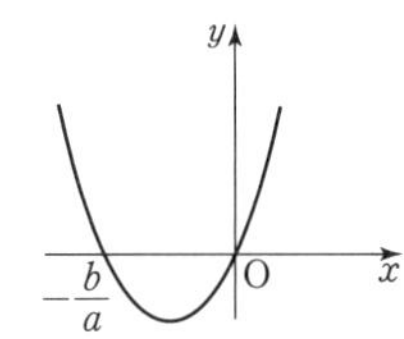

➡ $a>0$, $b>0$

따라서 (i), (ii)에 의해 $y=ax^2+bx$가 제4사분면을 지나려면 $a<0$ 또는 $b<0$

04 $b=a^2+3a-1$ ⋯ ㉠

$d=c^2+3c-1$ ⋯ ㉡

㉠$-$㉡에서 $b-d=(a-c)(a+c+3)$

$\frac{b-d}{a-c}=a+c+3$ ⋯ ㉢

또한, 두 점 A, B가 직선 $x+y=0$에 대하여 대칭이므로

$\overline{\mathrm{AB}}$의 기울기는 $\frac{b-d}{a-c}=1$이어야 한다.

㉢에서 $a+c+3=1$ $\therefore a+c=-2$

05 $x=1$일 때 $y=\frac{3}{2}\times 1+\frac{1}{2}=2$ $\therefore \mathrm{B}(1, 2)$

$y=2$일 때 $2=\frac{1}{2}x^2$, $x^2=4$, $x=2(x>0)$ $\therefore \mathrm{C}(2, 2)$

$x=2$일 때 $y=\frac{3}{2}\times 2+\frac{1}{2}=\frac{7}{2}$ $\therefore \mathrm{D}\left(2, \frac{7}{2}\right)$

$y=\frac{7}{2}$일 때 $\frac{7}{2}=\frac{1}{2}x^2$, $x^2=7$, $x=\sqrt{7}(x>0)$

$\therefore \mathrm{P}\left(\sqrt{7}, \frac{7}{2}\right)$

06 $y=a(x-b)^2$의 그래프의 꼭짓점의 좌표 $(b, 0)$을 $y=-\frac{1}{3}x^2+2$에 대입하면

$0=-\frac{1}{3}b^2+2$에서 $b^2=6 \quad \therefore b=\sqrt{6}(\because b>0)$

$y=-\frac{1}{3}x^2+2$의 그래프의 꼭짓점의 좌표 $(0, 2)$를

$y=a(x-\sqrt{6})^2$에 대입하면 $2=6a$에서 $a=\frac{1}{3}$

$\therefore 3a+b=3\times\frac{1}{3}+\sqrt{6}=1+\sqrt{6}$

07 꼭짓점이 $A(3, 0)$이므로 이차함수의 식을 $y=a(x-3)^2$이라 하자.

$x=0$일 때, $y=9a$이므로 $B(0, 9a)$

$\triangle OAB=\frac{1}{2}\times3\times9a=6$에서

$a=\frac{4}{9}$

$\therefore y=\frac{4}{9}(x-3)^2=\frac{4}{9}x^2-\frac{8}{3}x+4$

08 $y=ax^2$을 x축에 대하여 대칭이동하면 $y=-ax^2$

x축으로 1만큼, y축으로 q만큼 평행이동하면

$y-q=-a(x-1)^2$

$y=-ax^2+2ax-a+q=-2x^2+px+1$이므로

$a=2$, $2a=p$, $-a+q=1$에서 $p=4$, $q=3$

$\therefore a+p+q=9$

09 점 A의 좌표 : $\left(-1, \frac{3}{2}\right)$

점 B의 좌표 : $\left(-1, -\frac{3}{2}\right)$

점 C의 좌표 : $(2, 0)$, 점 D의 좌표 : $(2, 3)$

오른쪽의 색칠된 도형의 넓이는 평행사변형 ABCD의 넓이와 같다.

$\therefore \square ABCD=3\times3=9$

10 $y=x^2-6xk+9k^2+9k^2-6k=(x-3k)^2+9k^2-6k$

꼭짓점의 좌표는 $(3k, 9k^2-6k)$

$x=3k$, $y=9k^2-6k=x^2-2x$

$\therefore y=x^2-2x(x\geq0)$

11 $y=ax^2+b$에 $(2, 6)$을 대입하면 $6=4a+b$ ⋯ ㉠

$(-3, 11)$을 대입하면 $11=9a+b$ ⋯ ㉡

㉠, ㉡을 연립하여 풀면 $a=1$, $b=2$이므로

순서쌍 $(a, b)=(1, 2)$

따라서 구하는 확률은 $\frac{1}{36}$이다.

12 주어진 부등식에 $x=0$을 대입하면 $f(0)=1$임을 알 수 있다.

그러므로 $f(x)=ax^2+bx+1$의 꼴로 나타낼 수 있다.

이것을 주어진 부등식에 대입하여 다음과 같이 정리할 수 있다.

$x^2\leq ax^2+bx\leq3x^2$, $1\leq a+\frac{b}{x}\leq3$ (단, $x\neq0$)

$b\neq0$이면 $\frac{b}{x}$가 임의의 수가 될 수 있으므로, $b=0$이고 이에 따라 $1\leq a\leq3$이다.

즉, $f(x)=ax^2+1$이다. (단, $1\leq a\leq3$)

이제 $f(1)=a+1=3$에서 $a=2$이다.

즉, $f(x)=2x^2+1$이다.

따라서 $f(3)=2\times3^2+1=19$

13 $y=x^2-x-3$과 $x-y+5=0$의 그래프의 교점의 좌표를 구하면 $(-2, 3)$, $(4, 9)$이고, 이 두 교점의 좌표를

$y=ax^2+bx+4$에 대입하여 풀면

$a=\frac{1}{8}$, $b=\frac{3}{4} \quad \therefore ab=\frac{3}{32}$

14 $0=-2x^2+4x+6$에서 $x^2-2x-3=(x+1)(x-3)=0$

$A(-1, 0)$, $B(3, 0)$

$y=-2x^2+4x+6=-2(x^2-2x+1-1)+6$

$=-2(x-1)^2+8$

이므로 $C(1, 8)$

$A(-1, 0)$을 지나고 $\triangle ABC$의 넓이를 이등분하는 직선은 $\overline{BC}$의 중점을 지난다.

$\overline{BC}$의 중점 M의 좌표는 $\left(\frac{3+1}{2}, \frac{0+8}{2}\right)=(2, 4)$

직선 AM의 기울기는 $\frac{4-0}{2-(-1)}=\frac{4}{3}$

$y=\frac{4}{3}x+b$에 $A(-1, 0)$을 대입하여 풀면 $b=\frac{4}{3}$

따라서 $\triangle ABC$의 넓이를 이등분하는 직선의 방정식은

$y=\frac{4}{3}x+\frac{4}{3}$

15 $f(a)=b$, $f(b)=c$, $f(c)=a$에서

$a^2-k=b$ ⋯ ㉠, $b^2-k=c$ ⋯ ㉡, $c^2-k=a$ ⋯ ㉢

㉠$-$㉡에서 $a+b=\frac{b-c}{a-b}$

㉡$-$㉢에서 $b+c=\frac{c-a}{b-c}$

㉢$-$㉠에서 $c+a=\frac{a-b}{c-a}$

$\therefore (a+b)(b+c)(c+a)=\frac{b-c}{a-b}\times\frac{c-a}{b-c}\times\frac{a-b}{c-a}=1$

16 $f(x+1)-f(x)=a(x+1)^2+b(x+1)+c-ax^2-bx-c$
$=2ax+a+b$
$f(100)-f(99)=2a\times99+a+b=16$ … ㉠
$f(101)-f(100)=2a\times100+a+b=20$ … ㉡
㉠, ㉡을 연립하여 풀면 $a=2$

17 $y=2x^2-8x+10=2(x-2)^2+2$를 꼭짓점 (2, 2)를 중심으로 회전이동한 식은 $y=-2(x-2)^2+2$이다.
이를 y축의 방향으로 k만큼 평행이동한 식은
$y=-2(x-2)^2+2+k=-2(x^2-4x+4)+2+k$
$=-2x^2+8x-6+k$이다.
x축과 만나는 두 점의 좌표를 α, β라 하면, $|\alpha-\beta|=2\sqrt{2}$
$-2x^2+8x-6+k=0$ 즉, $2x^2-8x+6-k=0$이므로
$\alpha+\beta=4$, $\alpha\beta=\dfrac{6-k}{2}$
$(\alpha+\beta)^2=(\alpha-\beta)^2+4\alpha\beta$이므로
$16=8+2(6-k)$ $\therefore k=2$
따라서 포물선 C_2의 식은 $y=-2x^2+8x-4$

18 $x=0$일 때, $y=9$이므로 A(0, 9)
점 B의 y좌표가 9이므로 $9=x^2-6x+9$,
$x(x-6)=0$, $x=0$ 또는 $x=6$ $\therefore$ B(6, 9)
$y=x+m$이 점 A(0, 9)를 지나면 $m=9$이고,
점 B(6, 9)를 지나면 $m=3$이므로
직선 $y=x+m$이 $\overline{AB}$와 만나려면 $3\le m\le9$이고, m의 값은 3, 4, 5, 6이다.
$\therefore$ (구하는 확률)$=\dfrac{4}{6}=\dfrac{2}{3}$

최상위 문제

112~117쪽

01 $-\dfrac{9}{9982}$ **02** $\left(\dfrac{3}{2}, -\dfrac{9}{2}\right)$ **03** ±1
04 $a=3$, $b=-12$, $c=17$ **05** $0<f(3)<14$
06 $5\le k\le13$ **07** 9 **08** $C\left(\dfrac{1}{3}, \dfrac{91}{18}\right)$ **09** 16 **10** -2
11 $\dfrac{2\alpha+\beta+r}{4}$ **12** $\dfrac{2}{3}\pi$ **13** 12 **14** 18
15 $\left(0, 1-\dfrac{\sqrt{3}}{3}\right)$ **16** $\dfrac{2}{3}$ **17** 10 **18** 2

01 $f(x)=-\dfrac{1}{2}x^2+3x+\dfrac{9}{2}=-\dfrac{1}{2}(x-3)^2+9$
$g(x)=-\dfrac{1}{2}x^2+4x+1=-\dfrac{1}{2}(x-4)^2+9$
이차함수 $f(x)=-\dfrac{1}{2}(x-3)^2+9$의 그래프는 이차함수 $g(x)=-\dfrac{1}{2}(x-4)^2+9$의 그래프를 x축의 방향으로 $3-4=-1$만큼 평행이동한 것이므로
$f(x)=g(x+1)$
$\therefore \dfrac{f(-96)f(-95)f(-94)\cdots f(0)}{g(-96)g(-95)g(-94)\cdots g(0)}$
$=\dfrac{g(-95)g(-94)g(-93)\cdots g(0)g(1)}{g(-96)g(-95)g(-94)\cdots g(-1)g(0)}=\dfrac{g(1)}{g(-96)}$
이때 $g(1)=-\dfrac{1}{2}\times(-3)^2+9=\dfrac{9}{2}$
$g(-96)=-\dfrac{1}{2}\times(-100)^2+9=-4991$이므로
$\dfrac{g(1)}{g(-96)}=\dfrac{9}{2}\times\left(-\dfrac{1}{4991}\right)=-\dfrac{9}{9982}$

02 $y=2x^2-2(a-2)x+a^2-3a-10$
$=2\left(x-\dfrac{a-2}{2}\right)^2+\dfrac{a^2-2a-24}{2}$
꼭짓점이 제4사분면에 있으므로
$\dfrac{a-2}{2}>0$, $\dfrac{a^2-2a-24}{2}<0$에서 $2<a<6$ … ㉠
또한 $x=0$일 때의 값이 -6보다 크므로
$a^2-3a-10>-6$에서 $a<-1$ 또는 $a>4$ … ㉡
㉠, ㉡에서 $4<a<6$, a는 정수이므로 $a=5$
주어진 이차함수의 꼭짓점의 좌표는 $\left(\dfrac{3}{2}, -\dfrac{9}{2}\right)$

03 $y=x^2+2px+\sqrt{2}=(x+p)^2-p^2+\sqrt{2}$이므로
꼭짓점 $A(-p, -p^2+\sqrt{2})$
$y=-x^2+2px+\sqrt{2}=-(x-p)^2+p^2+\sqrt{2}$이므로
꼭짓점 $B(p, p^2+\sqrt{2})$
$\angle AOB=90°$이므로
($\overline{OA}$의 기울기)$\times$($\overline{OB}$의 기울기)$=-1$
$\dfrac{-p^2+\sqrt{2}}{-p}\times\dfrac{p^2+\sqrt{2}}{p}=-1$에서
$-p^4+2=p^2$, $p^4+p^2-2=0$이므로 $p^2=1$
$\therefore p=\pm1$

04 $f(x)=ax^2$의 그래프가 (1, 3)을 지나므로 $a=3$
$g(x)=3x^2+bx+c$에서 대칭축 $x=-\dfrac{b}{6}=2$이므로
$b=-12$
$g(x)=3x^2-12x+c$에서 $x=2$를 대입하면
$12-24+c=5$이므로 $c=17$
$\therefore a=3$, $b=-12$, $c=17$

05 이차함수의 식을 $f(x)=ax^2+bx+c$라 하면

$f(0)=c$이므로 $0<c<2$ $\cdots$ ㉠

$f(1)=a+b+c$이므로 $2<a+b+c<4$ $\cdots$ ㉡

$f(2)=4a+2b+c$이므로 $4<4a+2b+c<6$ $\cdots$ ㉢

㉢$-$㉡을 하면 $0<3a+b<4$ $\cdots$ ㉣

$3\times$㉣$+$㉠에서 $0<3(3a+b)+c<14$이므로 $0<f(3)<14$

06 $y=\frac{1}{2}(x-2)^2+3$에 $x=0$을 대입하면

$y=\frac{1}{2}(0-2)^2+3=5$ $\quad\therefore$ P$(0,\ 5)$

점 P$(0,\ 5)$를 지나고 x축에 평행한 직선의 방정식은 $y=5$

$y=\frac{1}{2}(x-2)^2+3$의 그래프와 직선 $y=5$의 교점의 좌표는

$5=\frac{1}{2}(x-2)^2+3$, $x-2=\pm2$

$\therefore x=0$ 또는 $x=4$

$\therefore$ Q$(4,\ 5)$

$y=-2x+k$의 그래프의 y절편이 k이므로 오른쪽 그림에서 k의 값은 $y=-2x+k$의 그래프가 점 P$(0,\ 5)$를 지날 때 최소가 되고 점 Q$(4,\ 5)$를 지날 때 최대가 된다.

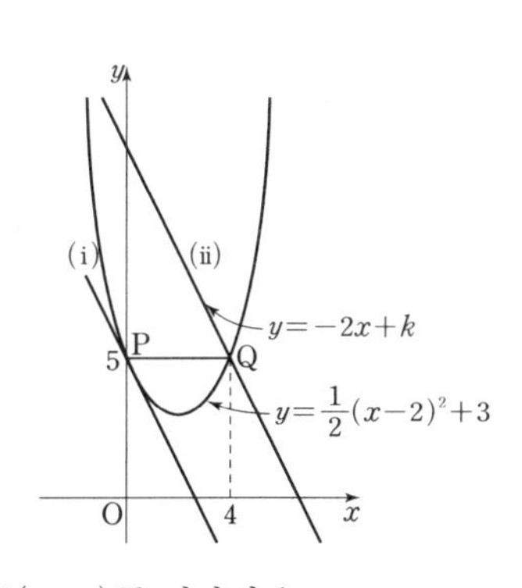

(i) 직선 $y=-2x+k$가 점 P$(0,\ 5)$를 지나면 $k=5$

(ii) 직선 $y=-2x+k$가 점 Q$(4,\ 5)$를 지나면

$5=-2\times4+k$, $k=13$

따라서 (i), (ii)에 의해 k의 값의 범위는 $5\le k\le 13$

07 두 이차함수의 그래프가 직선 $y=3$과 만나는 점의 x좌표를 α와 β라 하면 다음이 성립한다.

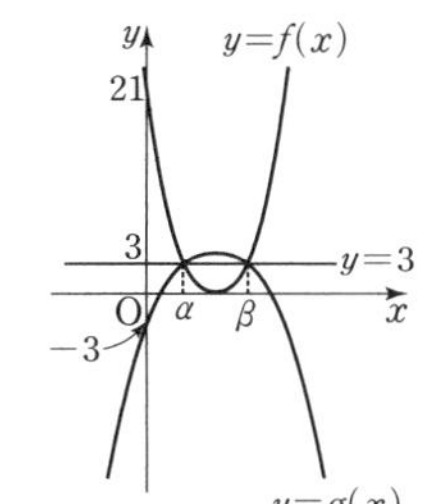

$f(x)-3=a(x-\alpha)(x-\beta)$,

$g(x)-3=-3(x-\alpha)(x-\beta)$

두 함수 $y=f(x)-3$, $y=g(x)-3$의 y절편은 각각 18, -6이다.

따라서 $18=a\alpha\beta$, $-6=-3\alpha\beta$이므로

$a=\frac{18}{\alpha\beta}=\frac{18}{2}=9$이다.

08 A$(a,\ 8a^2+5)$이고, 점 D의 y좌표도 $8a^2+5$이므로

$8a^2+5=2x^2+5$에서 $x=2a$

$\therefore$ D$(2a,\ 8a^2+5)$, $\overline{\text{AD}}=a$

점 B의 x좌표가 a이므로 B$(a,\ 2a^2+5)$

$\overline{\text{AB}}=8a^2+5-(2a^2+5)=6a^2=a$ $\quad\therefore a=\frac{1}{6}\,(\because a\neq0)$

따라서 점 C의 좌표는 $(2a,\ 2a^2+5)$이므로

C$\left(\frac{1}{3},\ \frac{91}{18}\right)$

09 $f(x^2-5x-8)=3+3+3+3$

$=f(2)+f(2)+f(2)+f(2)=f(2^4)$

$x^2-5x-8=16$에서 $(x-8)(x+3)=0$

$\therefore x>0$이므로 $x=8$

$f\left(\frac{4}{y^2-3y+24}\right)=-12$에서

$f(4)-f(y^2-3y+24)=-f(2^4)$

$f(y^2-3y+24)=f(16)+f(4)=f(64)$

$y^2-3y+24=64$에서 $(y-8)(y+5)=0$

$\therefore y>0$이므로 $y=8$

$\therefore x+y=16$

10 세 점 $(-3,\ 0)$, $(-1,\ -2)$, $(1,\ 0)$을 지나는 $f(x)$의 식을 구하면 $y=\frac{1}{2}(x+3)(x-1)$

$f(x)=t$라 하면 $f(t)=0$일 때의 $t=-3$ 또는 $t=1$

(i) $f(x)=-3$일 때, $f(x)$의 최솟값은 -2이므로

$f(x)=-3$을 만족시키는 x의 값은 없다.

(ii) $f(x)=1$일 때, $\frac{1}{2}(x+3)(x-1)=1$, $x^2+2x-5=0$,

$x=-1\pm\sqrt{6}$

$\therefore$ 두 근의 합은 -2이다.

11 $f(x)=-(x-\alpha)(x-\beta)$, $g(x)=-(x-\alpha)(x-\gamma)$

$h(x)=f(x)+g(x)$

$=-2x^2+(2\alpha+\beta+\gamma)x-\alpha\beta-\alpha\gamma$

$=-2\left(x-\frac{2\alpha+\beta+\gamma}{4}\right)^2+\frac{(2\alpha+\beta+\gamma)^2}{8}-\alpha\beta-\alpha\gamma$

$h(x)$의 최고차항의 계수가 $-2<0$이므로 $h(x)$의 그래프는 위로 볼록한 포물선 모양이고 $h(x)$의 최댓값은 꼭짓점 좌표의 y좌표와 같다.

따라서 $x=\frac{2\alpha+\beta+\gamma}{4}$에서 최댓값을 갖는다.

12 오른쪽 그림에서 색칠한 두 부분의 넓이는 같다.

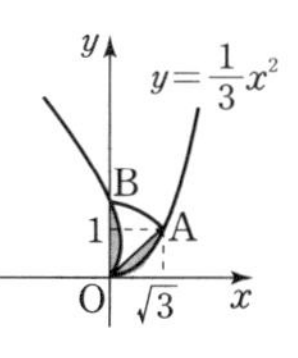

즉, 구하고자 하는 넓이는 부채꼴 AOB의 넓이와 같다.

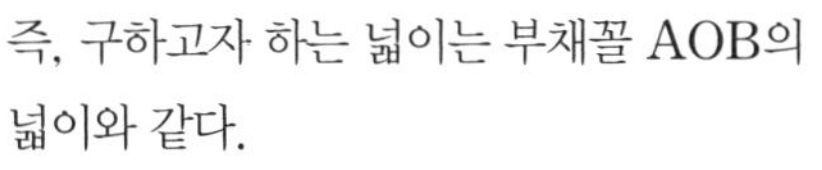

A$(\sqrt{3},\ 1)$이므로 피타고라스정리에 의해

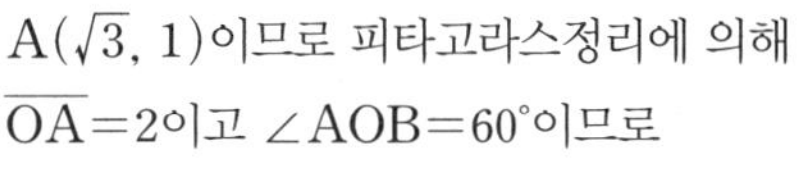

$\overline{\text{OA}}=2$이고 $\angle\text{AOB}=60^\circ$이므로

(색칠한 부분의 넓이)$=\pi\times2^2\times\frac{60^\circ}{360^\circ}=\frac{2}{3}\pi$

13 $y=x^2+ax+b=\left(x+\frac{1}{2}a\right)^2+b-\frac{1}{4}a^2$이므로

$P\left(-\frac{1}{2}a,\ b-\frac{1}{4}a^2\right)$,

점 P에서 $\overline{AB}$에 내린 수선의 발을 Q라 하면 $Q\left(-\frac{1}{2}a,\ 0\right)$

$\triangle PAB=\frac{1}{2}k\overline{PQ}=\frac{\sqrt{3}}{4}k^2$

이므로 $k=\frac{2}{\sqrt{3}}\ \overline{PQ}$ ⋯ ㉠

$\overline{AQ}=\overline{BQ}=\frac{k}{2}$이므로

$B\left(-\frac{1}{2}a+\frac{k}{2},\ 0\right)$이고,

주어진 이차함수의 식에 대입하여 정리하면

$\frac{1}{4}k^2=\frac{1}{4}a^2-b,\ k^2=4\left(\frac{1}{4}a^2-b\right)=4\overline{PQ}$

$k=2\sqrt{\overline{PQ}}\ (\because k>0)$ ⋯ ㉡

㉠, ㉡에서 $\overline{PQ}=\sqrt{3}\sqrt{\overline{PQ}}$이고,

양변을 제곱하면 $\overline{PQ}^2=3\overline{PQ}$,

$\overline{PQ}(\overline{PQ}-3)=0 \qquad \therefore \overline{PQ}=3$

$\therefore \overline{PQ}=\frac{1}{4}a^2-b=3$이므로 $a^2-4b=12$

14 $y=\frac{1}{2}x^2$ ⋯ ㉠, $y=\frac{1}{2}x+3$ ⋯ ㉡,

$y=\frac{1}{2}x+6$ ⋯ ㉢

㉠, ㉡에서 $x^2=x+6$,

$(x+2)(x-3)=0$

$x=-2$ 또는 $x=3 \qquad \therefore A(-2,\ 2),\ B\left(3,\ \frac{9}{2}\right)$

㉠, ㉢에서 $x^2=x+12,\ (x+3)(x-4)=0$

$x=-3$ 또는 $x=4 \qquad \therefore C\left(-3,\ \frac{9}{2}\right),\ D(4,\ 8)$

x축에 수직인 직선이 A를 지나 $\overline{CD}$와 만나는 점을 E, B를 지나 $\overline{CD}$와 만나는 점을 F라 하면

□CABD

$=\triangle CAE+$□EABF$+\triangle FBD$

$=3\times\{(-2)-(-3)\}\times\frac{1}{2}+3\times\{3-(-2)\}+3\times(4-3)\times\frac{1}{2}$

$=\frac{3}{2}+15+\frac{3}{2}=18$

15 오른쪽 그림과 같이 점 C에서 $\overline{AB}$에 내린 수선의 발을 H라 하면

$\overline{BH}=\sqrt{3},\ \overline{BC}=2\sqrt{3}$이므로

피타고라스 정리에 의해 $\overline{CH}=3$

또, 점 G가 $\triangle ABC$의 무게중심이므로 $\overline{CG}:\overline{GH}=2:1$

즉 점 C의 x좌표는 2이고 점 H의 x좌표는 -1이므로

점 B의 x좌표도 -1이다.

이차함수의 그래프의 꼭짓점의 좌표가 $(1,\ 1)$이므로

주어진 이차함수의 식을 $y=a(x-1)^2+1$이라고 하자.

$y=a(x-1)^2+1$에 $x=2$를 대입하면

$y=a+1 \qquad \therefore C(2,\ a+1)$

$y=a(x-1)^2+1$에 $x=-1$을 대입하면

$y=4a+1 \qquad \therefore B(-1,\ 4a+1)$

이때 점 H의 좌표는 $H(-1,\ a+1)$이고 $\overline{HB}=\frac{1}{2}\overline{AB}$이므로

$a+1-(4a+1)=\frac{1}{2}\times2\sqrt{3},\ -3a=\sqrt{3} \qquad \therefore a=-\frac{\sqrt{3}}{3}$

따라서 구하는 점 G의 좌표는 $\left(0,\ 1-\frac{\sqrt{3}}{3}\right)$

16 모든 경우의 수는 36

$y=-x^2+2(a-b)x-9$

$=-\{x-(a-b)\}^2+(a-b)^2-9$

의 그래프는 위로 볼록한 포물선이고

꼭짓점 좌표는 $(a-b,\ (a-b)^2-9)$이다.

이 그래프가 x축과 만나지 않으려면 꼭짓점의 y좌표가 0보다 작아야 하므로

$(a-b)^2-9<0,\ (a-b)^2<9 \qquad \therefore -3<a-b<3$

(i) $a-b=-2$일 때, (1, 3), (2, 4), (3, 5), (4, 6)의 4개

(ii) $a-b=-1$일 때,
(1, 2), (2, 3), (3, 4), (4, 5), (5, 6)의 5개

(iii) $a-b=0$일 때,
(1, 1), (2, 2), (3, 3), (4, 4), (5, 5), (6, 6)의 6개

(iv) $a-b=1$일 때,
(2, 1), (3, 2), (4, 3), (5, 4), (6, 5)의 5개

(v) $a-b=2$일 때,
(3, 1), (4, 2), (5, 3), (6, 4)의 4개

(i)~(v)에서 순서쌍 $(a,\ b)$의 개수는

$4+5+6+5+4=24$(개)

따라서 구하는 확률은 $\frac{24}{36}=\frac{2}{3}$

17 오른쪽 그림과 같이 n개의 계단 형태로 나열된 직사각형을 가장 오른쪽에 있는 직사각형 아래로 모두 밀어 보내면 가로의 길이가 $n-(n-1)=1$, 세로의 길이가 $\frac{1}{4}n^2$인 직사각형이 된다.

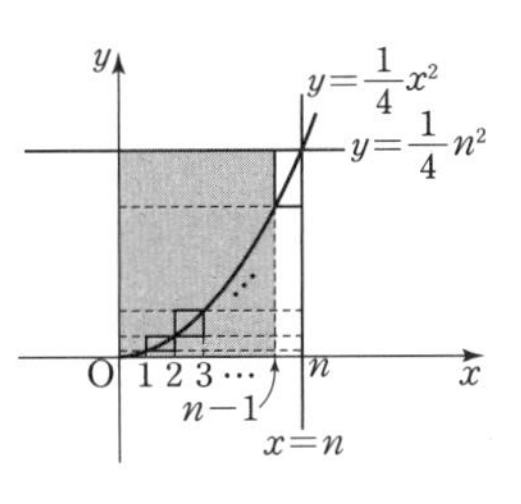

따라서 두 직선 $x=n$, $y=\frac{1}{4}n^2$과 x축, y축으로 둘러싸인 직사각형에서 넓이가 $\frac{1}{4}n^2$인 도형을 제외한 부분의 넓이는 가로의 길이가 $n-1$, 세로의 길이가 $\frac{1}{4}n^2$인 직사각형의 넓이와 같으므로

$(n-1)\times\frac{1}{4}n^2=225$, $n^2(n-1)=900=10^2\times9$

$\therefore n=10$

18 $y=x^2-4x+3$과 직선 $y=\frac{m}{4}x-\frac{13}{4}$이 한 점에서 만나므로 이차방정식 $x^2-4x+3=\frac{m}{4}x-\frac{13}{4}$(㉠)이 중근을 갖는다.

㉠을 정리하면 $4x^2-(16+m)x+25=0$이고,
중근을 가지므로 $(16+m)^2-4\times4\times25=0$
$\therefore m=4(\because m>0)$

따라서 $4x^2-20x+25=0$, $x=\frac{5}{2}$이므로 $y=-\frac{3}{4}$

$\therefore$ 교점 P의 좌표 $\left(\frac{5}{2}, -\frac{3}{4}\right)$

직선 $4x-4y-13=0$을 x축, y축 방향으로 1, -1만큼 평행이동하면 $4(x-1)-4(y+1)-13=0$에서 $y=x-\frac{21}{4}$이고,

직선 $y=ax-\frac{1}{4}$과 수직이므로 $a=-1$

직선 $y=x-\frac{21}{4}$과 $y=-x-\frac{1}{4}$과의 교점의 좌표를 구하면

$x-\frac{21}{4}=-x-\frac{1}{4}$에서 $x=\frac{5}{2}$이므로 $y=-\frac{11}{4}$

즉 Q의 좌표는 $\left(\frac{5}{2}, -\frac{11}{4}\right)$이다.

따라서 $\overline{PQ}$의 길이는 $\left|-\frac{3}{4}-\left(-\frac{11}{4}\right)\right|=2$

2 이차함수의 활용

핵심문제 01

118쪽

1 (1) ㄱ, ㅁ (2) ㄷ, ㅂ　**2** $\frac{9}{4}$　**3** $k<-\frac{1}{3}$
4 0, 1/1, 3　**5** $y=2x-\frac{5}{3}$

1 우변의 이차식 ax^2+bx+c에서 $D=b^2-4ac$의 부호에 따라 교점의 개수가 결정된다.
교점 2개$(D>0)$: ㄱ, ㅁ　　교점 1개$(D=0)$: ㄴ, ㄹ
교점 0개$(D<0)$: ㄷ, ㅂ

2 이차함수 $y=x^2+3x+m$의 그래프와 직선 $y=0$(x축)에 접하기 위한 조건은 $D=3^2-4\times1\times m=0$이다.
$\therefore m=\frac{9}{4}$

3 $-3x^2+3x+k-2=-x-1$,
$3x^2-4x-k+1=0$
교점이 없으므로 $D=4^2-12(-k+1)<0$
$\therefore k<-\frac{1}{3}$

4 $|x^2-4x+3|$
$=|(x-3)(x-1)|=0$이므로
$y=|x^2-4x+3|$과 x축과의 교점은 $(1, 0)$, $(3, 0)$이다.
$x^2-4x+3=(x-2)^2-1$이므로
$1\le x\le3$일 때,
$0\le|x^2-4x+3|\le1$이다.

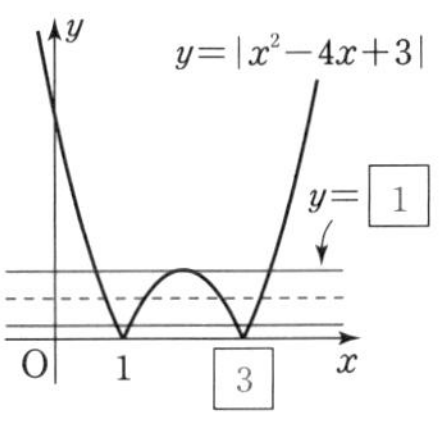

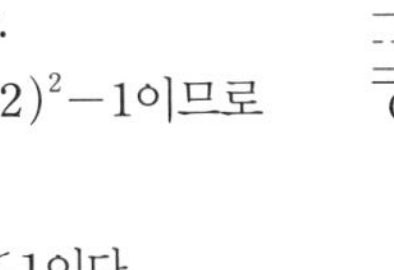

즉, 방정식 $|x^2-4x+3|=k$가 서로 다른 4개의 근을 갖지 위한 k의 값의 범위는 $0<k<1$이다.

5 $3x^2-6x+5=0$에서 $x^2=2x-\frac{5}{3}$
따라서 $y=x^2$외에 필요한 일차함수의 식은 $y=2x-\frac{5}{3}$

응용문제 01

119쪽

예제 1 $2m$, 4, 4, 24, 1 / 1
1 ④　**2** (1) A$(-2, 8)$, B$(3, 18)$ (2) $5\sqrt{5}$
3 10　**4** ⑤

1 오른쪽 그래프에서 위로 볼록하므로 $a<0$
축이 y축의 왼쪽에 있으므로 a와 b의 부호는 같다. $b<0$
y절편이 양수가 아니므로 $c\le 0$
또한 x절편이 2개이므로 $b^2-4ac>0$

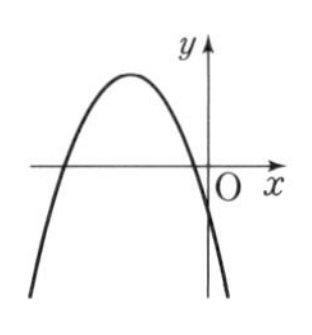

2 (1) $2x^2=2x+12$, $x^2-x-6=0$
$(x+2)(x-3)=0$ $\quad\therefore x=-2$ 또는 $x=3$
$\therefore \mathrm{A}(-2, 8)$, $\mathrm{B}(3, 18)$
(2) 선분 AB의 길이는
$\sqrt{\{3-(-2)\}^2+(18-8)^2}=\sqrt{125}=5\sqrt{5}$

3 $x^2-4nx+4n^2=2(x+1)-k$
$x^2-2(2n+1)x+4n^2-2+k=0$ ⋯ ㉠
㉠이 서로 다른 두 실근을 가져야 한다.
㉠에서 $\{-2(2n+1)\}^2-4(4n^2-2+k)>0$
$\therefore k<4n+3$
(i) $n=1$이면 $k<7$이므로 $f(1)=6$
(ii) $n=2$이면 $k<11$이므로 $f(2)=10$
(iii) $n=3$이면 $k<15$이므로 $f(3)=14$
$\therefore f(1)-f(2)+f(3)=6-10+14=10$

4 $x^2+3ax+40=-ax^2+4b^2$
$x^2+4ax-4b^2+40=0$ ⋯ ㉠
㉠에서 $(4a)^2-4(-4b^2+40)<0$
$16a^2+16b^2-160<0$ $\quad\therefore a^2+b^2<10$
따라서 자연수 a, b의 순서쌍 (a, b)는
$(1, 1)$, $(1, 2)$, $(2, 1)$, $(2, 2)$의 4개이다.

핵심문제 02

120쪽

1 2 **2** 3 **3** $a\ge 5$
4 -3 **5** -2 **6** -4

1 $y=-x^2-4x-m+2=-(x+2)^2-m+6$
$x=-2$일 때, 최댓값 $-m+6$을 갖는다.
또, 이 함수의 y의 값의 범위가 $y\le 4$이므로 최댓값이 4이다.
$-m+6=4$ $\quad\therefore m=2$

2 $y=x^2-8x+13=(x-4)^2-3$
$x=1$일 때, $y=6$
$x=5$일 때, $y=-2$
오른쪽 그림에서
$x=1$일 때 최댓값 $M=6$
$x=4$일 때 최솟값 $m=-3$
$\therefore M+m=3$

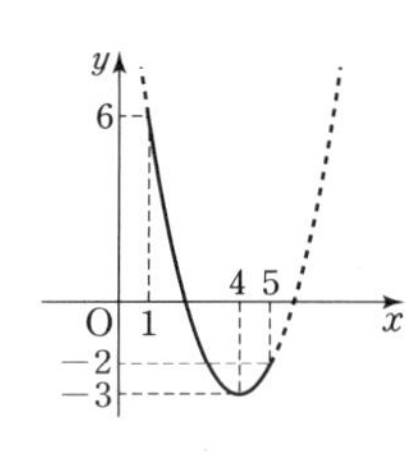

3 $x=1$일 때, 최솟값이 -5이므로 이차함수의 식은
$y=a(x-1)^2-5=ax^2-2ax+a-5$
이 그래프가 최솟값을 가지므로 아래로 볼록하다.
$\therefore a>0$ ⋯ ㉠
제3사분면을 지나지 않으므로 (y절편)$=a-5\ge 0$
$\therefore a\ge 5$ ⋯ ㉡
따라서 ㉠, ㉡의 공통범위는 $a\ge 5$

4 주어진 그래프를 x축의 방향으로 -3만큼, y축의 방향으로 2만큼 평행이동하면
$y=(x+3+k)^2-k^2-6k+2$
이 함수의 최솟값이 11이므로
$-k^2-6k+2=11$, $k^2+6k+9=0$, $(k+3)^2=0$
$\therefore k=-3$

5 $y=ax^2+4ax+4a+4=a(x+2)^2+4$
$-1\le x\le 1$이므로 $x=1$일 때, 최솟값 -50을 갖는다.
$f(1)=9a+4=-50$ $\quad\therefore a=-6$
$\therefore f(x)=-6(x+2)^2+4$
따라서 최댓값 $k=f(-1)=-6\times 1^2+4=-2$

6 $y=-x^2+kx-2k=-\left(x-\frac{1}{2}k\right)^2+\frac{1}{4}k^2-2k$
$x=\frac{1}{2}k$일 때, $y=\frac{1}{4}k^2-2k$
$M=\frac{1}{4}k^2-2k=\frac{1}{4}(k^2-8k+16-16)=\frac{1}{4}(k-4)^2-4$
따라서 $k=4$일 때, M의 최솟값은 -4이다.

응용문제 02

121쪽

예제 ② 3, 18, -18, 3, 18, 36 / 36

1 P(1, 4) **2** -3, -1 **3** 100
4 $2\sqrt{3}$ **5** 158 **6** 40명

1 오른쪽 그림과 같이 직선 $y=x+8$에 평행하고 포물선에 접하는 직선 위에 점 P가 있을 때, 점 P에서 직선 $y=x+8$에 이르는 거리가 가장 짧다.

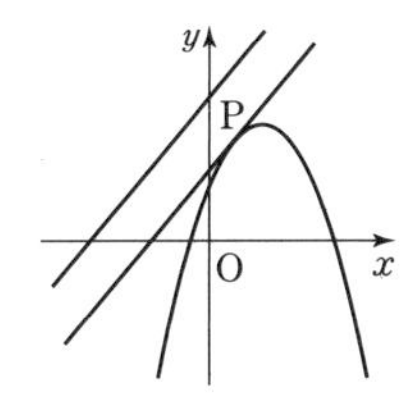

포물선에 접하는 직선을 $y=x+k$라 하면

$-x^2+3x+2=x+k$

$x^2-2x+k-2=0$ ⋯ ㉠

㉠은 중근을 가져야 하므로 $(-2)^2-4(k-2)=0$

$\therefore k=3$

㉠에 $k=3$을 대입하여 풀면 $x=1$, $y=x+3$에 $x=1$을 대입하면 $y=4$

$\therefore$ P$(1, 4)$

2 y의 값의 범위가 $-3\le y\le 0$인 경우는 다음 그림과 같이 2가지 경우가 있다.

(i) 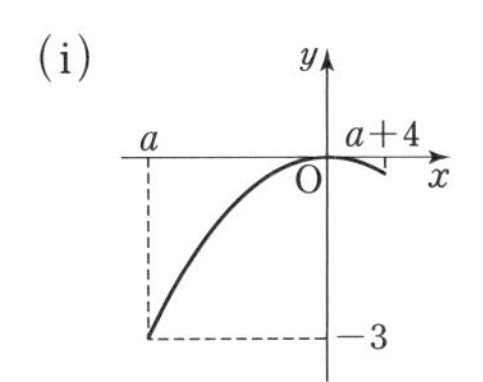

(ii) 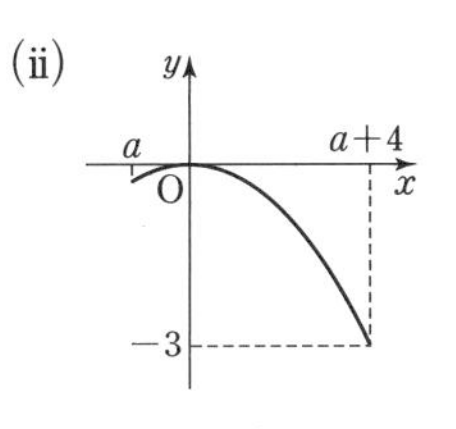

(i)에서 점 $(a, -3)$을 지나므로 $-\frac{1}{3}a^2=-3$, $a^2=9$

$\therefore a=-3(\because a<0)$

(ii)에서 점 $(a+4, -3)$을 지나므로 $-\frac{1}{3}(a+4)^2=-3$

$(a+4)^2=9$, $a+4=3(\because a+4>0)$ $\quad\therefore a=-1$

3 직사각형의 세로의 길이를 a m, 넓이를 y m^{2}라 하면

$2x+a\pi=400$, $a=\frac{400-2x}{\pi}$이므로

$y=ax=-\frac{2}{\pi}(x^2-200x)=-\frac{2}{\pi}(x-100)^2+\frac{20000}{\pi}$

따라서 최댓값 $\frac{20000}{\pi}$을 가지고 이때의 x의 값은 100이다.

4 x축과 만나는 두 점의 x좌표는 $x^2+ax+2a-7=0$의 근이므로 $x=\frac{-a\pm\sqrt{a^2-8a+28}}{2}$

(두 교점 사이의 거리)

$=\frac{-a+\sqrt{a^2-8a+28}}{2}-\frac{-a-\sqrt{a^2-8a+28}}{2}$

$=\sqrt{a^2-8a+28}=\sqrt{(a-4)^2+12}$

따라서 $a=4$일 때, 두 교점 사이의 거리의 최솟값은 $\sqrt{12}=2\sqrt{3}$

5 이차방정식 $x^2-81x+k=0$의 두 근을 α, β(α, β는 소수)라 하면 $\alpha+\beta=81$, $\alpha\beta=k$

한편, 81을 두 자연수의 합으로 나타내면 항상 두 수 중 한 수는 짝수이므로 소수인 두 수는 79, 2가 될 수 밖에 없다.

$\therefore k=\alpha\beta=79\times 2=158$

$y=x^2-2kx+159k=(x-k)^2-k^2+159k$

이므로 $x=k$일 때, 최솟값은

$-k^2+159k=k(159-k)=158(159-158)=158$

6 신규 회원 수를 x명, 총 회비를 y원이라 하면

$y=(20+x)(60000-1000x)$

$\;=-1000(x-20)^2+1600000$

신규 회원수가 20명 즉, 전체 회원 수가 40명일 때, 총 회비는 160만 원으로 최대가 된다.

심화 문제

122~127쪽

01 $3<k<5$ **02** 3 **03** -12 **04** ± 2
05 5개 **06** -12 **07** $1<k<3$
08 $16\sqrt{2}$ **09** $(-3, -3)$ **10** 18 m^2
11 18 **12** 7.5 m **13** $d<\alpha<a<b<\beta<c$ **14** 6
15 $2\sqrt{5}$ cm **16** 2, 8, 18 **17** 3 **18** Q$(-1, 1)$

01 이차함수 $y=x^2-2kx+8k-15$의 그래프가 x축과 만나지 않으므로 $(-2k)^2-4(8k-15)<0$이고,

$4k^2-32k+60=4(k^2-8k+15)=4(k-5)(k-3)<0$

$\therefore 3<k<5$

02 분모가 양수인 최솟값을 가질 때, 주어진 함수는 최댓값을 갖는다. 즉, $2x^2+4x+a=2(x+1)^2+a-2$에서 최솟값은

$a-2$이므로 $\frac{4}{a-2}=4$ $\quad\therefore a=3$

03 교점의 좌표를 이차함수에 대입하면

$0=(4+2\sqrt{5})^2+m(4+2\sqrt{5})+n$에서

$(36+4m+n)+(16+2m)\sqrt{5}=0$이므로

$36+4m+n=0$, $16+2m=0$에서 $m=-8$, $n=-4$

$\therefore m+n=-12$

04 $y=3x^2+kx-1$이 x축과 만나는 두 점이 $(\alpha, 0)$, $(\beta, 0)$이고, $\alpha<\beta$라 하면

α, β는 $3x^2+kx-1=0$의 두 근이므로

$\alpha+\beta=-\frac{k}{3}$, $\alpha\beta=-\frac{1}{3}$이다.

또한, x축과 만나는 두 점 사이의 거리가 $\frac{4}{3}$이므로

$\frac{4}{3}=\beta-\alpha$

$(\beta-\alpha)^2=(\beta+\alpha)^2-4\alpha\beta$이므로

$\frac{16}{9}=\left(-\frac{k}{3}\right)^2-4\times\left(-\frac{1}{3}\right)=\frac{k^2}{9}+\frac{4}{3}$

$\frac{k^2}{9}=\frac{4}{9}$에서 $k^2=4$이므로 $k=\pm2$

05 $f(x)g(x)\{f(x)-g(x)\}=0$은 "$f(x)=0$ 또는 $g(x)=0$ 또는 $f(x)-g(x)=0$"과 같다.

방정식 $f(x)=0$의 해는 일차함수 $y=f(x)$의 그래프의 x절편(x축과의 교점의 x좌표) 1개이고, 방정식 $g(x)=0$의 해는 이차함수 $y=g(x)$의 그래프의 x절편 2개이며, 방정식 $f(x)-g(x)=0$의 해는 두 그래프의 두 교점의 x좌표는 2개이다.

따라서 이 해들은 모두 서로 다르므로 구하는 값은 5이다.

06 $y=x^2$, $y=mx+n$의 두 교점의 x좌표는 $x^2-mx-n=0$의 두 근이므로 $x_1+x_2=m$, $x_1x_2=-n$ … ㉠

x_1+x_2, x_1x_2를 두 근으로 갖는 이차방정식은

$6x^2-12x-1=0$이고 ㉠에 의해서

$x^2-(m-n)x-mn=6x^2-12x-1$

$m-n=2$, $mn=\frac{1}{6}$ $\quad\therefore \frac{1}{m}-\frac{1}{n}=\frac{n-m}{mn}=-12$

07 $y=kx$와 $y=x^2-x+1$이 서로 다른 두 점에서 만나므로

$x^2-(k+1)x+1=0$에서

$(k+1)^2-4>0$, $(k+3)(k-1)>0$이므로

$k<-3$ 또는 $k>1$ … ㉠

$y=kx$와 $y=x^2+x+1$이 만나지 않으므로

$x^2+(1-k)x+1=0$에서 $(1-k)^2-4<0$,

$(k+1)(k-3)<0$이므로 $-1<k<3$ … ㉡

따라서 ㉠, ㉡에서 $1<k<3$

08 $\frac{1}{4}x^2=x+1$에서 $x=2\pm2\sqrt{2}$이므로

A$(2-2\sqrt{2}, 3-2\sqrt{2})$, B$(2+2\sqrt{2}, 3+2\sqrt{2})$

□ACDB

$=\frac{1}{2}\times(\overline{AC}+\overline{BD})\times\overline{CD}$

$=\frac{1}{2}\times(4-2\sqrt{2}+4+2\sqrt{2})\times\{(2+2\sqrt{2})-(2-2\sqrt{2})\}$

$=16\sqrt{2}$

09 $f(x)=(x+4)(x+3)=x^2+7x+12$

$g(x)=(x+4)(x+2)=x^2+6x+8$

$h(x)=(x+4)(x+1)=x^2+5x+4$

$\therefore f(x)+g(x)+h(x)$

$=x^2+7x+12+x^2+6x+8+x^2+5x+4$

$=3x^3+18x+24$

$=3(x+3)^2-3$

따라서 이차함수 $y=f(x)+g(x)+h(x)$의 그래프로 꼭짓점의 좌표는 $(-3, -3)$이다.

10 세로의 길이를 xm라 하면 가로의 길이는 $(12-2x)$ m이므로

(울타리 내부의 넓이)$=x(12-2x)=-2(x-3)^2+18$

따라서 울타리 내부의 최대 넓이는 18 m^{2}이다.

11 $f(x)=ax^2+bx+c$는 $x=1$에서 최댓값이 16이므로

$f(x)=a(x-1)^2+16(a<0)$

$f(x)=0$에서 $x=1\pm\frac{4}{\sqrt{-a}}$이므로

x축과 만나는 두 점 사이의 거리는

$\left(1+\frac{4}{\sqrt{-a}}\right)-\left(1-\frac{4}{\sqrt{-a}}\right)=8$에서 $\frac{8}{\sqrt{-a}}=8$이므로

$a=-1$

$f(x)=-(x-1)^2+16=-x^2+2x+15$이므로

$a=-1$, $b=2$, $c=15$

$\therefore 1+2+15=18$

12 수로의 단면을 좌표평면 위에 나타내면 오른쪽 그림과 같다.

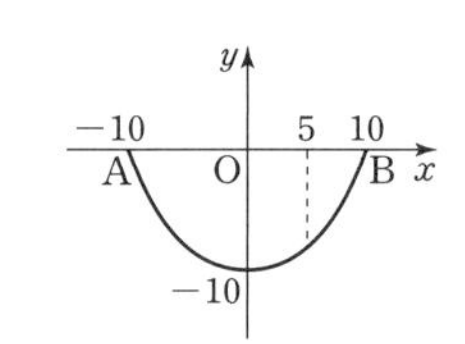

꼭짓점이 $(0, -10)$이므로 포물선의 식을 $y=ax^2-10$이라 하고

B$(10, 0)$을 대입하면

$0=a\times10^2-10$이므로 $a=\frac{1}{10}$, $y=\frac{1}{10}x^2-10$

따라서 폭의 중앙으로부터 5 m 떨어진 지점의 깊이는

$y=\frac{1}{10}\times5^2-10=-7.5$ $\quad\therefore$ 7.5 m

13 $f(x)=(x-a)(x-c)+(x-b)(x-d)$

에서 $d<a<b<c$이므로

$f(a)=(a-b)(a-d)<0$

$f(b)=(b-a)(b-c)<0$

$f(c)=(c-b)(c-d)>0$

$(d)=(d-a)(d-c)>0$

위의 결과를 그림으로 나타내면 다음과 같다.

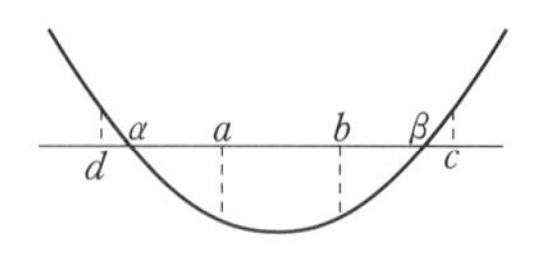

$\therefore d<\alpha<a<b<\beta<c$

14 $\overline{EF}=x$, $\overline{BF}=y$라 하면 $\triangle ABC\backsim\triangle AFE$이므로

$6:4=(6-y):x$

$4(6-y)=6x$에서 $y=-\frac{3}{2}x+6$

($\square$BDEF의 넓이)$=xy=-\frac{3}{2}x^2+6x=-\frac{3}{2}(x-2)^2+6$

따라서 $\square$BDEF의 넓이의 최댓값은 6이다.

15 오른쪽 그림과 같이

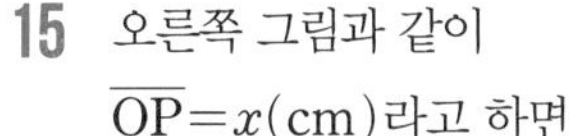

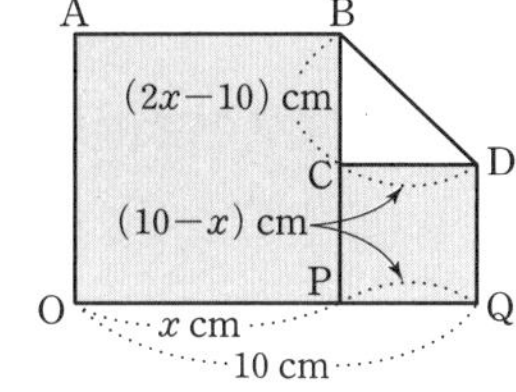

$\overline{OP}=x$(cm)라고 하면

$\overline{PQ}=10-x$(cm),

$\overline{BC}=x-(10-x)$

$=2x-10$(cm)

이므로 피타고라스의 정리에 의해

$\overline{BD}=\sqrt{(2x-10)^2+(10-x)^2}$

$=\sqrt{5x^2-60x+200}$

$=\sqrt{5(x-6)^2+20}$

따라서 $x=6$일 때, $\overline{BD}$의 최솟값은 $2\sqrt{5}$ cm이다.

16 $0=\frac{1}{2}x^2-k$, $x^2=2k$이므로 $x=\pm\sqrt{2k}$이다.

두 점 A, B 사이의 거리 $2\sqrt{2k}=$(자연수)이려면

$2k=m^2$(m은 자연수)이어야 한다.

$0<k<20$인 자연수이므로 $0<2k=m^2<40$이다.

즉, 2의 배수인 완전제곱수 m^2은 4, 16, 36이므로

$k=2, 8, 18$이다.

17 점 A, B에서 x축에 내린 수선의 발을 각각 A′, B′이라 하자.

$\triangle ACD : \triangle BCD=\overline{AD}:\overline{BD}=\overline{A'O}:\overline{B'O}=1:3$이므로

$A'(-t, 0)$, $B'(3t, 0)$($t>0$)이라 하면

$A(-t, t^2)$, $B(3t, 9t^2)$

점 A, B는 직선 $y=2x+k$ 위의 점이므로

(기울기)$=\frac{9t^2-t^2}{3t-(-t)}=2$

즉, $\frac{8t^2}{4t}=2$ $\quad\therefore t=1$

$A(-1, 1)$을 $y=2x+k$에 대입하면 $k=3$

18 $\triangle AOP$와 $\triangle QOP$에서 밑변 OP가 공통이므로 넓이가 같으려면 높이가 같아야 한다.

즉, $\overline{OP}\,/\!/\,\overline{QA}$이면 되므로

(직선 QA의 기울기)=(직선 OP의 기울기)이다.

$Q(a, a^2)$($a<0$)라 하면 $P(2, 2)$, $A(2, 4)$이므로

$\frac{4-a^2}{2-a}=\frac{2-0}{2-0}$이다.

즉, $4-a^2=2-a$, $a^2-a-2=0$, $(a-2)(a+1)=0$

$\therefore a=-1$ ($\because a<0$)

$\therefore Q(-1, 1)$

최상위 문제

128~133쪽

01 $-\frac{2}{9}<m<0$	**02** $-2<a<0$	**03** $0\le k<\frac{1}{3}$	**04** 4
05 -7	**06** 8	**07** $\frac{9}{5}$	**08** 320
09 9	**10** $\frac{11}{4}$	**11** $\frac{69}{4}$	**12** 114
13 $-1<a<0$	**14** 5 : 3	**15** 2초 후	**16** 25
17 최솟값 : $-\frac{21}{4}$, 최댓값 : $\frac{25}{9}$	**18** $y=3x+1$		

01 (i) $m<0$일때

$a<x<b$에서 $f(x)>0$

$\therefore f(1)>0$

즉, $m+(m+2)+7m>0$

$\therefore -\frac{2}{9}<m<0$

(ii) $m>0$일때

$a<x<b$에서 $f(x)<0$

$\therefore f(1)<0$

즉, $m+(m+2)+7m<0$

$\therefore m<-\frac{2}{9}$

➡ $m>0$이므로 조건을 만족하지 않는다.

따라서 m의 값의 범위는 $-\frac{2}{9}<m<0$

02 $y=ax^2-2ax+a+2$

$=a(x^2-2x+1-1)+a+2=a(x-1)^2+2$

꼭짓점의 좌표가 $(1, 2)$이고

제1, 2, 3, 4사분면을 모두 지나야 하므로 그래프의 개형이 오른쪽 그림과 같아야 한다.

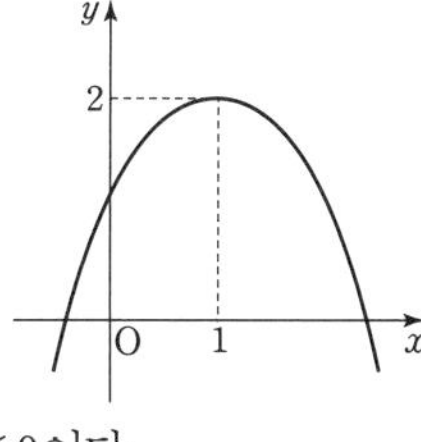

위로 볼록하므로 $a<0$이고,

(y절편)$=a+2>0$이므로 $-2<a<0$이다.

03 $f(x)=x^2-2kx-k$라 하면

$f(-1)=1+k>0$이므로

$k>-1$ ⋯ ㉠

$f(1)=1-3k>0$이므로 $k<\frac{1}{3}$ ⋯ ㉡

대칭축 $x=k$에서 $-1<k<1$ ⋯ ㉢

또한, $x^2-2kx-k=0$이 실근을 가지므로

$k^2+k\ge0$에서 $k\ge0$ 또는 $k\le-1$ ⋯ ㉣

따라서 ㉠, ㉡, ㉢, ㉣에 의해서 $0\le k<\frac{1}{3}$

04 $x^2+(a+1)x+a^2-1=0$에서 $\alpha+\beta=-a-1$, $\alpha\beta=a^2-1$
또한, 실근을 가지므로 $(a+1)^2-4(a^2-1)\ge 0$에서
$-1\le a\le \frac{5}{3}$
$\alpha^2+\beta^2=(\alpha+\beta)^2-2\alpha\beta=(a+1)^2-2(a^2-1)$
$=-(a-1)^2+4$
따라서 $a=1$일 때, 최댓값은 4, $a=-1$일 때, 최솟값은 0
$\therefore 4+0=4$

05 $y=x^2+ax$, $y=x^2+bx$에 $y=mx+n$이 접하므로
$x^2+(a-m)x-n=0$에서 $D=(a-m)^2+4n=0$ ⋯ ㉠
$x^2+(b-m)x-n=0$에서 $D=(b-m)^2+4n=0$ ⋯ ㉡
㉠, ㉡에서 $(a-m)^2=(b-m)^2$이고,
$a\ne b$이므로 $a-m=-(b-m)$ $\therefore m=\frac{a+b}{2}$
$-5\le a\le -1$, $1\le b\le 8$에서 $-4\le a+b\le 7$이므로
$-2\le m\le \frac{7}{2}$
$\therefore pq=(-2)\times\frac{7}{2}=-7$

06 $2x^2+y^2=4x$에서 $y^2=4x-2x^2$
$y^2\ge 0$이므로 $4x-2x^2\ge 0$에서 $0\le x\le 2$
$x^2+y^2-x+1=-x^2+3x+1=-\left(x-\frac{3}{2}\right)^2+\frac{13}{4}$
따라서 $x=\frac{3}{2}$일 때, $M=\frac{13}{4}$, $x=0$일 때, $m=1$이므로
$4M-5m=8$

07 x축으로 a만큼, y축으로 b만큼 평행이동하면
$y=x^2-2ax-4x+a^2+4a+7+b$
$y=2x+1$과 한 점에서 만나므로
$x^2-2(a+3)x+a^2+4a+6+b=0$에서
$D=\{-2(a+3)\}^2-4(a^2+4a+6+b)=0$이므로
$2a+3-b=0$ $\therefore b=2a+3$
따라서 $l^2=a^2+b^2=a^2+(2a+3)^2=5\left(a+\frac{6}{5}\right)^2+\frac{9}{5}$
이므로 $a=-\frac{6}{5}$일 때, 최솟값은 $\frac{9}{5}$

08 직사각형의 가로, 세로의 길이를 각각 x, y라 하면

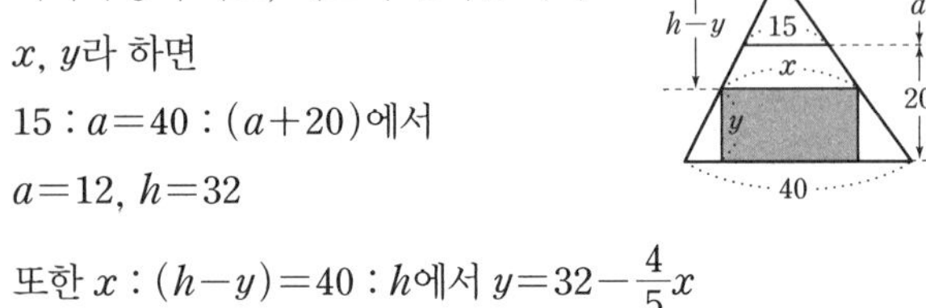

$15:a=40:(a+20)$에서
$a=12$, $h=32$
또한 $x:(h-y)=40:h$에서 $y=32-\frac{4}{5}x$
(직사각형의 넓이)$=xy=x\left(32-\frac{4}{5}x\right)$
$=-\frac{4}{5}(x-20)^2+320$
따라서 $x=20$일 때, 직사각형의 최대 넓이는 320이다.

09 두 정사각형 ABCD, EFGB의 대각선의 길이를 각각 x, y라 하면 $x+y=6$
두 정사각형 넓이의 합을 S라 하면
$S=\frac{1}{2}(x^2+y^2)=\frac{1}{2}\{x^2+(6-x)^2\}=(x-3)^2+9$
따라서 $0<x<6$이므로 $x=3$일 때, 최솟값은 9

10 점 P의 좌표를 $(a,\ a^2-2a+1)$이라 하면
점 Q의 y좌표도 a^2-2a+1이므로
$a^2-2a+1=-x-2$에서 $x=-a^2+2a-3$
따라서 점 Q의 좌표는 $(-a^2+2a-3,\ a^2-2a+1)$
$\overline{PQ}=a+a^2-2a+3=a^2-a+3=\left(a-\frac{1}{2}\right)^2+\frac{11}{4}$
따라서 $a=\frac{1}{2}$일 때, $\overline{PQ}$의 최소 길이는 $\frac{11}{4}$이다.

11 직선 $y=x-6$을 평행이동하여 $y=x^2$과 접하는 점이 C가 될 때, △ABC의 넓이는 최솟값을 갖는다.

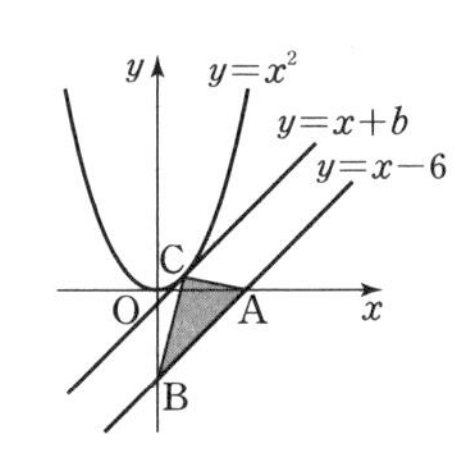

직선 $y=x+b$가 $y=x^2$과 접한다고 하면
$x^2=x+b$가 중근을 가져야 하므로 $b=-\frac{1}{4}$
점 $\left(0,\ -\frac{1}{4}\right)$을 C′이라 하면 평행선과 넓이의 성질에 의해서
$\triangle ABC=\triangle ABC'=\frac{1}{2}\times\left\{-\frac{1}{4}-(-6)\right\}\times 6=\frac{69}{4}$
따라서 △ABC의 넓이의 최솟값은 $\frac{69}{4}$이다.

12 $f(x)\le 149$이면 다음이 성립한다.
$x^2-2x+a=(x-1)^2+a-1\le 149$,
즉 $|x-1|\le\sqrt{150-a}$
그런데 $f(x)\le 149$이면 $-9\le x\le 7$,
즉 $-10\le x-1\le 6$이 성립해야 하므로
$\sqrt{150-a}\le 6$이어야 한다.
그러므로 $150-a\le 36$, $a\ge 114$
따라서 구하는 최솟값은 114이다.

13 $(x+1)^2=1-x$에서 $x(x+3)=0$ 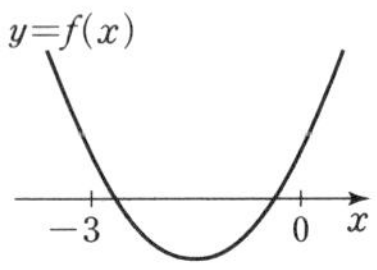
$\therefore x=0$ 또는 $x=-3$
$f(x)=x^2-3ax+x+2a^2-a$라 하면
$f(0)=2a^2-a>0$에서 $a>\frac{1}{2}$ 또는 $a<0$ ⋯ ㉠

$f(-3)=2a^2+8a+6>0$에서 $a>-1$ 또는 $a<-3$ ⋯ ㉡

$y=f(x)$의 그래프의 축의 방정식이 $x=\dfrac{3a-1}{2}$이므로

$-3<\dfrac{3a-1}{2}<0$에서 $-\dfrac{5}{3}<a<\dfrac{1}{3}$ ⋯ ㉢

또한, 근을 가지므로 $f(x)$에서

$D=(3a-1)^2-4(2a^2-a)$

$=a^2-2a+1=(a-1)^2\geq 0$ ⋯ ㉣

따라서 ㉠, ㉡, ㉢, ㉣에 의해 $-1<a<0$

14 $\overline{OD}$와 $\overline{DC}$의 각각 x cm, y cm 라 하자

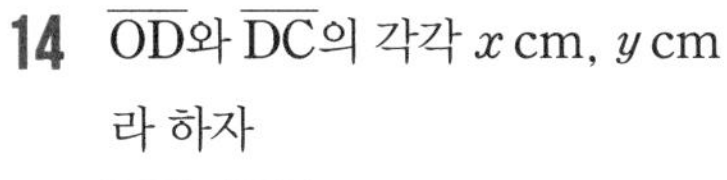

$\overline{BO}\,/\!/\,\overline{CD}$이므로

$\triangle ABO \backsim \triangle ACD$

$20:12=(20-x):y$

즉, $5:3=(20-x):y$, $5y=60-3x$

$\therefore y=-\dfrac{3}{5}x+12$

(직사각형의 넓이)$=xy=x\left(-\dfrac{3}{5}x+12\right)$

$=-\dfrac{3}{5}x^2+12x$

$=-\dfrac{3}{5}(x^2-20x+100-100)$

$=-\dfrac{3}{5}(x-10)^2+60$

$x=10$일 때, 직사각형의 최대 넓이는 60 cm^2이다.

즉, $y=-\dfrac{3}{5}\times 10+12=6$

$\therefore$ $\overline{OD}$의 길이는 10, $\overline{DC}$의 길이는 6이므로

$\overline{OD}:\overline{DC}=5:3$이다.

15 t초 후 점 P의 x좌표는 $12-2t$,

점 Q의 좌표는 $6+3t$이다. $(0<t\leq 6)$

$\triangle OPQ=\dfrac{1}{2}\times\overline{OP}\times\overline{OQ}=\dfrac{1}{2}(12-2t)(6+3t)$

$=\dfrac{1}{2}(-6t^2+24t+72)=-3t^2+12t+36$

$=-3(t-2)^2+48\ (0<t\leq 6)$

$t=2$일 때, $\triangle OPQ$의 넓이는 최대 48 cm^2가 된다.

$\therefore$ 2초 후

16 $f(x)=-3x^2+bx+c$의 그래프가 두 점 A, B를 지나므로

$b=6$, $c=26$

또, $g(x)=ax^2+2x+2$의 그래프가 두 점 A, B를 지나므로

$a=1$

y축에 평행하고 선분 AB와 만나는 직선을 $x=k$라 하면

$-2<k<3$이다.

$P(k,\ -3k^2+6k+26)$, $Q(k,\ k^2+2k+2)$이므로

$\overline{PQ}=-3k^2+6k+26-(k^2+2k+2)$

$=-4\left(k-\dfrac{1}{2}\right)^2+25$

$\therefore k=\dfrac{1}{2}$일 때, 최댓값은 25

17 $x^2-ax+(1+a)^2-5=0$

$x^2-ax+a^2+2a-4=0$ ⋯ ㉠

㉠에서 $p+q=a$, $pq=a^2+2a-4$

$(1+p)(1+q)$

$=1+(p+q)+pq$

$=1+a+a^2+2a-4$

$=a^2+3a-3$

$=\left(a^2+3a+\dfrac{9}{4}-\dfrac{9}{4}\right)-3$

$=\left(a+\dfrac{3}{2}\right)^2-\dfrac{21}{4}$

$f(a)=\left(a+\dfrac{3}{2}\right)^2-\dfrac{21}{4}$ ⋯ ㉡이라 하자.

이때 ㉠은 두 실근을 가지므로

$a^2-4(a^2+2a-4)\geq 0$

$3a^2+8a-16\leq 0$

$(3a-4)(a+4)\leq 0$

$\therefore -4\leq a\leq\dfrac{4}{3}$

$-4\leq a\leq\dfrac{4}{3}$의 범위에서 ㉡의 최댓값과 최솟값을 각각 구하면

$a=-\dfrac{3}{2}$일 때 최솟값 : $-\dfrac{21}{4}$, $a=\dfrac{4}{3}$일 때 최댓값 : $\dfrac{25}{9}$

18 직선 PQ의 기울기를 m이라 하면 점 $(2,\ 7)$을 지나므로

직선 PQ의 방정식은

$y-7=m(x-2)$ $\quad\therefore y=mx-2m+7$

포물선 $y=x^2$, 직선 $y=mx-2m+7$의 교점의 x좌표를

α, β라 할 때, α, β는 방정식 $x^2=mx-2m+7$,

즉 $x^2-mx+2m-7=0$ ⋯ ㉠의 근이다.

점 $P(\alpha,\ \alpha^2)$, $Q(\beta,\ \beta^2)$이고 직선 PO와 QO의 기울기는

각각 $\dfrac{\alpha^2}{\alpha}=\alpha$, $\dfrac{\beta^2}{\beta}=\beta$이고, $\overline{PO}\perp\overline{QO}$이므로 $\alpha\beta=-1$ ⋯ ㉡

㉠, ㉡에서 $\alpha\beta=2m-7=-1$ $\quad\therefore m=3$

따라서 구하는 직선의 방정식은 $y=3x+1$

특목고 / 경시대회 실전문제 (134~136쪽)

01 $\frac{1}{108}$ 02 $\frac{1}{8}$ 03 $\frac{25(41-3\sqrt{73})}{32}(\pi-2)$
04 $2\sqrt{2}$ 05 100 06 6π 07 120 cm
08 최댓값 : 5, 최솟값 : 1 09 10

01 $y=ax^2-bx-c$의 그래프가 점 $(-1, 0)$을 지나므로
$a+b-c=0 \quad \therefore a+b=c \cdots$ ㉠
또, $y=ax^2-bx-c=a\left(x-\frac{b}{2a}\right)^2-\frac{b^2}{4a}-c$에서
꼭짓점의 x좌표가 1이므로 $\frac{b}{2a}=1$
$\therefore b=2a \cdots$ ㉡
㉠, ㉡에서 $c=3a$
따라서 $(a, b, c)=(a, 2a, 3a)$인 순서쌍을 찾으면
$(1, 2, 3)$, $(2, 4, 6)$의 2가지이다.
따라서 확률은 $\frac{2}{6\times6\times6}=\frac{1}{108}$이다.

02 $A(-2t, 0)$, $B(0, -3t)$, $C(t, 0)(t>0)$이라 놓으면
$x=-2t$, t는 ax^2+bx+c의 두 근이다.
근과 계수와의 관계에서
$\frac{b}{a}=-(-2t+t)=t$, $\frac{c}{a}=(-2t)\cdot t=-2t^2$이다.
$\therefore \frac{b+c}{a}=-2t^2+t=-2\left(t-\frac{1}{4}\right)^2+\frac{1}{8}$
$t>0$이므로 $t=\frac{1}{4}$일 때, 최댓값 $\frac{1}{8}$을 갖는다.

03 $y=\frac{4}{15}x^2-\frac{8}{3}x$를 x축에 대하여 대칭이동하면
$y=-\frac{4}{15}x^2+\frac{8}{3}x=-\frac{4}{15}(x-5)^2+\frac{20}{3}$
$\overline{AD}=2k$라 하면 $A(5-k, k)$이고, 대입하여 정리하면
$k=\frac{-15+5\sqrt{73}}{8}(0<k<5)$
내접원의 반지름의 길이가 k이므로
(내접원의 넓이)$=k^2\pi$, $\square PQRS=2k^2$
$\therefore$ (색칠한 부분의 넓이)$=k^2\pi-2k^2$
$=\frac{25(41-3\sqrt{73})}{32}(\pi-2)$

04 세 점의 좌표를 포물선의 식에 대입하면
$c=3$, $a+b+c=3$, $4a+2b+c=1$이므로
연립하여 풀면 $a=-1$, $b=1$, $c=3$이다.
$y=-x^2+x+3$과 $y=-x+k$가 한 점에서 만나므로
이차방정식 $-x^2+x+3=-x+k$가 중근을 갖는다.
즉, $x^2-2x+k-3=0$에서 $(-2)^2-4(k-3)=0$
이므로 $k=4$이다.
점 A는 이차함수 $y=-x^2+x+3$의 그래프와
일차함수 $y=-x+4$의 그래프의 교점이므로 $A(1, 3)$
두 점 A와 B 사이의 거리가 최소가 될 때는 점 A에서 직선 $y=-x$에 내린 수선의 발이 B인 경우이다.
점 A를 지나고 $y=-x$에 수직인 직선의 방정식은
$y-3=x-1$에서 $y=x+2$이다.
점 B는 $y=-x$와 $y=x+2$의 교점이므로 $-x=x+2$에서
$x=-1$, $y=1 \quad \therefore B(-1, 1)$
따라서 구하는 거리는 두 점 $A(1, 3)$, $B(-1, 1)$ 사이의 거리이다.
오른쪽 그림과 같이 $\overline{AB}$를 대각선으로 하는 정사각형을 만들면 파타고라스 정리에 의해 $\overline{AB}=\sqrt{8}=2\sqrt{2}$이다.

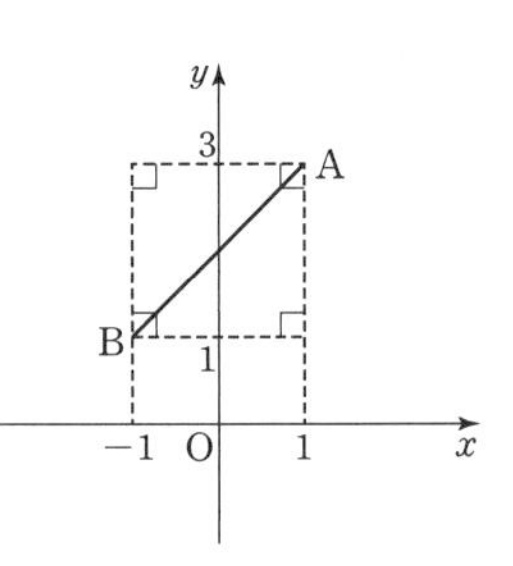

05 $y=(x-4)^2-16 \cdots$ ㉠
㉠에 $y=0$을 대입하면 $0=(x-4)^2-16$, $x-4=\pm4$
$\therefore x=0$ 또는 $x=8 \quad \therefore H(8, 0)$
점 G의 x좌표는 0이고 $\overline{FG}=1$이므로 점 F의 x좌표는 1이다.
㉠에 $x=1$을 대입하면 $y=(1-4)^2-16=-7$
$\therefore G(0, -7)$, $F(1, -7)$
점 E의 x좌표는 1이고 $\overline{DE}=1$이므로 점 D의 x좌표는 2이다.
㉠에 $x=2$를 대입하면 $y=(2-4)^2-16=-12$
$\therefore E(1, -12)$, $D(2, -12)$
점 C의 x좌표는 2이고 $\overline{BC}=1$이므로 점 B의 x좌표는 3이다.
㉠에 $x=3$을 대입하면 $y=(3-4)^2-16=-15$
$\therefore C(2, -15)$, $B(3, -15)$
점 A의 x좌표는 3이고 $\overline{AP}$가 그래프의 꼭짓점을 지나므로
$A(3, -16)$
마찬가지 방법으로 나머지 점들의 좌표를 구하면
$P(5, -16)$, $N(5, -15)$, $M(6, -15)$, $L(6, -12)$,
$K(7, -12)$, $J(7, -7)$, $I(8, -7)$
따라서 구하는 다각형의 넓이는
$\square OGIH+\square FEKJ+\square DCML+\square BAPN$
$=56+30+12+2=100$

06 $y=\frac{1}{2}x^2$에서 점 A의 y좌표는 $\frac{3}{2}$이므로 $x=\pm\sqrt{3}$

$\therefore A\left(\sqrt{3}, \frac{3}{2}\right), B\left(-\sqrt{3}, \frac{3}{2}\right)$

또, $y=-\frac{3}{2}x^2$에서 점 C의 x좌표는 $-\sqrt{3}$이므로

$y=-\frac{3}{2}\times(-\sqrt{3})^2=-\frac{9}{2}$ $\quad\therefore C\left(-\sqrt{3}, -\frac{9}{2}\right)$

직사각형의 두 대각선의 교점 E는 $\overline{AC}$의 중점이므로

$E\left(\frac{\sqrt{3}-\sqrt{3}}{2}, \frac{\frac{3}{2}-\frac{9}{2}}{2}\right)=\left(0, -\frac{3}{2}\right)$

△AED를 $\overline{AD}$를 축으로 하여 1회전하여 생기는 회전체는 오른쪽 그림과 같으므로 회전체의 부피는 △AEE′을 회전하여 생기는 회전체의 부피의 2배와 같다.

$\therefore 2\times\frac{1}{3}\times\left\{(\sqrt{3})^2\times\pi\times\left(\frac{3}{2}+\frac{3}{2}\right)\right\}=6\pi$

07 x축과 만나는 점이 $(70, 0)$, $(110, 0)$이고 한 점 $(80, 90)$을 지나므로 $y=a(x-70)(x-110)$에 $(80, 90)$을 대입하면

$-300a=90$ $\quad\therefore a=-\frac{3}{10}$

$y=-\frac{3}{10}(x-70)(x-110)$

$=-\frac{3}{10}(x^2-180x+7700)=-\frac{3}{10}(x-90)^2+120$

따라서 $x=90$일 때, 최댓값 120을 가진다.

∴ 튀어 오른 공의 최고 높이는 120 cm이다.

08 $y=|x-3|$,

$y=-x^2+8x-11$

$=-(x-4)^2+5$

이므로 두 그래프는 오른쪽 그림과 같다.

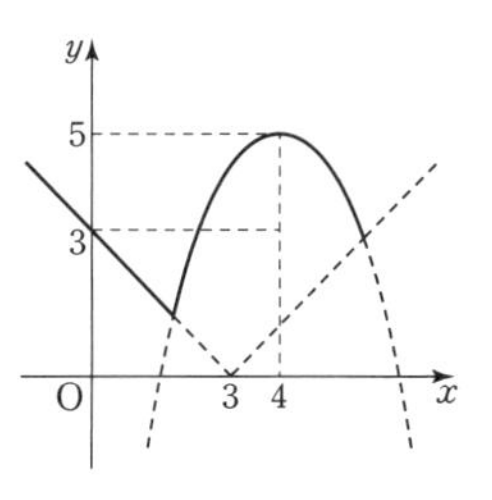

$f(x)=\text{Max}\{|x-3|, -x^2+8x-11\}$은

두 그래프 중 위쪽에 있는 그래프를 택한 실선으로 나타낸다.

(i) $0\le x\le 3$일 때, $y=-x+3$과 $y=-x^2+8x-11$의 교점은

$-x+3=-x^2+8x-11$

즉, $x^2-9x+14=(x-2)(x-7)=0$ $\quad\therefore x=2$

따라서 $x=2$에서 최솟값 1을 가진다.

(ii) $x=0$ 또는 $x=6$일 때, $y=3$이므로 $x=4$에서 최댓값 5를 가진다.

09 평행이동한 그래프의 방정식은 $y=\frac{1}{a}(x-a)^2$이고,

$P(a, 0)$, $R(0, a)$이다.

이제, $\overline{OA}=\overline{AB}=x$라 하면 다음을 얻는다.

$x=\frac{1}{a}(x-a)^2$, $ax=x^2-2ax+a^2$,

$x^2-3ax+a^2=0$, $x=\frac{3a\pm\sqrt{9a^2-4a^2}}{2}=\frac{3\pm\sqrt{5}}{2}a$

그런데 $x<\overline{QP}=a$이므로 $x=\frac{3-\sqrt{5}}{2}a$이고, □OABC의 넓이로부터 다음을 얻는다.

$\square OABC=\left(\frac{3-\sqrt{5}}{2}\right)^2a^2=\frac{7-3\sqrt{5}}{2}a^2=50(7-3\sqrt{5})$,

$a^2=100$ $\quad\therefore a=10(\because a>0)$

따라서 □OPQR의 한 변의 길이가 10이므로 $\overline{PQ}$의 길이는 10이다.

Memo

중학수학

절대강자

정답 및 해설

최상위

펴낸곳 (주)에듀왕
개발총괄 박명전
편집개발 황성연, 최형석, 임은혜
표지/내지디자인 디자인뷰
조판 및 디자인 총괄 장희영
주소 경기도 파주시 광탄면 세류길 101
출판신고 제 406-2007-00046호
내용문의 1644-0761

중학수학

절대강자